普通高等教育"十三五"规划教材

弹性力学

简明教程

蒋玉川　张建海　编著

化学工业出版社

·北京·

内容简介

　　《弹性力学简明教程》讲述弹性力学的基本理论和方法，全书共 11 章。介绍了绪论及预备知识、应力分析、应变分析、广义虎克定律、弹性力学问题的解法、柱体的扭转、直角坐标解平面问题、极坐标解平面问题、复变函数解平面问题、能量原理及变分法和薄板弯曲问题。重点讲述弹性力学平面问题的解题方法，即用逆解法和半逆解法解平面问题。同时，介绍了编著者近年来用应力法、应力和函数法、确定应力函数的一种简便方法以及利用计算机辅助求解弹性力学问题。

　　《弹性力学简明教程》可以作为高等工科院校土木工程、水利工程、机械工程、航空航天等专业学生弹性力学的教材，也可供其他专业的学生和从事结构工程的技术人员在学习和工作中参考。

图书在版编目（CIP）数据

弹性力学简明教程/蒋玉川，张建海编著. —北京：
化学工业出版社，2020.8（2022.7 重印）
普通高等教育"十三五"规划教材
ISBN 978-7-122-36628-3

Ⅰ.①弹… Ⅱ.①蒋… ②张… Ⅲ.①弹性力学-高
等学校-教材 Ⅳ.①O343

中国版本图书馆 CIP 数据核字（2020）第 068644 号

责任编辑：满悦芝　　　　　　　　　　文字编辑：王　琪
责任校对：王鹏飞　　　　　　　　　　装帧设计：张　辉

出版发行：化学工业出版社（北京市东城区青年湖南街 13 号　邮政编码 100011）
印　　装：北京科印技术咨询服务有限公司数码印刷分部
787mm×1092mm　1/16　印张 12¾　字数 313 千字　　2022 年 7 月北京第 1 版第 2 次印刷

购书咨询：010-64518888　　　　　　售后服务：010-64518899
网　　址：http://www.cip.com.cn
凡购买本书，如有缺损质量问题，本社销售中心负责调换。

定　　价：49.80 元

前　言

　　弹性力学是土木工程、水利工程、机械工程、航空航天工程等专业的一门重要专业基础课，弹性力学也是一门理论性强、逻辑性强的课程，它对于培养学生的思维方法和逻辑推理能力具有其他课程不可替代的作用。它是经典数学物理方法的重要内容之一，它推导严谨、逻辑性强，而且有较强的工程应用背景，是现代计算力学、实验力学和工程结构等学科的理论基础。编写本教材的目的，是让土木、水利等工科专业的本科学生在掌握理论力学、材料力学和结构力学等课程的基础上进一步掌握弹性力学的基本概念、基本原理和计算方法。讲授本教材需要 32～48 学时。

　　本书主要讲述弹性力学的基本理论和解题方法，既着重理论内容的高起点，又看重求解具体问题时方法的简便和创新。其特点是从空间问题讲到平面问题并应用了张量的指标记法。同时，介绍了按应力法直接求解弹性力学平面问题、确定应力函数的简单方法、用应力和函数法解多跨连续深梁的问题以及利用计算机辅助求解弹性力学问题等。也包括了用复变函数解孔洞、裂纹等较深、难的内容。举例既着重基本原理和方法的应用，又注意结合土木工程和水利工程专业的特点。习题选择适量，难易得当。全书从头到尾都体现了编著者在教学和科研实践中的体会。其中包括多篇编著者在《力学与实践》等学术刊物上发表的教研论文的内容及长期从事教学和科研工作的心得。

　　本教材主要由四川大学蒋玉川教授负责统稿，由四川大学蒋玉川教授和张建海教授共同编写。在编写教材的过程中，四川大学的熊峰教授、王启智教授和李章政教授提出了宝贵意见，同时，得到四川大学建筑与环境学院的有关领导的支持，在此表示感谢。

　　由于编著者水平有限，书中难免有疏漏，请广大读者批评指正。

编著者

2020 年 8 月

目 录

第7章　直角坐标解平面问题

第8章　极坐标解平面问题

第 9 章 复变函数解平面问题

第 10 章 能量原理及变分法

第 11 章 薄板弯曲问题

引　言

弹性力学教学的目的，是使学生在理论力学、材料力学和结构力学等课程的基础上进一步掌握弹性力学的基本概念、基本原理和基本方法，了解弹性体简单的计算方法和有关解答和结论，提高分析与计算问题的能力，为学习有关专业课程打下初步的弹性力学基础知识。

（1）基本要求

① 理解弹性力学的基本假定，进一步掌握体力、面力、应力、应变和位移的基本概念，熟悉矩阵表达和张量指标符号的有关规定。

② 掌握平面应力问题和平面应变问题的特点，熟悉平面问题的基本方程，掌握按应力求解平面问题的基本思路和步骤。

③ 能正确写出边界条件，能正确理解和应用 Saint-Venant 原理。

④ 通过实例，理解用**逆解法**和**半逆解法**解平面问题的基本思路。

⑤ 通过实例，理解位移单值条件和孔边应力集中等概念。

⑥ 掌握空间问题的基本方程和边界条件。掌握按应力函数法解柱体的扭转的问题。

⑦ 掌握用复变函数方法求解孔洞、裂纹问题的基本方法和结论。

⑧ 了解能量变分原理及位移变分法的应用。

⑨ 掌握薄板弯曲的基本概念、基本方程和解题方法。

（2）基本内容

根据土木工程和水利工程专业的性质，根据教学大纲的要求和今后工作的需要，本教材弹性力学共分为 11 章。包括绪论及预备知识、应力分析、应变分析、广义虎克定律、弹性力学问题的解法、柱体的扭转、直角坐标解平面问题、极坐标解平面问题、复变函数解平面问题、能量原理及变分法和薄板的弯曲等。编写的思路是从空间到平面，并引用了指标符号的记法。重点讲述**逆解法**和**半逆解法**求解弹性力学问题的方法。在介绍弹性力学经典问题的解法的同时，注意弹性力学在土木工程、水利工程实际中的应用。

弹性力学是一门理论性很强的课程。在掌握基本概念、基本理论的基础上，应做适量的习题，才能收到良好的效果。

第1章 绪论及预备知识

1.1 弹性力学的任务和研究对象

弹性力学又称为弹性理论，是固体力学的一门重要的分支学科，它的任务是研究固体在弹性变形时的力学行为，即在力和温度等外部因素作用下发生弹性变形时的应力和应变规律，为工程结构及其构件的强度、刚度、稳定性的设计提供理论基础。

弹性力学的研究对象是一般弹性固体，即粗短杆、板、壳、块体。即使是细长杆，材料力学关于平截面基本假设也不再适用，弹性力学还研究平面体、空间体、非圆截面杆的扭转、弯曲、孔洞的应力集中、弹性波和各种形状的弹性体等问题。

弹性力学是一门技术基础课，它不仅是固体力学的一门重要基础学科，即，它是固体力学的其他分支学科，如塑性力学、有限单元法、岩石力学、板壳力学、断裂力学、复合材料力学、实验力学等的基础，而且又是学习土建、水利、桥梁、机械、航空等专业课程所必备的理论基础。

1.2 弹性力学的研究方法

弹性力学和其他固体力学的分支学科的研究方法都遵循如下规律，即从工程结构中抽象、简化成力学模型，在此基础上，建立相应的数学模型，并寻找数学方程的求解方法，最后用实践检验其正确与可靠性。

力学问题中，为了突出问题的力学实质，需要把握主流变化规律，紧紧抓住其中的主要因素，引进必要的简化和假设，建立起一种用以代替工程中的研究对象的理想化的分析模型，称为力学模型。弹性固体的应力、应变研究是对力学参量量变、质变规律的研究，因此势必依赖于数学工具对力学模型及其响应建立起描述变化规律的数学方程，即数学模型。

求解弹性力学问题归纳为以下三种方法。

（1）解析法

弹性力学问题的求解从本质上可以视为一个内部超静定问题，其求解可以归纳为一个偏微分方程的边值问题，常用的方法为**分离变量法**，即运用力学概念设法分离变量，将偏微分方程组解耦并化为常微分方程，另外还有级数解法、复变函数解法、积分变换等，其解答为封闭的精确解。

（2）数值法

事实上，工程上的实际问题真正能获得解析解的情况实属少数，因此，基于能量原理的直接解法，开创了近似求解弹性理论问题的新途径，随着电子计算机的发展，有限差分法、有限单元法、边界单元法等各种有效的数值计算方法迅速发展起来，现在要对各种复杂工程结构进行弹性分析已没有原则上的困难。

（3）实验法

根据弹性力学的理论发展起来的光弹性力学方法、电测法等为求解弹性力学问题提供了一种有效的途径。

1.3　弹性力学的基本假设

为了建立弹性力学的理论需要从尽可能广泛的实际经验中概括出决定固体材料弹性变形的本质因素，提出建立宏观变形基本规律的假设，使在此基础上建立起来的理想模型既能符合客观实际和工程要求，又便于用数学方法进行有效的处理。

弹性力学的基本假设陈述如下。

（1）连续性假设

所谓连续性指的是构成物体的材料是密实无间的连续介质。按此假设，无论是整个弹性体，还是其内部任何一个构成单元以及单元的界面之间，也无论是在加载之前还是在变形之后，材料都是连续的，因而可以认为物体内任何点处的位移、应力和应变等力学量也都是空间位置的连续函数。

实际上，从原子或分子水平的微观组织上来看，任何物质都不是连续的，但是当微观组织的颗粒尺寸和它们之间的距离远比物体尺寸为小时，连续性假设就不会引起显著误差，当然在宏观上表现出来的性质是微观的统计平均规律。

在以后的讨论中，我们将经常从弹性体中任取一个微单元体来进行分析考虑，但它所指的微单元绝非是原子或分子级意义上的单元体，而是连续介质意义上的单元体，可称为细观的微单元体。这种假设对一切连续介质都适用，其中也包括流体。

（2）均匀与各向同性假设

所谓均质性指的是物体内各处材料的力学性质都相同，与各点的空间位置无关，如物体内任何一点的各个方向上材料的性质都相同，则称为各向同性，由此材料构成的物体为各向同性体。钢材、陶瓷，甚至混凝土，均可以认为是均匀和各向同性的，但竹、木等纤维材料、现代复合材料以及部分岩石等，它们的力学性质随方向不同而有明显差异，则为各向异性材料，本教材只讨论各向同性体。

（3）小变形假设

经典弹性力学只限于研究小变形情况，即弹性体的位移将远远小于其宏观尺寸，弹性体的线应变及角应变将远远小于1，在小变形情况下，由于物体在变形后的尺寸与变形前相比相差甚小，外力的作用方向和分布状况的变化也很小，故在考虑物体及其任何微单元在变形后的平衡条件时，仍可以用原始尺寸为基础，小变形假设又称为几何线性变形假设，反之，则称为几何非线性或有限变形问题。

（4）理想线弹性假设

理想弹性假设即认为物体受力后产生的变形在简单加载除去后，可以完全恢复，即没有残余变形。线弹性假设认为弹性应力与变形的关系（本构关系）存在理想的线性关系，即根据大量的实验结果，对于钢、铜等金属材料，在弹性范围内应力与应变为线性关系，这就是著名的虎克定律。因此，服从虎克定律的材料称为线性弹性材料或者线弹性体。但也有一些材料，如橡胶、混凝土及岩土类材料其应力与变形的关系为非线性，称为材料非线性弹性问题。

（5）初始无应力和应变的假设

假设物体在未受荷载之前处于一种无应力和应变状态，称为"初始无应力、应变状态"。实际上物体如金属材料，通常是要经过各种加工过程，如冷轧、热处理、焊接等而成形的，从而材料早在受载之前其内部就不可避免地存在着初应力，除此之外，由于结构物的制造或装配难免不准确，上述情况也会存在初应力。另外，地应力是存在于地层中的天然应力，称为岩体初始应力，它对于岩石地下工程的稳定性起着重要的作用。如果要考虑上述因素引起的初应力可参考有关专著。因此，在建立弹性力学理想模型时采用"初始无应力、应变"的假设是必要而合理的。

在上述假设基础上建立起来的弹性理论称为线弹性理论。

1.4　弹性力学的发展史

回顾历史，弹性力学是在不断解决工程实际问题的过程中逐步发展起来的。1638年由于建筑工程的需要，伽利略（G. Galileo）首先研究了梁的弯曲问题，以后虎克（R. Hooke）根据金属丝、弹簧和悬臂木梁的实验结果于1678年发表了弹性体的变形与作用力（更准确地说，应变与应力）成正比的物理定律，为弹性理论打下了坚实的物理基础。但当时仅局限于处理梁、杆、柱、拱等一维工程结构问题。

近代弹性力学的研究是从19世纪开始的。柯西1828年提出应力、应变概念，建立了平衡微分方程、几何方程和广义虎克定律（图1.1）。柯西的工作是近代弹性力学的一个起点，使得弹性力学成为一门独立的固体力学分支学科。

图 1.1　柯西（A. L. Cauchy）

图 1.2　圣维南（A. J. Saint-Venant）

而后，世界各国的一批学者相继进入弹性力学研究领域，使弹性力学进入发展阶段。1856 年，圣维南（A. J. Saint-Venant）建立了柱体扭转和弯曲的基本理论（图 1.2）；Green 从拉格朗日分析力学形成建立了弹性理论的能量形式，即所谓虚位移原理，并首次决定出最一般弹性关系的 21 个弹性常数。此后，许多学者致力于解决二维、三维的典型工程结构问题，例如，艾里（Airy），1862 年提出了 Airy 应力函数并解决平面问题，1898 年，基尔斯（Kirsch）得到圆孔附近应力集中的解答，1899 年，米歇尔（Michell）给出了极坐标下平面问题的通解，普朗特（Prandtl）于 1903 年采用薄膜比拟法，解决了薄壁杆件的扭转问题，克罗索夫-穆斯海立什维立（Kolosoff-Muskhelishvili）发展了复变函数方法解决了开孔、缺口附近的应力集中问题。

1881 年，赫兹建立了接触应力理论（图 1.3）；1868 年，基尔霍夫建立了平板理论（图 1.4）。基尔霍夫 1824 年生于德国，1887 年逝世，曾在海登堡大学和柏林大学任物理学教授，他发现了电学中的"基尔霍夫定理"，同时也对弹性力学，特别是薄板理论的研究做出重要贡献。

图 1.3　赫兹（H. Hertz）　　　　　图 1.4　基尔霍夫（G. R. Kirchoff）

弹性力学的另一个重要理论成果是建立了能量原理；提出一系列基于能量原理的近似计算方法。例如，里茨（W. Ritz）和迦辽金（B. G. Galerkin）分别于 1908 年和 1915 年提出基于能量原理的直接解法。许多科学家，像拉格朗日（J. L. Lagrange）、乐甫（A. E. H. Love）、铁木辛柯（S. P. Timoshenko）等为弹性力学的发展做出了贡献。

为了满足土木、机械、航空、造船、原子能、石油化工等一系列工程需要，20 世纪以来弹性理论取得了重大进展，已成为工程结构强度设计的重要理论依据。由于弹性理论基本方程的复杂性，能够精确求解的工程结构的问题实属少数，到 20 世纪 50 年代基于能量原理的近似计算方法发展成为有限单元法、边界单元法等数值计算的方法，从而对各种工程结构进行弹性分析成为现实。

中国科学家钱学森、钱伟长、徐芝伦、胡海昌等在弹性力学的发展，特别是在中国的推广应用方面做出了重要贡献。

本书主要重点论述线弹性力学的基本理论、方法和典型问题的求解，不涉及数值方法和实验方法。

1.5 张量简介

在弹性力学、塑性力学和有限单元法中，经常采用矢量和张量，其特点是简洁扼要，全部列出所有分量而不遗漏，而且排列有序，便于公式推导和编制计算机程序。因此，掌握指标符号、求和约定以及张量的基本知识对于学习弹性力学及有限单元法是十分重要的。下面将具体介绍指标符号、求和约定以及矢量、张量的基本知识。

1.5.1 指标符号与求和约定

n 个变量或数 $x_1, x_2, \cdots, x_n$ 可以记作 $x_i (i=1,2,\cdots,n)$。i 的集合从 1 到 n 必须加以规定，这一符号称为指标。

求和式为

$$S = a_1 x_1 + a_2 x_2 + \cdots + a_n x_n \tag{1.1}$$

可以应用求和符号写成

$$S = \sum_{i=1}^{n} a_i x_i \tag{1.2}$$

为了进一步简化上式的记法，我们约定，当在同一项中有一个下标出现两次时，则对此下标从 1 到 3 求和，并限定在同一项中不能有同一下标出现 3 次或 3 次以上。这称为求和约定，也称为 Einstein 求和约定。并且我们把同一项中重复出现的指标称为**哑指标**。因此，式 (1.2) 可以写成

$$S = a_i x_i \tag{1.3}$$

例如

$$\left. \begin{aligned} x_{ii} &= x_{11} + x_{22} + x_{33} \\ a_i b_i &= a_1 b_1 + a_2 b_2 + a_3 b_3 \\ a_{ij} b_i c_j &= a_{11} b_1 c_1 + a_{12} b_1 c_2 + a_{13} b_1 c_3 + \\ &\quad a_{21} b_2 c_1 + a_{22} b_2 c_2 + a_{23} b_2 c_3 + \\ &\quad a_{31} b_3 c_1 + a_{32} b_3 c_2 + a_{33} b_3 c_3 \end{aligned} \right\} \tag{1.4}$$

又例如方程组

$$\left. \begin{aligned} x_1' &= a_{11} x_1 + a_{12} x_2 + a_{13} x_3 \\ x_2' &= a_{21} x_1 + a_{22} x_2 + a_{23} x_3 \\ x_3' &= a_{31} x_1 + a_{32} x_2 + a_{33} x_3 \end{aligned} \right\} \tag{1.5}$$

可以写成

$$x_i' = a_{ij} x_j \tag{1.6}$$

式中，i 为自由指标，同一项中只出现一次，同一方程中，各项的自由指标应相同；j 为哑指标，表示求和，同一项中重复出现。一方面通过哑指标求和起缩写的作用，另一方面，通过自由指标可将方程组缩写为一个指标符号方程。

1.5.2 克罗内克符号 δ_{ij} 与符号 e_{ijk}

克罗内克（Kronecker）符号 δ_{ij} 的定义是

$$\delta_{ij}=\begin{cases}1 & \text{当 } i=j \text{ 时} \\ 0 & \text{当 } i\neq j \text{,时}\end{cases} \quad (i,j=1,2,\cdots,n) \tag{1.7}$$

定义式表明它的指标 i 和 j 是对称的，即

$$\delta_{ij}=\delta_{ji} \tag{1.8}$$

Kronecker 符号写成矩阵形式为

$$\delta_{ij}=\begin{bmatrix}1 & 0 & 0 \\ 0 & 1 & 0 \\ 0 & 0 & 1\end{bmatrix} \tag{1.9}$$

符号 δ_{ij} 在运算中起到指标置换的作用，当 δ_{ij} 的某一指标与任意一个指标符号的一个指标构成哑指标时，所起的作用是将该指标符号的这个指标换成 δ_{ij} 的另一指标。

如

$$\delta_{ij}a_j=a_i, \quad \delta_{ij}a_{jk}=a_{ik} \tag{1.10}$$

且

$$\delta_{ij}\delta_{jk}=\delta_{ik}, \quad \delta_{ij}\delta_{jk}\delta_{kl}=\delta_{il} \tag{1.11}$$

所以，δ_{ij} 也称为换标符号。

另一个常用的特定指标符号是**排列符号**，最常用的三指标的排列符号 e_{ijk}，指标取值范围为 123，123 是这三个数的顺序排列，其中任意两数交换一次称为一次置换，比如将 12 交换成 21，或者将 23 交换成 32。由顺序排列经奇数次置换所得称为奇排列，如 213 是奇排列，由顺序排列经偶数次置换所得称为偶排列，如 312 为偶排列。其他所有不能由顺序排列经置换得到的称为非排列序列，如 121、111。利用上述概念，e_{ijk} 可以定义为

$$e_{ijk}=\begin{cases}1 & \text{当 } ijk \text{ 为偶排列} \\ -1 & \text{当 } ijk \text{ 为奇排列} \\ 0 & \text{当 } ijk \text{ 为非排列序列}\end{cases} \tag{1.12}$$

e_{ijk} 适用于三阶行列式的展开，如将行列式的元素记作 a_{mn}，则三阶行列式的展开式简写为

$$\det|a_{mn}|=e_{ijk}a_{1i}a_{2j}a_{3k} \tag{1.13}$$

【例 1.1】 试证明式 (1.13)。

证明： 等式左边 $=\begin{vmatrix}a_{11} & a_{12} & a_{13} \\ a_{21} & a_{22} & a_{23} \\ a_{31} & a_{32} & a_{33}\end{vmatrix}$

$$=a_{11}a_{22}a_{33}+a_{12}a_{23}a_{31}+a_{13}a_{21}a_{32}-a_{11}a_{23}a_{32}-a_{12}a_{21}a_{33}-a_{13}a_{22}a_{31}$$

注意到 e_{ijk} 的定义，等式右边依次按指标 i、j、k 展开

等式的右边 $=e_{1jk}a_{11}a_{2j}a_{3k}+e_{2jk}a_{12}a_{2j}a_{3k}+e_{3jk}a_{13}a_{2j}a_{3k}$

$$=e_{11k}a_{11}a_{21}a_{3k}+e_{12k}a_{11}a_{22}a_{3k}+e_{13k}a_{11}a_{23}a_{3k}+$$

$$e_{21k}a_{12}a_{21}a_{3k}+e_{22k}a_{12}a_{22}a_{3k}+e_{23k}a_{12}a_{23}a_{3k}+$$

$$e_{31k}a_{13}a_{21}a_{3k}+e_{32k}a_{13}a_{22}a_{3k}+e_{33k}a_{13}a_{23}a_{3k}$$

最后上面 9 项分别按指标 k 展开计算

$$e_{11k}a_{11}a_{21}a_{3k}=0$$

$$e_{12k}a_{11}a_{22}a_{3k}=0+0+e_{123}a_{11}a_{22}a_{33}=a_{11}a_{22}a_{33}$$

$$e_{13k}a_{11}a_{23}a_{3k}=0+e_{132}a_{11}a_{23}a_{32}+0=-a_{11}a_{23}a_{32}$$

$$e_{21k}a_{12}a_{21}a_{3k}=0+0+e_{213}a_{12}a_{21}a_{33}=-a_{12}a_{21}a_{33}$$

$$e_{22k}a_{12}a_{21}a_{3k}=0$$

$$e_{23k}a_{12}a_{23}a_{3k}=e_{231}a_{12}a_{23}a_{31}+0+0=a_{12}a_{23}a_{31}$$

$$e_{31k}a_{13}a_{21}a_{3k}=0+e_{312}a_{13}a_{21}a_{32}+0=a_{13}a_{21}a_{32}$$

$$e_{32k}a_{13}a_{22}a_{3k}=e_{321}a_{13}a_{22}a_{31}+0+0=-a_{13}a_{22}a_{31}$$

$$e_{33k}a_{13}a_{23}a_{3k}=0$$

等式右边 $=a_{11}a_{22}a_{33}+a_{12}a_{23}a_{31}+a_{13}a_{21}a_{32}-a_{11}a_{23}a_{32}-a_{12}a_{21}a_{33}-a_{13}a_{22}a_{31}$

$=$ 等式左边

1.5.3 矢量的坐标变换

矢量为一个具有大小和方向的量，现在来考虑矢量的坐标变换关系，如图 1.5 所示，$ox_1'x_2'x_3'$ 为新坐标系，$ox_1x_2x_3$ 为旧坐标系。a_{ij} 表示 x_i' 和 x_j 之间的方向余弦。矢量 A 的分量在新坐标系中的分量 A_i' 与在旧坐标系中的分量 A_i 有如下关系式

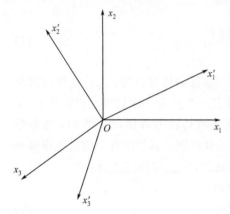

$$\left.\begin{array}{l}A_1'=a_{11}A_1+a_{12}A_2+a_{13}A_3\\A_2'=a_{21}A_1+a_{22}A_2+a_{23}A_3\\A_3'=a_{31}A_1+a_{32}A_2+a_{33}A_3\end{array}\right\} \tag{1.14}$$

上式可以写成

$$A_i'=a_{ij}A_j \tag{1.15}$$

或者反过来写成

图 1.5 矢量的坐标变换

$$A_i=a_{ji}A_j' \tag{1.16}$$

式中，a_{ij}、a_{ji} 代表方向余弦，即

$$a_{ij}=\cos(x_i',x_j),a_{ji}=\cos(x_j',x_i) \tag{1.17}$$

1.5.4 正交关系

应用 Kronecker 符号 δ_{ij}，任何一个矢量的分量可以写成

$$A_i=\delta_{ij}A_j \tag{1.18}$$

从式（1.15）和式（1.16），可以得到

$$A_i=a_{ki}A_k'=a_{ki}a_{kj}A_j \tag{1.19}$$

将式（1.19）代入式（1.18）可以得到下列形式

$$(a_{ki}a_{kj}-\delta_{ij})A_j=0 \tag{1.20}$$

由于矢量 A_j 的分量的任意性，于是得到如下正交关系

$$a_{ki}a_{kj}=\delta_{ij} \tag{1.21}$$

同理可得

$$a_{ik}a_{jk}=\delta_{ij} \tag{1.22}$$

式（1.21）和式（1.22）称为方向余弦之间的正交关系。

1.5.5　直角坐标张量

张量分析的目的是提供一种数学工具，使它描述的物理关系、几何关系或其他关系的形式不随坐标系的变化而改变。因而使用张量的形式写出的关系式不仅有普遍性，而且形式简洁。

（1）张量的坐标变换定义

张量即某些依赖坐标轴方向选择的量，随坐标的方向变换以某种指定的形式作变换，则这些量的总称为张量。

张量对应于每一个坐标方向具有一个低一阶的张量分量，而且必须满足坐标变换关系。

现在分析二阶张量，如物体中一点的应力状态 σ_{ij} 为二阶张量，共有 9 个分量，对应于每一个坐标方向有 3 个分量，如在 x 轴方向有 σ_{11}、σ_{21}、σ_{31} 三个分量为一阶张量，σ_{ij} 在两个不同的直角坐标系间的坐标变换用张量表示为

$$\sigma'_{ij} = l_{im} l_{jn} \sigma_{mn} \tag{1.23}$$

当坐标变换，服从一定坐标变换的数所定义的量称为张量，式（1.23）称为二阶张量的解析定义式。式中，l_{im}、l_{jn} 为新老坐标之间的方向余弦；σ'_{ij} 为新坐标系的应力状态；σ_{mn} 为同一点在旧坐标系的应力状态。这种坐标变换可以推广到更高阶张量，即

$$\alpha'_{ijk} = l_{im} l_{jn} l_{kp} \alpha_{mnp} \tag{1.24}$$

$$\alpha'_{ijkm\cdots} = l_{ip} l_{jq} l_{kr} l_{ms} \cdots \alpha_{pqrs\cdots} \tag{1.25}$$

张量的阶数就是自由指标的个数，如式（1.24）中，自由指标一共三个，所以，α'_{ijk} 为三阶张量。在三维空间中，张量的分量数分别为 $3^0=1,3^1=3,3^2=9,3^3=27,3^4=81$。

（2）张量的性质

张量相等是指各相应分量相等，记为

$$a_{ij} = b_{ij} \tag{1.26}$$

同阶张量的和与差仍为同阶张量，记为

$$c_{ij} = a_{ij} \pm b_{ij} \tag{1.27}$$

张量相乘，其自由指标数目增加，即张量增阶，如

$$c_{ijk} = a_i b_{jk} \tag{1.28}$$

式（1.28）中，一阶张量与二阶张量相乘，变为三阶张量。这种增阶的张量相乘称为张量的外积。

张量相乘遇到相同指标，即哑指标时，张量缩阶，如

$$c_{ik} = a_{ij} b_{jk} , c_i = a_{ij} b_j , b_{jk} = c_{ijk} a_i \tag{1.29}$$

这种缩阶是由于有相同指标，故这种张量相乘称为张量的内积。

1.5.6　格林理论

如果 B 表示的是任意标量或矢量、张量的标量分量，格林（Green）理论的线、面积分转换的关系式（又称为奥-高公式）为

$$\oint_A B n_i \mathrm{d}A = \int_V \frac{\partial B}{\partial x_i} \mathrm{d}V = \int_V B_{,i} \mathrm{d}V \tag{1.30}$$

这里 n_i 表示了面积 $\mathrm{d}A$ 上的单位法向矢量的分量。方程右边的"，"表示对 x_i 求偏导数。另外，式（1.30）也可以应用于矢量的分量 B_i 和二阶张量的分量 B_{ji}，即

$$\oint_A B_i n_i \, \mathrm{d}A = \int_V B_{i,i} \, \mathrm{d}V \qquad (1.31)$$

和

$$\oint_A B_{ji} n_i \, \mathrm{d}A = \int_V B_{ji,i} \, \mathrm{d}V \qquad (1.32)$$

展开形式又称为高斯（Gauss）公式，即

$$\int_S (P n_1 + Q n_2 + R n_3) \, \mathrm{d}s = \int_V \left(\frac{\partial P}{\partial x_1} + \frac{\partial Q}{\partial x_2} + \frac{\partial R}{\partial x_3} \right) \mathrm{d}V \qquad (1.33)$$

式中，$n_1 = \cos\alpha$，$n_2 = \cos\beta$，$n_3 = \cos\gamma$。

第2章　应力分析

本章用静力学观点研究物体在外力作用下的平衡状态，介绍应力的概念及其性质，包括斜截面的应力、坐标变换公式、主应力状态、应力张量不变量及其在塑性力学中的应用，八面体上的应力及其应力张量分解为球形应力张量和偏斜应力张量，最后导出应力应满足的平衡微分方程。本章不涉及材料的力学性质，所得结论对各种连续介质均普遍适用。

2.1　基本概念

固体力学研究的对象是在外力作用下处于平衡状态时任意形状的变形固体。作用外力是指其他物体对该物体的作用力。在固体力学中通常假定外力（荷载）是已知的。

根据外力的不同作用方式，一般可分为体积力和表面力，简称体力和面力。体力是指分布在物体整个体积内的外力。例如，物体所受的重力、惯性力以及在磁场中所受的磁力等。物体内各点所受的体力一般是不相同的。为表明物体内任一点 M 所受体力的大小和方向，可取一包含 M 点的微分体，它的体积为 ΔV [图 2.1 （a）]，设 ΔV 上的体力为 ΔF，则体力的平均集度为 $\Delta F/\Delta V$。令 ΔV 无限缩小而趋于 M 点时，则 $\Delta F/\Delta V$ 将趋于一定的极限 F，即

$$\lim_{\Delta V \to 0} \frac{\Delta F}{\Delta V} = F \tag{2.1}$$

极限矢量 F 就是 M 点所受体力的集度。F 的方向与 ΔF 的极限方向相同。F 在坐标轴 x、y、z 上的投影分别为 f_x、f_y、f_z，称为 M 点的体力分量。规定沿坐标轴正方向的分量为正，沿坐标轴负方向的分量为负。体力的因次是 ［力］·［长度］$^{-3}$。

面力是指分布在物体表面上的外力，例如，液体压力、风力和接触力等，都是面力，物体表面上各点所受面力一般也是不相同的，为表明物体表面任意一点 M 所受面力的大小和方向，在 M 点的邻域内取一包含 M 点的微分面积为 ΔA，如图 2.1 （b）所示。设 ΔA 的面力为 $\overline{\Delta P}$，则面力的平均集度为 $\overline{\Delta P}/\Delta A$，令 ΔA 无限缩小而趋于 M 点，则 $\overline{\Delta P}/\Delta A$ 将趋于一定的极限 $\overline{P}$，即

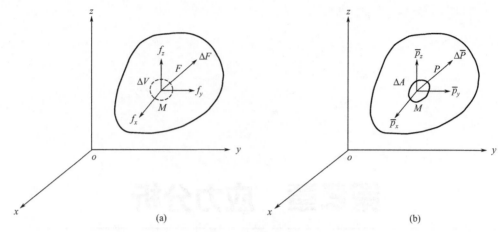

(a)   (b)

图 2.1 体力和面力

$$\lim_{\Delta A \to 0} \frac{\Delta \overline{P}}{\Delta A} = \overline{P} \tag{2.2}$$

极限矢量 $\overline{P}$ 就是 M 点所受面力的集度。$\overline{P}$ 的方向与 $\Delta \overline{P}$ 的极限方向相同。$\overline{P}$ 在坐标轴 x、y、z 上的投影分别为 $\overline{p}_x$、$\overline{p}_y$、$\overline{p}_z$，称为 M 点的面力分量。规定沿坐标轴正方向的分量为正，反之为负，面力的因次是 [力]·[长度]$^{-2}$。

在外力作用下，物体内部或部分之间将产生"**附加内力**"，简称为**内力**。确定内力的方法是**截面法**。

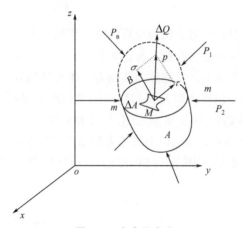

图 2.2 应力的定义

设一任意形状的物体，受外力作用时而处于平衡，如图 2.2 所示，确定任意截面 m—m 上某一点 M 处的内力，可用假想的一个平面沿 m—m 面将物体截开，分成 A、B 两部分。这两部分在 m—m 面上将有内力相互作用。移去 B 部分，则 B 部分对 A 部分的作用以内力表示。围绕 M 点取一微分面积 ΔA，作用于 ΔA 上的内力为 ΔQ，则内力的平均集度为 $\Delta Q / \Delta A$。令 ΔA 无限缩小而趋于 M 点，则在内力连续分布的条件下 $\Delta Q / \Delta A$ 将趋于一定的极限 p，即

$$\lim_{\Delta A \to 0} \frac{\Delta Q}{\Delta A} = p \tag{2.3}$$

极限矢量 p 就是 m—m 截面上 M 点的**总应力**或**全应力**。p 的方向与 ΔQ 的极限方向一致。

为应用方便，通常把总应力 p 分解为沿其所在截面的法线方向和切线方向的两个分量，总应力沿截面法线方向的应力分量称为**正应力**，以符号 σ 表示。总应力沿截面切线方向的应力分量称为**切应力**，以符号 τ 表示，显然

$$p^2 = \sigma^2 + \tau^2 \tag{2.4}$$

应力的因次是 [力]·[长度]$^{-2}$。

2.2 一点的应力状态

一般来说，物体内同一截面上不同点的应力是不同的，过同一点不同方向截面上应力的总体称为该点应力状态，研究一点的应力状态，就是确定过该点不同方向截面上应力的大小和方向，建立它们之间的关系，这对于解决物体在弹性或塑性阶段的强度问题，尤其是建立复杂应力状态下的强度理论，是很重要的。

为研究外力作用下物体内任意点 $M(x,y,z)$ 的应力状态，可围绕 M 点用平行坐标面的三对平行面切出一微分六面体，简称单元体或微分体（图 2.3）。当单元体各边长 dx、dy、dz 无限缩小时，单元体即趋于 M 点。因此，这个单元体各个截面上的应力状况，就可表示 M 点的应力状态。

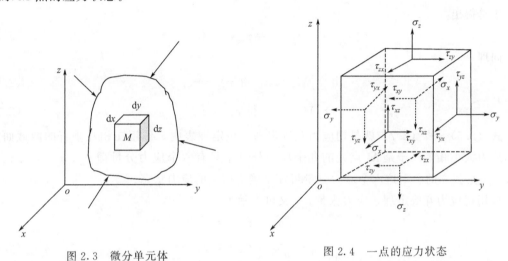

图 2.3 微分单元体   图 2.4 一点的应力状态

假定单元体各截面上的应力是均匀分布的，这些应力便可用作用在各截面中心点的一个应力矢量表示。这个应力矢量又可分解为一个正应力和两个切应力，它们分别与三个坐标轴平行，如图 2.4 所示。显而易见，微分体的六个面上共有九个应力分量，即

$$\sigma_x, \tau_{xy}, \sigma_{xz}, \tau_{yx}, \sigma_y, \tau_{yz}, \tau_{zx}, \tau_{zy}, \sigma_z$$

正应力 σ 加上一个坐标脚标，表明这个正应力的作用面和作用方向。例如，σ_x 是作用在垂直于 x 轴的面上，沿着 x 轴方向的作用正应力，切应力 τ 加上两个坐标脚标，第一脚标表明所在面的法线方位，第二个脚标表明应力作用方向沿着该坐标轴。例如，τ_{xy} 是作用在垂直于 x 轴的面上，沿着 y 轴方向作用的切应力。

为了使物体同一截面（假设剖开后任意一部分上的截面）上的每个应力分量具有相同符号，对于各应力分量的符号采用下述规定。

如果单元体截面的外法线方向沿着坐标轴正方向，则此截面称为正面。反之，截面的外法线方向沿着坐标轴负方向，则称为负面。规定正面上的应力分量以沿坐标轴正方向者为正，沿坐标负方向者为负；负面上的应力分量以沿坐标轴负方向者为正，沿坐标轴正方向者为负。按此规定，正应力符号与材料力学中使用的拉应力为正、压应力为负规定是一致的。切应力的符号与材料力学规定不完全一致，图 2.4 所有应力分量均按正的画出。

由此可见，在物体任意 M 点处的应力分量共有九个，其中有三个正应力分量，六个切

应力分量，这九个应力分量，当坐标变换时服从一定坐标变换式作相应变化，因此，由这九个应力分量所组成的量称为二阶应力张量，各应力分量是应力张量的元素。应力张量通常用记号 σ_{ij} 表示，则有

$$\sigma_{ij} = \begin{bmatrix} \sigma_x & \tau_{xy} & \tau_{xz} \\ \tau_{yx} & \sigma_y & \tau_{yz} \\ \tau_{zx} & \tau_{zy} & \sigma_z \end{bmatrix}$$

式中，$i,j = x,y,z$，当 i、j 任取 x、y、z 时，就可以得到相应的分量。

实际上，M 点处的六个切应力分量之间有一定的互等关系，例如，将单元体上的作用力分别对与 x、y、z 轴平行的棱边取矩，由 $\sum M_x = 0$ 得

$$(\tau_{zy} \mathrm{d}x \mathrm{d}y)\mathrm{d}z = (\tau_{yz} \mathrm{d}x \mathrm{d}z)\mathrm{d}y$$

于是得出

$$\tau_{zy} = \tau_{yz} \tag{2.5}$$

同理

$$\text{由} \sum M_y = 0, \text{得} \ \tau_{xz} = \tau_{zx} \tag{2.6}$$

$$\sum M_z = 0, \text{得} \ \tau_{xy} = \tau_{yx} \tag{2.7}$$

式（2.5）～式（2.7）就是切应力互等定理。该定理表明，作用在相互垂直的两截面上的切应力大小相等。于是 M 点处的九个应力分量中只有六个应力分量即 σ_x、σ_y、σ_z、τ_{xy}、τ_{yz}、τ_{zx} 是独立的。由这六个应力分量可完全确定该点的应力状态。

应用切应力互等定理，应力张量 σ_{ij} 又可表示为

$$\sigma_{ij} = \begin{bmatrix} \sigma_x & \tau_{xy} & \tau_{xz} \\ \tau_{xy} & \sigma_y & \tau_{yz} \\ \tau_{xz} & \tau_{yz} & \sigma_z \end{bmatrix} \tag{2.8}$$

可见应力张量是一个对称的二阶张量。

已知一点的六个应力分量，可以确定该点任意斜截面上的应力。为此，围绕 M 点用平行坐标平面的三对平行面截取一微分单元体，再过此单元作一个与 M 点相距为无穷小的任意斜截面 ABC。截面 ABC 和过 M 点的单元体平面形成一个微分四面体 $MABC$，如图 2.5 所示。显然，截面 ABC 上的应力可以认为是过 M 点任意斜截面上的应力。

设截面 ABC 的外法线 N 与各坐标轴正向的夹角分别为 (N,x)、(N,y)、(N,z)，则其方向余弦分别为 $\cos(N,x) = l$，$\cos(N,y) = m$，$\cos(N,z) = n$。

如果三角形 ABC 的面积为 $\mathrm{d}A$，那么根据平面图形面积投影定理，可得三角形 MBC、MCA、MAB 的面积为 $l\mathrm{d}A$、$m\mathrm{d}A$、$n\mathrm{d}A$。

四面体 $MABC$ 是微分体。因此，可以认为该微分体各截面上的应力是均匀分布的，令截面 ABC 上的总应力为 p_N，它沿坐标轴方向的三个分量分别为 p_x、p_y、p_z。研究微分四面体的平衡，由 $\sum F_x = 0$ 得

$$p_x \mathrm{d}A - \sigma_x l \mathrm{d}A - \tau_{yx} m \mathrm{d}A - \tau_{zx} n \mathrm{d}A = 0$$

两边除以 $\mathrm{d}A$ 移项后，并注意应用切应力互等定理，得式（2.9）的第一式。

同理，根据平衡条件 $\sum F_y = 0$ 和 $\sum F_z = 0$ 可导出另外两个相类似的平衡方程，于是，

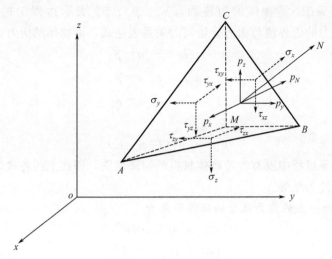

图 2.5　斜截面上的应力

斜截面 ABC 的应力分量 p_x、p_y、p_z 为

$$\left.\begin{array}{l}p_x=\sigma_x l+\tau_{xy}m+\tau_{xz}n\\p_y=\tau_{yx}l+\sigma_y m+\tau_{yz}n\\p_z=\tau_{zx}l+\tau_{zy}m+\sigma_z n\end{array}\right\} \tag{2.9}$$

或写成矩阵形式

$$\begin{Bmatrix}p_x\\p_y\\p_z\end{Bmatrix}=\begin{bmatrix}\sigma_x & \sigma_{xy} & \sigma_{xz}\\\sigma_{yx} & \sigma_y & \sigma_{yz}\\\sigma_{zx} & \sigma_{zy} & \sigma_z\end{bmatrix}\begin{Bmatrix}l\\m\\n\end{Bmatrix} \tag{2.10}$$

或按下标记法与求和约定写为

$$p_i=\sigma_{ij}n_j \quad (i,j=x,y,z) \tag{2.11}$$

式中，i 为自由指标，同一项只出现一次，同一方程中，各项的自由指标应相同；j 为哑指标，表示求和，同一项重复出现，又称为 Einstein 求和约定。一方面通过哑指标对求和起缩写的作用，另一方面通过自由指标可将方程组缩写为一个指标符号方程。

令斜截面 ABC 的正应力为 σ_N，切应力为 τ_N，则将 p_N 的各分量 p_x、p_y、p_z 向 N 方向投影即得

$$\sigma_N=lp_x+mp_y+np_z \tag{2.12}$$

将式（2.9）代入式（2.12），并应用切应力互等定理可得

$$\sigma_N=l^2\sigma_x+m^2\sigma_y+n^2\sigma_z+2lm\tau_{xy}+2mn\tau_{yz}+2nl\tau_{zx} \tag{2.13}$$

由图 2.5 可见

$$p_n^2=p_x^2+p_y^2+p_z^2=\sigma_N^2+\tau_N^2$$

因此，斜截面上的切应力由下式确定

$$\tau_N=(p_n^2-\sigma_N^2)^{\frac{1}{2}}=(p_x^2+p_y^2+p_z^2-\sigma_N^2)^{\frac{1}{2}} \tag{2.14}$$

由此可见，已知物体内任意一点 M 处的六个应力分量(σ_x、σ_y、σ_z、τ_{xy}、τ_{yz}、τ_{zx})，则应用式（2.12）～式（2.14）可求得该点任意斜截面上的正应力和切应力。也就是说，已知一点处的六个应力分量，则该点的应力状态就完全确定了。

如果，斜截面 ABC 是物体的边界面，$\overline{p}_x$、$\overline{p}_y$、$\overline{p}_z$ 表示边界上的面力分量。由式 (2.9) 可以得到应力的边界值与面力分量间的关系表达式，即物体的应力边界条件

$$\left.\begin{array}{l} \sigma_x l + \tau_{xy} m + \tau_{xz} n = \overline{p}_x \\ \tau_{yx} l + \sigma_y m + \tau_{yz} n = \overline{p}_y \\ \tau_{zx} l + \tau_{zy} m + \sigma_z n = \overline{p}_z \end{array}\right\} \tag{2.15}$$

或

$$\overline{p}_i = \sigma_{ij} n_j \quad (\text{在 } S_\sigma \text{ 上}) \tag{2.16}$$

以上公式在推导过程中没有涉及物体材料的物理性质，因此上述各式，不仅适用于弹性力学，也适用于塑性力学等。

【例 2.1】 已知一点的应力张量的矩阵形式为

$$\begin{bmatrix} 50 & 50 & 80 \\ 50 & 0 & -75 \\ 80 & -75 & -30 \end{bmatrix}$$

应力的单位为 MPa。试求法线方向余弦为 (1/2、1/2、0.707) 斜面上的总应力、正应力和切应力。

解： 由式 (2.10) 计算斜截面上应力矢量的坐标分量

$$\begin{Bmatrix} p_x \\ p_y \\ p_z \end{Bmatrix} = \begin{bmatrix} \sigma_x & \sigma_{xy} & \sigma_{xz} \\ \sigma_{yx} & \sigma_y & \sigma_{yz} \\ \sigma_{zx} & \sigma_{zy} & \sigma_z \end{bmatrix} \begin{Bmatrix} l \\ m \\ n \end{Bmatrix}$$

$$= \begin{bmatrix} 50 & 50 & 80 \\ 50 & 0 & -75 \\ 80 & -75 & -30 \end{bmatrix} \begin{Bmatrix} 0.5 \\ 0.5 \\ 1/\sqrt{2} \end{Bmatrix} = \begin{Bmatrix} 106.6 \\ -28.0 \\ -18.7 \end{Bmatrix}$$

斜截面上的总应力大小为

$$p_n^2 = p_x^2 + p_y^2 + p_z^2 = 106.6^2 + (-28.0)^2 + (-18.7)^2$$

$$= 12497.25$$

$$p_n = \sqrt{12497.25} = 111.8 \text{MPa}$$

由式 (2.12) 直接计算斜截面上的正应力

$$\sigma_N = l p_x + m p_y + n p_z = 106.6 \times \frac{1}{2} - 28.0 \times \frac{1}{2} - 18.7 \times \frac{1}{\sqrt{2}}$$

$$= 26.1 \text{MPa}$$

斜截面上的切应力由式 (2.14) 确定

$$\tau_N = \sqrt{p_n^2 - \sigma_N^2} = \sqrt{12497.25 - 26.1^2} = 108.7$$

2.3 应力分量的坐标变换式

物体内任意一点的应力状态，可用该点的三个正交的直角坐标面上的六个应力分量表示，当坐标系绕着该点（坐标原点）转动而变换为另一新坐标系时，由于点的位置未变，所以该点应力状态不会发生变化。但是，在新坐标中表示该点应力状态的六个应力分量将发生

改变。

设物体内任意一点 M 在坐标系 $oxyz$ 中的应力分量为 σ_x、σ_y、σ_z、τ_{xy}、τ_{yz}、τ_{zx}。M 点与坐标原点 o 重合，令坐标系绕原点 o 转动而得新坐标系 $ox'y'z'$，如图 2.6 所示，试求在新坐标系中的六个应力分量 $\sigma_{x'}$、$\sigma_{y'}$、$\sigma_{z'}$、$\tau_{x'y'}$、$\tau_{y'z'}$、$\tau_{z'x'}$。

设新坐标系 x'、y'、z' 对旧坐标系的 x、y、z 轴的方向余弦分别为，l_1、m_1、n_1，l_2、m_2、n_2，l_3、m_3、n_3。用矩阵表示为

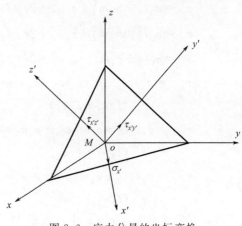

图 2.6　应力分量的坐标变换

$$[\lambda]=\begin{bmatrix} l_1 & m_1 & n_1 \\ l_2 & m_2 & n_2 \\ l_3 & m_3 & n_3 \end{bmatrix}=\begin{Bmatrix} \{\lambda_1\}^{\mathrm{T}} \\ \{\lambda_2\}^{\mathrm{T}} \\ \{\lambda_3\}^{\mathrm{T}} \end{Bmatrix} \quad (2.17)$$

显然新坐标系的各坐标平面可分别看作是旧坐标系的斜截面。例如，$y'Mz'$ 平面是外法线为 x' 轴的斜截面。根据式（2.9）可得该截面上的总应力 $p_{x'}$ 沿原坐标轴方向的三个应力分量为

$$X_{x'}=\sigma_x l_1+\tau_{xy}m_1+\tau_{xz}n_1$$
$$Y_{x'}=\tau_{xy}l_1+\sigma_y m_1+\tau_{yz}n_1 \quad (2.18)$$
$$Z_{x'}=\tau_{xz}l_1+\tau_{yz}m_1+\sigma_z n_1$$

或写成

$$[p_{x'}]=[\sigma][\lambda_1] \quad (2.19)$$

将 $X_{x'}$、$Y_{x'}$、$Z_{x'}$ 分别投影于 x'、y'、z' 方向，可得沿新坐标系的正应力 $\sigma_{x'}$、切应力 $\tau_{x'y'}$ 和 $\tau_{x'z'}$。即

$$\left.\begin{array}{l} \sigma_{x'}=X_{x'}l_1+Y_{x'}m_1+Z_{x'}n_1=\{\lambda_1\}^{\mathrm{T}}\{p_{x'}\} \\ \tau_{x'y'}=X_{x'}l_2+Y_{x'}m_2+Z_{x'}n_2=\{\lambda_2\}^{\mathrm{T}}\{p_{x'}\} \\ \tau_{x'z'}=X_{x'}l_3+Y_{x'}m_3+Z_{x'}n_3=\{\lambda_3\}^{\mathrm{T}}\{p_{x'}\} \end{array}\right\} \quad (2.20)$$

将式（2.19）代入式（2.20），即有

$$\left.\begin{array}{l} \sigma_{x'}=\{\lambda_1\}^{\mathrm{T}}\{\sigma\}\{\lambda_1\} \\ \tau_{x'y'}=\{\lambda_2\}^{\mathrm{T}}\{\sigma\}\{\lambda_1\} \\ \tau_{x'z'}=\{\lambda_3\}^{\mathrm{T}}\{\sigma\}\{\lambda_1\} \end{array}\right\} \quad (2.21)$$

同理，可求得在以 y' 和 z' 轴为外法线方向的斜截面上的正应力和切应力分别为

$$\left.\begin{array}{l} \sigma_{y'}=\{\lambda_2\}^{\mathrm{T}}\{\sigma\}\{\lambda_2\} \\ \tau_{y'x'}=\{\lambda_1\}^{\mathrm{T}}\{\sigma\}\{\lambda_2\} \\ \tau_{y'z'}=\{\lambda_3\}^{\mathrm{T}}\{\sigma\}\{\lambda_2\} \end{array}\right\} \quad (2.22)$$

和

$$\left.\begin{array}{l} \sigma_{z'}=\{\lambda_3\}^{\mathrm{T}}\{\sigma\}\{\lambda_3\} \\ \tau_{z'x'}=\{\lambda_1\}^{\mathrm{T}}\{\sigma\}\{\lambda_3\} \\ \tau_{z'y'}=\{\lambda_2\}^{\mathrm{T}}\{\sigma\}\{\lambda_3\} \end{array}\right\} \quad (2.23)$$

将式（2.21）～式（2.23）展开后有

$$
\begin{aligned}
\sigma_{x'} &= \sigma_x l_1^2 + \sigma_y m_1^2 + \sigma_z n_1^2 + 2\tau_{xy} l_1 m_1 + 2\tau_{yz} m_1 n_1 + 2\tau_{zx} n_1 l_1 \\
\sigma_{y'} &= \sigma_x l_2^2 + \sigma_y m_2^2 + \sigma_z n_2^2 + 2\tau_{xy} l_2 m_2 + 2\tau_{yz} m_2 n_2 + 2\tau_{zx} n_2 l_2 \\
\sigma_{z'} &= \sigma_x l_3^2 + \sigma_y m_3^2 + \sigma_z n_3^2 + 2\tau_{xy} l_3 m_3 + 2\tau_{yz} m_3 n_3 + 2\tau_{zx} n_3 l_3 \\
\tau_{x'y'} &= \sigma_x l_1 l_2 + \sigma_y m_1 m_2 + \sigma_z n_1 n_2 + \tau_{xy}(l_1 m_2 + l_2 m_1) + \tau_{yz}(m_1 n_2 + m_2 n_1) \\
&\quad + \tau_{zx}(l_1 n_2 + l_2 n_1) \\
\tau_{y'z'} &= \sigma_x l_2 l_3 + \sigma_y m_2 m_3 + \sigma_z n_2 n_3 + \tau_{xy}(l_2 m_3 + l_3 m_2) + \tau_{yz}(m_2 n_3 + m_3 n_2) \\
&\quad + \tau_{zx}(l_2 n_3 + l_3 n_2) \\
\tau_{z'x'} &= \sigma_x l_1 l_3 + \sigma_y m_1 m_3 + \sigma_z n_1 n_3 + \tau_{xy}(l_3 m_1 + l_1 m_3) + \tau_{yz}(m_3 n_1 + m_1 n_3) \\
&\quad + \tau_{zx}(l_3 n_1 + l_1 n_3)
\end{aligned}
\tag{2.24}
$$

因此，在新坐标系 $o'x'y'z'$ 中，表示 M 点的应力状态的应力张量表示为

$$
\sigma'_{ij} =
\begin{bmatrix}
\sigma_{x'} & \tau_{x'y'} & \tau_{x'z'} \\
\tau_{x'y'} & \sigma_{y'} & \tau_{y'z'} \\
\tau_{x'z'} & \tau_{y'z'} & \sigma_{z'}
\end{bmatrix}
= [\lambda][\sigma][\lambda]^{\mathrm{T}}
\tag{2.25}
$$

或采用张量的坐标变换定义式

$$
\sigma'_{ij} = l_{ik} l_{jl} \sigma_{kl}
\tag{2.26}
$$

当坐标变换按照式（2.26）变换时，式（2.26）称为张量的解析定义式。式中，i、j 为自由指标，变化表示在新坐标系下的各应力分量，k、l 为哑指标，l_{ik}、l_{jk} 为新老坐标轴之间的方向余弦，i、j 代表新坐标轴的轴号，k、l 代表旧坐标轴的轴号。因此，已知一点处的应力分量，由式（2.21）～式（2.23）或式（2.24）可以求得在新坐标系下的应力分量。当新旧坐标系下的应力分量 σ'_{ij} 和 σ_{ij} 满足式（2.26）时，σ_{ij} 称为二阶应力张量。这种坐标变换关系可以推广到更高阶的张量，即

$$
\alpha'_{ijkl\cdots} = l_{ip} l_{jq} l_{kr} l_{ms} \cdots \alpha_{pqrs\cdots}
$$

为 n 阶张量的定义式。且张量的阶数就是自由指标的个数。

2.4 主应力、应力状态的不变量

2.4.1 主应力、主方向和应力状态的不变量

已知物体内一点的六个应力分量，则可利用式（2.12）～式（2.14）求得过该点任意斜截面上的正应力和切应力。由材料力学可知，过一点必存在这样相互垂直的截面，即截面上只有沿着截面外法线方向的正应力，而切应力为零。**因此，定义过一点切应力为零的平面称为主平面，主平面上的正应力称为主应力，主平面的外法线方向称为主方向。**为了建立复杂应力状态下的强度条件，必须研究物体内任意点的主应力和主方向。

设物体内任意点 M 的应力分量为 σ_x、σ_y、σ_z、τ_{xy}、τ_{yz}、τ_{zx}。在该点附近截取一平面 ABC，其外法线为 N，方向余弦分别为 l、m、n。令该截面上的切应力为零，则此面上的总应力 p 即为正应力 σ_N，也称为 M 点的主应力。截面 ABC 就是过 M 点的一个主平面，该面的外法线方向就是一个主方向。斜截面 ABC 和过 M 点且平行于坐标面的三个微分面形成一个四面体 $MABC$，如图 2.7 所示，如果主应力 σ_N 在 x、y、z 轴方向的应力分量分别为

$$p_x = \sigma_N l, \quad p_y = \sigma_N m, \quad p_z = \sigma_N n \qquad (2.27)$$

将式（2.27）代入式（2.9），移项整理后得

$$\left.\begin{array}{l} (\sigma_x - \sigma_N)l + \tau_{xy}m + \tau_{xz}n = 0 \\ \tau_{yx}l + (\sigma_y - \sigma_N)m + \tau_{yz}n = 0 \\ \tau_{zx}l + \tau_{zy}m + (\sigma_Z - \sigma_N)n = 0 \end{array}\right\} \qquad (2.28)$$

式（2.28）是求主平面的方向余弦 l、m、n 的线性方程组。而

$$l^2 + m^2 + n^2 = 1 \qquad (2.29)$$

它们不能同时为零。由齐次方程组式（2.28）可见，如果要使 l、m、n 有非零解，则系数行列式的系数必须等于零。令

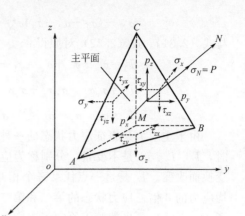

图 2.7　主应力

$$\begin{vmatrix} \sigma_x - \sigma_N & \tau_{xy} & \tau_{xz} \\ \tau_{yx} & \sigma_y - \sigma_N & \tau_{yz} \\ \tau_{zx} & \tau_{zy} & \sigma_z - \sigma_N \end{vmatrix} = 0 \qquad (2.30)$$

展开行列式，并注意切应力互等定理，得

$$\sigma_N^3 - I_1\sigma_N^2 + I_2\sigma_N - I_3 = 0 \qquad (2.31)$$

式中

$$I_1 = \sigma_{ii} = \sigma_x + \sigma_y + \sigma_z$$

$$I_2 = \frac{1}{2}\sigma_{ii}\sigma_{jj} - \frac{1}{2}\sigma_{ij}\sigma_{ij} = \sigma_y\sigma_z + \sigma_z\sigma_x + \sigma_x\sigma_y - \tau_{yz}^2 - \tau_{zx}^2 - \tau_{xy}^2 \qquad (2.32)$$

$$I_3 = e_{ijk}\sigma_{i1}\sigma_{j2}\sigma_{k3} = \det|\sigma_{ij}| = \sigma_x\sigma_y\sigma_z - \sigma_x\tau_{yz}^2 - \sigma_y\tau_{zx}^2 - \sigma_z\tau_{xy}^2 + 2\tau_{yz}\tau_{zx}\tau_{xy}$$

符号 e_{ijk} 的定义如下。

① $e_{ijk} = 1$，对于 $i=1$，$j=2$，$k=3$ 或经偶数次交换后的排列。如 $e_{123}=1$，$e_{312}=1$。

② $e_{ijk} = -1$，对于 $i=1$，$j=2$，$k=3$ 或经奇数次交换后的排列。如 $e_{132}=-1$。

③ $e_{ijk} = 0$，对于两个或两个以上重复的角标。如 $e_{113}=0$。

式（2.31）为 M 点应力状态的特征方程，解方程可得三个实根，即主应力，σ_1、σ_2、σ_3，且 $\sigma_1 \geqslant \sigma_2 \geqslant \sigma_3$，同时，也存在三个互相正交的主平面。

为了求主方向，可将主应力值分别代入式（2.28）中的任意两个方程，并和式（2.28）联立求解，可得三个主方向。例如，求 σ_1 的方向，将主应力 σ_1 的值代入式（2.28）前两个方程得

$$(\sigma_x - \sigma_1)l_1 + \tau_{yx}m_1 + \tau_{zx}n_1 = 0$$

$$\tau_{xy}l_1 + (\sigma_y - \sigma_1)m_1 + \tau_{zy}n_1 = 0$$

且从式（2.29）有

$$l_1^2 + m_1^2 + n_1^2 = 1$$

联解这三个方程可得与主应力 σ_1 相应的方向余弦 l_1、m_1、n_1。同理，也可求得 l_2、m_2、n_2 和 l_3、m_3、n_3。

另一方面，因主应力 σ_1、σ_2、σ_3 均为特征方程式（2.31）的根，故又可将此方程表示为

$$(\sigma_N - \sigma_1)(\sigma_N - \sigma_2)(\sigma_N - \sigma_3) = 0 \qquad (2.33)$$

展开后有

$$\sigma_N^3 - (\sigma_1 + \sigma_2 + \sigma_3)\sigma_N^2 + (\sigma_1\sigma_2 + \sigma_2\sigma_3 + \sigma_3\sigma_1)\sigma_N - \sigma_1\sigma_2\sigma_3 = 0 \tag{2.34}$$

与式（2.31）、式（2.32）对照得

$$I_1 = \sigma_x + \sigma_y + \sigma_z = \sigma_1 + \sigma_2 + \sigma_3$$

$$I_2 = \sigma_y\sigma_z + \sigma_z\sigma_x + \sigma_x\sigma_y - \tau_{yz}^2 - \tau_{zx}^2 - \tau_{xy}^2 = \sigma_1\sigma_2 + \sigma_2\sigma_3 + \sigma_3\sigma_1 \tag{2.35}$$

$$I_3 = \sigma_x\sigma_y\sigma_z - \sigma_x\tau_{yz}^2 - \sigma_y\tau_{zx}^2 - \sigma_z\tau_{xy}^2 + 2\tau_{yz}\tau_{zx}\tau_{xy} = \sigma_1\sigma_2\sigma_3$$

由于主应力是表征应力状态的一种物理量，它们与所采用的坐标系无关，故当坐标变换时，I_1、I_2、I_3 是不变量，分别称为应力张量的第一、第二和第三不变量。它们不因为坐标变换而改变。I_1 是过一点任意三个相互垂直截面上的正应力之和，它是一个常数且等于平均应力的 3 倍。应力状态的第二和第三不变量在塑性理论中有很重要的应用。同时，若给定了 I_1、I_2、I_3，也就等于给定了主应力 σ_1、σ_2、σ_3。

2.4.2　主应力的求解方法

（1）一元三次方程三角函数解法

通过变量代换，消去二次项，引入变量 x，令

$$\sigma = x + \frac{1}{3}I_1 \tag{2.36}$$

将式（2.36）代入式（2.31），消去二次项，得到关于 x 的三次方程

$$x^3 + px + q = 0 \tag{2.37}$$

其中，系数 p、q 由 3 个应力不变量确定

$$p = I_2 - \frac{1}{3}I_1^2, \quad q = -\frac{2}{27}I_1^3 + \frac{1}{3}I_1I_2 - I_3 \tag{2.38}$$

没有二次项的三次方程，由卡尔丹公式解，为此令中间变量

$$r = \sqrt{-\left(\frac{p}{3}\right)^3}, \quad \theta = \frac{1}{3}\arccos\left(-\frac{q}{2r}\right), \quad s = 2\sqrt{-\frac{p}{3}} \tag{2.39}$$

则关于 x 的三个根为

$$\left. \begin{array}{l} x_i = s\cos\theta \\ x_j = s\cos(\theta + 120°) \\ x_k = s\cos(\theta + 240°) \end{array} \right\} \tag{2.40}$$

解得的这三个根按代数量大小排序为 x_1、x_2、x_3，代入式（2.36）可得 3 个主应力

$$\sigma_1 = x_1 + I_1/3, \quad \sigma_2 = x_2 + I_1/3, \quad \sigma_3 = x_3 + I_1/3 \tag{2.41}$$

（2）一元三次方程迭代解法

将式（2.31）改写为

$$\sigma^3 + I_2\sigma = I_1\sigma^2 + I_3$$

或

$$\sigma(\sigma^2 + I_2) = I_1\sigma^2 + I_3$$

于是得到迭代格式

$$\sigma = \frac{I_1\sigma^2 + I_3}{\sigma^2 + I_2} \tag{2.42}$$

迭代初值一般取线性解附近的某个值，即

$$\sigma^{(0)} \approx \frac{I_3}{I_2} \tag{2.43}$$

将选取的初值代入式（2.42）的右端，计算得到第一次迭代值 $\sigma^{(1)}$，再将 $\sigma^{(1)}$ 代入式（2.42）的右端，计算得到第二次迭代值 $\sigma^{(2)}$……经过若干次迭代，若相邻两次迭代的结果相差不大，满足精度要求，则停止迭代。最后一次的迭代值，就是方程的一个根。

迭代得到方程的一个根 $\sigma_{(1)}$，然后将式（2.31）进行因式分解

$$(\sigma-\sigma_{(1)})(\sigma^2+b\sigma+c)=\sigma^3-I_1\sigma^2+I_2\sigma-I_3$$

通过比较系数法确定 b、c，最后求解下面的一元二次方程

$$\sigma^2+b\sigma+c=0$$

可得到 σ 的另外两个根 $\sigma_{(2)}$ 和 $\sigma_{(3)}$。

【例 2.2】 已知一点的应力张量的矩阵形式为

$$\begin{bmatrix} 50 & -20 & 0 \\ -20 & 80 & 60 \\ 0 & 60 & -70 \end{bmatrix}$$

应力的单位为 MPa。试计算主应力值，并求相应的主方向。

解：（1）应力不变量

$I_1=\sigma_x+\sigma_y+\sigma_z=50+80-70=60$

$I_2=\sigma_y\sigma_z+\sigma_z\sigma_x+\sigma_x\sigma_y-\tau_{yz}^2-\tau_{zx}^2-\tau_{xy}^2$

$\quad=80\times(-70)+(-70)\times50+50\times80-60^2-0^2-(-20)^2$

$\quad=-9100$

$I_3=\sigma_x\sigma_y\sigma_z-\sigma_x\tau_{yz}^2-\sigma_y\tau_{zx}^2-\sigma_z\tau_{xy}^2+2\tau_{yz}\tau_{zx}\tau_{xy}$

$\quad=50\times80\times(-70)-50\times60^2-80\times0^2-(-70)\times(-20)^2+2\times(-20)\times60\times0$

$\quad=-432000$

（2）主应力大小，采用三角函数解法，中间参数

$$p=I_2-\frac{1}{3}I_1^2=-9100-\frac{1}{3}\times60^2=-10300$$

$$q=-\frac{2}{27}I_1^3+\frac{1}{3}I_1I_2-I_3$$

$$\quad=-\frac{2}{27}\times60^3+\frac{1}{3}\times60\times(-9100)-(-432000)=234000$$

$$r=\sqrt{-\left(\frac{p}{3}\right)^3}=\sqrt{-\left(\frac{-10300}{3}\right)^3}=201175$$

$$\theta=\frac{1}{3}\arccos\left(-\frac{q}{2r}\right)=\frac{1}{3}\arccos\left(-\frac{234000}{2\times201175}\right)$$

$$\quad=\frac{1}{3}\arccos(-0.5816)=41.85°$$

$$s=2\sqrt{-\frac{p}{3}}=2\sqrt{-\frac{-10300}{3}}=117.2$$

计算 x 的 3 个根为

$$x_i=s\cos\theta=117.2\times\cos41.85°=87.3$$

$$x_j=s\cos(\theta+120°)=117.2\times\cos(41.85°+120°)=-111.4$$

$$x_k=s\cos(\theta+240°)=117.2\times\cos(41.85°+240°)=24.1$$

则主应力为

$$\sigma_1 = x_1 + \frac{1}{3}I_1 = 87.3 + \frac{1}{3} \times 60 = 107.3(\text{MPa})$$

$$\sigma_2 = x_2 + \frac{1}{3}I_1 = 24.1 + 20 = 44.1(\text{MPa})$$

$$\sigma_3 = x_3 + \frac{1}{3}I_1 = -111.4 + 20 = -91.4(\text{MPa})$$

(3) 主方向。第一主应力的方向，将 σ_1 代入式（2.28）的前两式，并利用式（2.29）得

$$(\sigma_x - \sigma_1)l_1 + \tau_{xy}m_1 + \tau_{xz}n_1 = 0$$
$$\tau_{yx}l_1 + (\sigma_y - \sigma_1)m_1 + \tau_{yz}n_1 = 0$$
$$l_1^2 + m_1^2 + n_1^2 = 1$$

即

$$-57.3l_1 - 20m_1 = 0$$
$$-20l_1 - 27.3m_1 + 60n_1 = 0$$
$$l_1^2 + m_1^2 + n_1^2 = 1$$

解得

$$l_1 = 0.314, m_1 = -0.900, n_1 = -0.305$$

同理解得

第二主应力的方向：$0.948, 0.280, 0.149$
第三主应力的方向：$0.047, 0.335, -0.941$

【例 2.3】 当坐标变换时，证明应力张量的第二不变量 I_2 为一不变量（方向余弦之间的正交关系为 $l_{ki}l_{kj} = \delta_{ij}$ 或 $\alpha_{ik}\alpha_{jk} = \delta_{ij}$）。

证明： 由二阶张量的定义式并结合如上正交关系

$$I_2' = \frac{1}{2}\sigma_{ii}'\sigma_{jj}' - \frac{1}{2}\sigma_{ij}'\sigma_{ij}' = \frac{1}{2}\alpha_{ip}\alpha_{iq}\sigma_{pq}l_{jk}l_{jl}\sigma_{kl} - \frac{1}{2}\alpha_{ip}\alpha_{jq}\sigma_{pq}l_{ik}l_{jl}\sigma_{kl}$$

$$= \frac{1}{2}\delta_{pq}\sigma_{pq}\delta_{kl}\sigma_{kl} - \frac{1}{2}\delta_{pk}\delta_{ql}\sigma_{pq}\sigma_{kl}$$

$$= \frac{1}{2}\sigma_{pp}\sigma_{kk} - \frac{1}{2}\sigma_{pq}\sigma_{pq}$$

$$= I_2$$

于是得证。

2.5　应力状态的图解法

当已知三个主应力 σ_1、σ_2、σ_3 时，可以用几何的方法来表示方向余弦为 l、m、n 的任意斜微面 N 上的 σ_N 和 τ_N。

将直角坐标系的三个坐标轴放在主方向上，如图 2.8 所示，于是有

$$\sigma_x = \sigma_1, \sigma_y = \sigma_2, \sigma_z = \sigma_3, \tau_{xy} = \tau_{yz} = \tau_{zx} = 0$$

N 为任意斜截面的外法线，其方向余弦分别为 l、m、n。则由式（2.13）可得该截面上的正应力 σ_N 为

$$\sigma_N = l^2\sigma_1 + m^2\sigma_2 + n^2\sigma_3 \tag{2.44}$$

斜截面上总应力 p_N 沿着坐标轴方向的三个分量 p_x、p_y、p_z 由式（2.9）得

$$p_x = l\sigma_1, \, p_y = m\sigma_2, \, p_z = n\sigma_3 \tag{2.45}$$

该截面上总应力 p_N 应为

$$p_N^2 = p_x^2 + p_y^2 + p_z^2 = l^2\sigma_1^2 + m^2\sigma_2^2 + n^2\sigma_3^2 \tag{2.46}$$

斜截面上的切应力由式（2.14）可得

$$\tau_N^2 = p_x^2 + p_y^2 + p_z^2 - \sigma_N^2 = l^2\sigma_1^2 + m^2\sigma_2^2 + n^2\sigma_3^2 - \sigma_N^2 \tag{2.47}$$

而且

$$l^2 + m^2 + n^2 = 1 \tag{2.48}$$

联解式（2.44）、式（2.47）和式（2.48）可解出

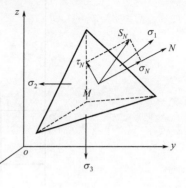

图 2.8　主单元体

$$l^2 = \frac{\tau_N^2 + (\sigma_N - \sigma_2)(\sigma_N - \sigma_3)}{(\sigma_1 - \sigma_2)(\sigma_1 - \sigma_3)}$$

$$m^2 = \frac{\tau_N^2 + (\sigma_N - \sigma_3)(\sigma_N - \sigma_1)}{(\sigma_2 - \sigma_3)(\sigma_2 - \sigma_1)} \tag{2.49}$$

$$n^2 = \frac{\tau_N^2 + (\sigma_N - \sigma_1)(\sigma_N - \sigma_2)}{(\sigma_3 - \sigma_1)(\sigma_3 - \sigma_2)}$$

式（2.49）略做变化，可改写成如下形式

$$\left.\begin{aligned}
\left(\sigma_N - \frac{\sigma_2 + \sigma_3}{2}\right)^2 + \tau_N^2 &= \left(\frac{\sigma_2 - \sigma_3}{2}\right)^2 + l^2(\sigma_1 - \sigma_2)(\sigma_1 - \sigma_3) \\
\left(\sigma_N - \frac{\sigma_3 + \sigma_1}{2}\right)^2 + \tau_N^2 &= \left(\frac{\sigma_3 - \sigma_1}{2}\right)^2 + l^2(\sigma_2 - \sigma_3)(\sigma_2 - \sigma_1) \\
\left(\sigma_N - \frac{\sigma_1 + \sigma_2}{2}\right)^2 + \tau_N^2 &= \left(\frac{\sigma_1 - \sigma_2}{2}\right)^2 + l^2(\sigma_3 - \sigma_1)(\sigma_3 - \sigma_2)
\end{aligned}\right\} \tag{2.50}$$

考虑到 $\sigma_1 \geqslant \sigma_2 \geqslant \sigma_3$，则由式（2.50）可得

$$\left.\begin{aligned}
\left(\sigma_N - \frac{\sigma_2 + \sigma_3}{2}\right)^2 + \tau_N^2 &\geqslant \left(\frac{\sigma_2 - \sigma_3}{2}\right)^2 \\
\left(\sigma_N - \frac{\sigma_3 + \sigma_1}{2}\right)^2 + \tau_N^2 &\leqslant \left(\frac{\sigma_3 - \sigma_1}{2}\right)^2 \\
\left(\sigma_N - \frac{\sigma_1 + \sigma_2}{2}\right)^2 + \tau_N^2 &\geqslant \left(\frac{\sigma_1 - \sigma_2}{2}\right)^2
\end{aligned}\right\} \tag{2.51}$$

式（2.51）表明，在以正应力为横坐标、切应力为纵坐标的坐标系中，表示斜截面上应力 $D(\sigma_N, \tau_N)$ 点，且位于图 2.9 中的阴影之内。

图 2.9 是三向应力状态时的应力圆，由图可见阴影部分内所有点的横坐标都小于 B 点，并大于 A 点的横坐标值。且所有点的纵坐标都小于 G 点的纵坐标值。于是正应力和切应力的极值分别为

$$\left.\begin{aligned}
\sigma_{\max} &= \sigma_1, \, \sigma_{\min} = \sigma_3 \\
\tau_{\max} &= \tau_{13} = \pm\frac{\sigma_1 - \sigma_3}{2}
\end{aligned}\right\} \tag{2.52}$$

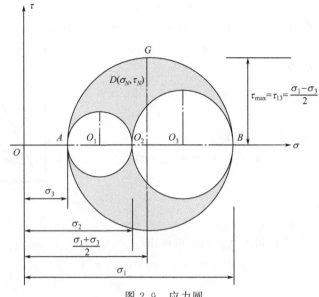

图 2.9　应力圆

上式（2.52）表明以下三点。

① 过物体内一点任意斜截面上的正应力 σ_N 介于 σ_1 和 σ_3 之间，也就是说，最大主应力 σ_1 和最小主应力 σ_3 是该斜截面上正应力的最大值和最小值。

② 最大主切应力等于 σ_1 和 σ_3 之差的一半，由图 2.9 可见，在主切应力 τ_{13} 所在截面上的正应力为

$$\sigma_N = \frac{\sigma_1 + \sigma_3}{2} \tag{2.53}$$

将式（2.53）代入式（2.49），并应用式（2.52）可求得主切应力所在截面的方向余弦为

$$l = \pm \frac{\sqrt{2}}{2},\ m = 0,\ n = \pm \frac{\sqrt{2}}{2} \tag{2.54}$$

③ 另外，将主切应力 τ_{23} 和 τ_{12} 所在截面的正应力 $\sigma_N = (\sigma_2 + \sigma_3)/2$ 和 $\sigma_N = (\sigma_1 + \sigma_2)/2$ 分别代入式（2.49），可求得相应主切应力 τ_{23} 和 τ_{12} 所在截面的方向余弦为

$$\left. \begin{array}{l} l = 0, m = \pm \dfrac{\sqrt{2}}{2}, n = \pm \dfrac{\sqrt{2}}{2} \\[2mm] l = \pm \dfrac{\sqrt{2}}{2}, m = \pm \dfrac{\sqrt{2}}{2}, n = 0 \end{array} \right\} \tag{2.55}$$

因此，主切应力的作用面必通过与此切应力无关的主轴向，并且与其他两个主轴成 $\pi/4$ 的夹角，如图 2.10 所示，τ_{13} 通过 σ_2 轴并与 σ_1、σ_3 分别成 45°的夹角。

因为 $\sigma_1 \geqslant \sigma_2 \geqslant \sigma_3$，所以最大切应力为

$$\tau_{\max} = \tau_{13} = \pm \frac{\sigma_1 - \sigma_3}{2} \tag{2.56}$$

而且，$\tau_{12} + \tau_{13} + \tau_{23} = 0$，因此，三个主切应力只有两个是独立的，其中两个较大的主切应力决定着塑性材料的屈服与破坏，即余茂宏的**双剪应力强度准则**。或称为**十二面体**

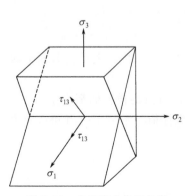

图 2.10　主切应力作用方位

24

剪应力强度准则。

2.6 八面体和八面体应力

设任意点 M 的三个主应力分别为 σ_1、σ_2、σ_3。过 M 点选取一个直角坐标系 $oxyz$ 并使坐标轴 x、y、z 分别与三个主轴向平行，即 x、y、z 方向分别用 1、2、3 表示，如图 2.11 所示。在坐标系的八个象限中，分别选取三个方向余弦平方值相等的等倾面，这八个平面形成一个正八面体，简称八面体，各面上的应力称为**八面体应力**。

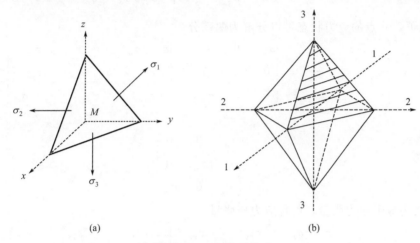

图 2.11 八面体的应力

根据八面体各面法线的三个方向余弦平方值相等。

$$l^2 = m^2 = n^2 \quad 且 \quad l^2 + m^2 + n^2 = 1$$

所以

$$l = m = n = \pm \frac{1}{\sqrt{3}} \tag{2.57}$$

令八面体的正应力为 σ_8，切应力为 τ_8。将式（2.57）代入式（2.44）得

$$\sigma_8 = l^2 \sigma_1 + m^2 \sigma_2 + n^2 \sigma_3 = \frac{1}{3}(\sigma_1 + \sigma_2 + \sigma_3) = \frac{1}{3}(\sigma_x + \sigma_y + \sigma_z) = \frac{1}{3} I_1 \tag{2.58}$$

上式表明，八面体的正应力 σ_8 等于三个主应力或正应力的平均值，故称为**平均应力**。

将式（2.57）代入式（2.47），可得八面体上的切应力为

$$\tau_8 = \frac{1}{3}\sqrt{(\sigma_1 - \sigma_2)^2 + (\sigma_2 - \sigma_3)^2 + (\sigma_3 - \sigma_1)^2}$$
$$= \frac{1}{3}\sqrt{(\sigma_x - \sigma_y)^2 + (\sigma_y - \sigma_z)^2 + (\sigma_z - \sigma_x)^2 + 6(\tau_{xy}^2 + \tau_{yz}^2 + \tau_{xz}^2)} \tag{2.59}$$

八面体上的切应力还可用应力状态的第一和第二不变量，即 I_1 和 I_2 表示。即

$$\tau_8 = \frac{1}{3}\sqrt{2I_1^2 - 6I_2} \tag{2.60}$$

如果用下述公式表示三个主切应力，即切应力极值为

$$\tau_{23} = \pm \frac{\sigma_2 - \sigma_3}{2}, \tau_{13} = \pm \frac{\sigma_3 - \sigma_1}{2}, \tau_{12} = \pm \frac{\sigma_1 - \sigma_2}{2}$$

则八面体上的切应力又可表示为

$$\tau_8 = \frac{2}{3}\sqrt{\tau_{12}^2 + \tau_{23}^2 + \tau_{13}^2} \tag{2.61}$$

上述各式表明，八面体的正应力和切应力都是不变量，用它们来描述材料的某些力学性质很方便，并且它们具有明确的物理意义。

当物体内任意一点的应力为 $\sigma_1 = \sigma_2 = \sigma_3$ 时，称为静水应力状态。令该点的平均正应力为 σ_m，即有

$$\sigma_m = \frac{1}{3}(\sigma_x + \sigma_y + \sigma_z) = \frac{1}{3}(\sigma_1 + \sigma_2 + \sigma_3) = \sigma_8 \tag{2.62}$$

在一般情况下，一点的应力状态可以分解为两部分

$$\sigma_{ij} = \begin{bmatrix} \sigma_x & \tau_{xy} & \tau_{xz} \\ \tau_{xy} & \sigma_y & \tau_{yz} \\ \tau_{xz} & \tau_{yz} & \sigma_z \end{bmatrix} = \begin{bmatrix} \sigma_m & 0 & 0 \\ 0 & \sigma_m & 0 \\ 0 & 0 & \sigma_m \end{bmatrix} + \begin{bmatrix} \sigma_x - \sigma_m & \tau_{xy} & \tau_{xz} \\ \tau_{xy} & \sigma_y - \sigma_m & \tau_{yz} \\ \tau_{xz} & \tau_{yz} & \sigma_z - \sigma_m \end{bmatrix} \tag{2.63}$$

其中

$$\sigma_{ii} = \begin{bmatrix} \sigma_m & 0 & 0 \\ 0 & \sigma_m & 0 \\ 0 & 0 & \sigma_m \end{bmatrix}$$

σ_{ii} 定义为球形应力张量，简称应力球张量。

$$s_{ij} = \begin{bmatrix} \sigma_x - \sigma_m & \tau_{xy} & \tau_{xz} \\ \tau_{xy} & \sigma_y - \sigma_m & \tau_{yz} \\ \tau_{xz} & \tau_{yz} & \sigma_z - \sigma_m \end{bmatrix} = \begin{bmatrix} s_1 & s_{12} & s_{13} \\ s_{21} & s_2 & s_{23} \\ s_{31} & s_{32} & s_3 \end{bmatrix}$$

s_{ij} 定义为偏斜应力张量，简称应力偏张量。应力偏张量也是一种可能单独存在的应力状态，故它也有自己的不变量。

$$J_1 = s_{ii} = s_1 + s_2 + s_3 = 0$$
$$J_2 = \frac{1}{2} s_{ii} s_{jj} - \frac{1}{2} s_{ij} s_{ij} = \frac{1}{2} s_{ii} s_{jj}$$
$$= s_1 s_2 + s_2 s_3 + s_3 s_1$$
$$= -\frac{1}{2}(s_1^2 + s_2^2 + s_3^2) < 0 \tag{2.64}$$
$$= -\frac{1}{6}\left[(\sigma_1 - \sigma_2)^2 + (\sigma_2 - \sigma_3)^2 + (\sigma_3 - \sigma_1)^2\right]$$
$$J_3 = s_1 s_2 s_3$$

I_1、J_2、J_3 在弹塑性力学中是一组很重要的不变量。I_1 表示静水应力，J_2 反映剪应力大小或物体的形状改变，J_3 表示剪应力方向。

引入 Kronecker 符号，即

$$\delta_{ij} = \begin{cases} 1 & \text{当 } i = j \\ 0 & \text{当 } i \neq j \end{cases} \tag{2.65}$$

则式（2.63）可表示为

$$\sigma_{ij} = \sigma_m \delta_{ij} + s_{ij} \tag{2.66}$$

式（2.66）表明，物体内任意点处的应力张量可以分解为**应力球张量**和**应力偏张量**。应力球张量表示各向均匀受力的应力状态，又称为静水应力状态。球张量只能引起物体体积的改变；而应力偏张量只能引起物体的形状改变。**实验表明，塑性材料的屈服与破坏主要是由物体的形状改变（畸变）引起的，与体积变化无关，而脆性材料（岩土、混凝土）的破坏不仅与形状改变有关，而且与体积变化有关，即静水应力对脆性材料的屈服与破坏有贡献**。因此，在塑性力学中，常常把一点的应力张量分解为应力球张量和应力偏张量，以便于分析问题。

2.7 平衡微分方程

从处于静力平衡的物体内取任意一微分体，如图 2.3 所示，如果体积力沿坐标轴 x、y、z 的分量分别为 f_x、f_y、f_z，那么作用于正六面体的体积力就应为 $f_x \mathrm{d}V$、$f_y \mathrm{d}V$、$f_z \mathrm{d}V$。它们作用于微分体的中心。

一般情况下，物体内各点的应力分量是不同的，它们是位置坐标 x、y、z 的连续函数。将六面体每个微分面上的应力分量用一个正应力和两个切应力表示，则相对两微分面上的应力分量必定有微小差量。比如，六面体微分面 $abcd$ 上作用的正应力分量为 $\sigma_x = f(x,y,z)$，则由于坐标 x 的改变，即有一增量 $\mathrm{d}x$，微分体 $a'b'c'd'$ 上作用的正应力分量就应为

$$\sigma_{x'} = f(x+\mathrm{d}x, y, z)$$

将上式按级数展开，有

$$\sigma_{x'} = f(x+\mathrm{d}x, y, z) = f(x,y,z) + \frac{\partial f(x,y,z)}{\partial x}\mathrm{d}x + \frac{1}{2!} \times \frac{\partial^2 f(x,y,z)}{\partial x^2}(\mathrm{d}x)^2 + \cdots$$

略去含有二阶以上的高阶微量各项可得

$$\sigma_{x'} = \sigma_x + \frac{\partial \sigma_x}{\partial x}\mathrm{d}x$$

其余各面上作用的应力分量都可以依次类推。如图 2.12 所示。由于各微分面是无限小，作用在各面上的应力分量可以认为是均匀分布的。体积力分量 f_x、f_y、f_z 作用于微分单元的中心位置。显然，平行六面体满足六个平衡静力条件。由 $\sum F_x = 0$，得

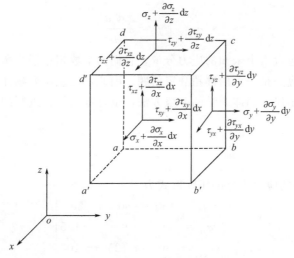

图 2.12 微元体的应力

27

$$\left(\sigma_x + \frac{\partial \sigma_x}{\partial x}dx\right)dy\,dz - \sigma_x\,dy\,dz + \left(\tau_{yx} + \frac{\partial \tau_{yx}}{\partial y}dy\right)dz\,dx - \tau_{yx}\,dz\,dx$$

$$+\left(\tau_{zx} + \frac{\partial \tau_{zx}}{\partial z}dz\right)dx\,dy - \tau_{zx}\,dx\,dy + f_x\,dx\,dy\,dz = 0$$

将上式展开后经化简得式（2.67），同理，由 $\sum F_y = 0$、$\sum F_z = 0$ 可得到类似的方程，共计三个微分方程，即

$$\left.\begin{aligned}
\frac{\partial \sigma_x}{\partial x} + \frac{\partial \tau_{xy}}{\partial y} + \frac{\partial \tau_{xz}}{\partial z} + f_x = 0\\
\frac{\partial \tau_{yx}}{\partial x} + \frac{\partial \sigma_y}{\partial y} + \frac{\partial \tau_{yz}}{\partial z} + f_y = 0\\
\frac{\partial \tau_{zx}}{\partial x} + \frac{\partial \tau_{zy}}{\partial y} + \frac{\partial \sigma_z}{\partial z} + f_z = 0
\end{aligned}\right\} \tag{2.67}$$

或记为张量的形式

$$\sigma_{ij,j} + f_i = 0 \tag{2.68}$$

求和约定对于含有导数的表达式也同样适用。式（2.67）、式（2.68）就是物体内各点的应力分量和体力分量必须满足的静力平衡方程，即 Navier 方程。

如果物体处于运动状态，则以 u、v、w 表示物体沿坐标轴 x、y、z 轴方向的位移分量，以 $\frac{\partial^2 u}{\partial t^2}$、$\frac{\partial^2 v}{\partial t^2}$、$\frac{\partial^2 w}{\partial t^2}$ 表示物体各坐标轴方向的加速度分量，以 ρ 表示物体单位体积的质量，根据牛顿第二定律可得如下运动微分方程，即

$$\left.\begin{aligned}
\frac{\partial \sigma_x}{\partial x} + \frac{\partial \tau_{xy}}{\partial y} + \frac{\partial \tau_{xz}}{\partial z} + f_x = \rho\frac{\partial^2 u}{\partial t^2}\\
\frac{\partial \tau_{yx}}{\partial x} + \frac{\partial \sigma_y}{\partial y} + \frac{\partial \tau_{yz}}{\partial z} + f_y = \rho\frac{\partial^2 v}{\partial t^2}\\
\frac{\partial \tau_{zx}}{\partial x} + \frac{\partial \tau_{zy}}{\partial y} + \frac{\partial \sigma_z}{\partial z} + f_z = \rho\frac{\partial^2 w}{\partial t^2}
\end{aligned}\right\} \tag{2.69}$$

或

$$\sigma_{ij,j} + f_i = \rho\frac{\partial^2 u_i}{\partial t^2} \tag{2.70}$$

在式（2.67）中包含六个未知的应力分量，它们的个数超过了平衡方程的个数。由此可见，一般情况下求解应力是一个内部超静定问题。因此，还须研究物体的几何条件及应力与应变的物理关系。这是研究固体力学的一般方法，也是本门学科进行理论分析的显著特点。

习题

2.1 已知物体内一点的应力张量的矩阵形式为

$$\sigma_{ij} = \begin{bmatrix} 150 & 50 & 80 \\ 50 & 0 & -125 \\ 80 & -125 & -100 \end{bmatrix}$$

应力的单位为 MPa。通过该点的斜平面的法线方向余弦为（0.5，0.5，0.707），试求

斜面上的总应力 p_n、正应力 σ_n 和切应力 τ_n。

（答案：$p_n = 192.908\text{MPa}, \sigma_n = -19.3\text{MPa}, \tau_n = 191.93\text{MPa}$）

2.2 试证在坐标变换时，$I_1 = \sigma_{ii}$，I_1 为不变量。

2.3 已知下列应力状态，试求八面体正应力与切应力，应力的单位为 $\times 10^5 \text{Pa}$。

$$\sigma_{ij} = \begin{bmatrix} 5 & 3 & 8 \\ 3 & 0 & 3 \\ 8 & 3 & 11 \end{bmatrix}$$

（答案：$\sigma_8 = 5.333 \times 10^5 \text{Pa}, \tau_8 = 8.653 \times 10^5 \text{Pa}$）

2.4 试写出图示各平面问题的自由边的边界条件。

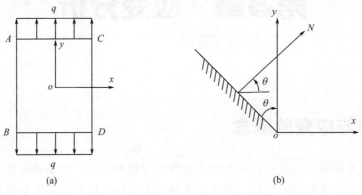

题 2.4 图

［答案：（a）CD 边上：$\sigma_x = 0, \tau_{xy} = 0$；（b）$\sigma_x = -\tau_{xy}\tan\theta, \sigma_y = -\tau_{xyc}\tan\theta$］

2.5 设附图中短柱处于平面应力状态，试证明牛腿尖端 C 处的应力等于零。

2.6 图示矩形截面悬臂梁，按材料力学的计算公式求得 σ_x 的应力表达式为（不计体力）

$\sigma_x = -2q_0 \dfrac{x^3 y}{h^3 l}$，试用平衡方程导出 τ_{xy} 和 σ_y 的表达式。

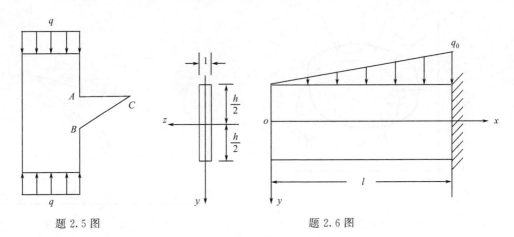

题 2.5 图　　　　　　　题 2.6 图

$$\left[答案：\tau_{xy} = \frac{3qx^2}{4h^3 l}(4y^2 - h^2), \sigma_y = \frac{q_0}{2hl}\left(3y - \frac{4}{h^2}y^3 - h\right)x \right]$$

第3章　应变分析

3.1　变形与应变的概念

本章在讨论物体的应力之后，研究受力物体的变形和应变。如果物体各点发生位移后仍然保持各点间初始状态的相对位置，那么物体只产生了刚性位移；如果物体各点发生位移后各点间的相对位置发生了改变，则物体就产生了变形位移。

在外力作用下，物体各点的位置要发生变化，即发生位移。物体内一点的位移由刚性位移（平动加转动）和变形位移（平动和转动及纯变形）组成。本章在此研究的是物体的变形位移。

如图 3.1 所示，一弹性体受力后发生图示变形，其中任意一点的位移分量为坐标的函数，即为

$$u = u(x,y,z), \ v = v(x,y,z), \ w = w(x,y,z)$$

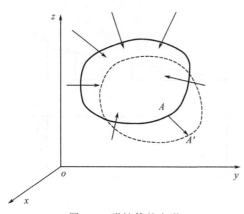

图 3.1　弹性体的变形

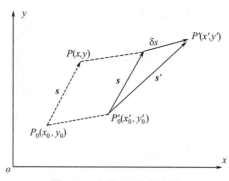

图 3.2　微段 P_0P 的变形

如果知道了物体内一点的位移分量，根据几何方程，该点的变形也就确定了。为此首先研究物体中任意微段的变形状态，进一步引出应变的概念。

如图 3.2 所示，在 oxy 平面内变形前物体相邻的两点 $P_0(x_0,y_0)$ 和 $P(x,y)$ 间的线

段为 $P_0P=s$，变形后该线段两端分别移到 $P_0'(x_0',y_0')$ 和 $P'(x',y')$，用线段 $P_0'P'=s'$ 表示，且 s 沿 x、y 轴的分量为 s_x、s_y，而 s' 的分量为

$$s_x'=s_x+\delta s_x$$
$$s_y'=s_y+\delta s_y$$

P_0 点的位移分量为

$$u_0=x_0'-x_0,\ v_0=y_0'-y_0 \tag{3.1}$$

P 点的位移分量为

$$u=x'-x,\ v=y'-y \tag{3.2}$$

将位移 u、v 按泰勒级数展开，即

$$\left.\begin{array}{l}u=u_0+\dfrac{\partial u}{\partial x}s_x+\dfrac{\partial u}{\partial y}s_y+o(s_x^2,s_y^2)\\[3mm]v=v_0+\dfrac{\partial v}{\partial x}s_x+\dfrac{\partial v}{\partial y}s_y+o(s_x^2,s_y^2)\end{array}\right\} \tag{3.3}$$

略去高阶微量，将式（3.1）和式（3.2）代入式（3.3）可得

$$(x'-x)-(x_0'-x_0)=\frac{\partial u}{\partial x}s_x+\frac{\partial u}{\partial y}s_y$$

$$(y'-y)-(y_0'-y_0)=\frac{\partial v}{\partial x}s_x+\frac{\partial v}{\partial y}s_y$$

而矢量 s' 相对于 s 的变化为

$$\delta s_x=s_x'-s_x=(x'-x)-(x_0'-x_0)$$
$$\delta s_y=s_y'-s_y=(y'-y)-(y_0'-y_0)$$

注意：δs_x、δs_y 中除去了平动部分仅含刚性转动和纯变形，于是有

$$\left.\begin{array}{l}\delta s_x=\dfrac{\partial u}{\partial x}s_x+\dfrac{\partial u}{\partial y}s_y\\[3mm]\delta s_y=\dfrac{\partial v}{\partial x}s_x+\dfrac{\partial v}{\partial y}s_y\end{array}\right\} \tag{3.4}$$

或简写成

$$\delta s_i=u_{i,j}s_j \tag{3.5}$$

在二维情况，此时 $u_{i,j}$ 为

$$u_{i,j}=\begin{bmatrix}\dfrac{\partial u}{\partial x}&\dfrac{\partial u}{\partial y}&0\\[3mm]\dfrac{\partial v}{\partial x}&\dfrac{\partial v}{\partial y}&0\\[3mm]0&0&0\end{bmatrix}\quad(i,j=x,y)$$

在三维情况下，此时 $u_{i,j}$ 为

$$u_{i,j}=\begin{bmatrix}\dfrac{\partial u}{\partial x}&\dfrac{\partial u}{\partial y}&\dfrac{\partial u}{\partial z}\\[3mm]\dfrac{\partial v}{\partial x}&\dfrac{\partial v}{\partial y}&\dfrac{\partial v}{\partial z}\\[3mm]\dfrac{\partial w}{\partial x}&\dfrac{\partial w}{\partial y}&\dfrac{\partial w}{\partial z}\end{bmatrix}\quad(i,j=x,y,z)$$

$u_{i,j}$ 称为相对位移张量，为不对称的张量，其中虽除去刚性平动，但仍包含刚性转动和纯变

形，在应变分析中应将所有的刚性位移去掉。为此，设想 s 经刚性转动移至 s' 的位置。此时 s 的长度没有变化，故先考察刚性转动，有

$$s^2 = s'^2 = (s_x + \delta s_x)^2 + (s_y + \delta s_y)^2 \tag{3.6}$$

展开，略去高阶微量后得

$$s^2 = s^2 + 2(s_x \delta s_x + s_y \delta s_y)$$

由此得

$$s_x \delta s_x + s_y \delta s_y = 0 \tag{3.7}$$

或记为

$$s_i \delta s_i = 0 \tag{3.8}$$

将式（3.5）代入有

$$s_i \delta s_i = s_i u_{i,j} s_j = 0$$

或

$$\frac{\partial u}{\partial x} s_x^2 + \left(\frac{\partial u}{\partial y} + \frac{\partial v}{\partial x}\right) s_x s_y + \frac{\partial v}{\partial y} s_y^2 = 0$$

由于 s_x、s_y 的任意性，得

$$\frac{\partial u}{\partial x} = \frac{\partial v}{\partial y} = 0, \quad \frac{\partial u}{\partial y} + \frac{\partial v}{\partial x} = 0 \tag{3.9}$$

同理，当在 oyz 和 oxz 平面讨论时，可得出

$$\frac{\partial w}{\partial z} = 0, \quad \frac{\partial u}{\partial z} + \frac{\partial w}{\partial x} = \frac{\partial w}{\partial y} + \frac{\partial v}{\partial z} = 0 \tag{3.10}$$

因此在 $oxyz$ 坐标系中，可得以下 6 个条件

$$u_{i,j} = -u_{j,i}$$

说明，对应于刚体转动的相对位移张量，必为反对称张量。

任何一个二阶张量都可以唯一分解成一个对称张量和一个反对称张量。$u_{i,j}$ 分解的反对称部分表示刚体位移，对称部分表示纯变形。于是，$u_{i,j}$ 可分解为如下两部分

$$u_{i,j} = \frac{1}{2}(u_{i,j} + u_{j,i}) + \frac{1}{2}(u_{i,j} - u_{j,i}) \tag{3.11}$$

或

$$u_{i,j} = \varepsilon_{ij} + \bar{\omega}_{ij} \tag{3.12}$$

此处

$$\varepsilon_{ij} = \begin{bmatrix} \dfrac{\partial u}{\partial x} & \dfrac{1}{2}\left(\dfrac{\partial v}{\partial x} + \dfrac{\partial u}{\partial y}\right) & 0 \\[2mm] \dfrac{1}{2}\left(\dfrac{\partial v}{\partial x} + \dfrac{\partial u}{\partial y}\right) & \dfrac{\partial v}{\partial y} & 0 \\[2mm] 0 & 0 & 0 \end{bmatrix} \tag{3.13}$$

$$\bar{\omega}_{ij} = \begin{bmatrix} 0 & \dfrac{1}{2}\left(\dfrac{\partial u}{\partial y} - \dfrac{\partial v}{\partial x}\right) & 0 \\[2mm] \dfrac{1}{2}\left(\dfrac{\partial v}{\partial x} - \dfrac{\partial u}{\partial y}\right) & 0 & 0 \\[2mm] 0 & 0 & 0 \end{bmatrix} \tag{3.14}$$

ε_{ij} 即应变张量（纯变形），$\bar{\omega}_{ij}$ 即转动张量。

这样对于纯变形来说，式（3.5）化为

$$\delta s_i = \varepsilon_{ij} s_j \tag{3.15}$$

现说明应变张量 ε_{ij} 的物理意义。

① 如 s 平行于 x 轴，则

$$s_x = s, \ s_y = 0$$

则式（3.15）为

$$\varepsilon_{xx} = \varepsilon_x = \frac{\delta s_x}{s_x} = \frac{\delta s}{s}$$

表示了与 x 平行的矢量的单位长度的伸长或压缩，称为**线应变**。同理可知，ε_y 和 ε_z 的物理意义也是线应变。

② 如有两个矢量 s_1、s_2 变形前分别平行于 ox、oy 轴（图 3.3）。i、j 为单位矢量。则

$$s_1 = i s_1, s_2 = j s_2$$

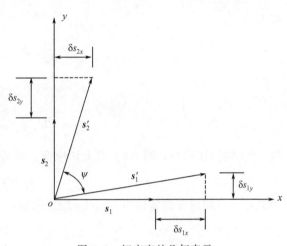

图 3.3　切应变的几何表示

变形后为 s_1'、s_2' 则有

$$\left.\begin{array}{l} s_1' = i(\delta s_{1x} + s_1) + j \delta s_{1y} \\ s_2' = i \delta s_{2x} + j(\delta s_{2y} + s_2) \end{array}\right\} \tag{3.16}$$

令 s_1' 与 s_2' 的夹角为 ψ，则两矢量的内积有

$$s_1' \cdot s_2' = s_1' s_2' \cos\psi \tag{3.17}$$

而

$$\begin{aligned} s_1' \cdot s_2' &= (s_{1x}' i + s_{1y}' j) \cdot (s_{2x}' i + s_{2y}' j) \\ &= s_{1x}' s_{2x}' + s_{1y}' s_{2y}' \end{aligned}$$

其中 $s_{1y}' = \delta s_{1y}$，$s_{2x}' = \delta s_{2x}$，故

$$s_1' \cdot s_2' = (s_1 + \delta s_{1x}) \delta s_{2x} + \delta s_{1y}(s_2 + \delta s_{2y})$$

略去高阶微量后得

$$s_1 \cdot s_2' = s_1 \delta s_{2x} + s_2 \delta s_{1y} \tag{3.18}$$

由式（3.17）和式（3.18）有

$$\cos\psi = \frac{s_1' \cdot s_2'}{s_1' s_2'} \approx \frac{s_1 \delta s_{2x} + s_2 \delta s_{1y}}{s_1 s_2} = \frac{\delta s_{2x}}{s_2} + \frac{\delta s_{1y}}{s_1}$$

令 s_1、s_2 间的夹角改变为 α，由于 α 无穷小，则有

$$\alpha = \sin\alpha = \cos\left(\frac{\pi}{2} - \alpha\right) = \cos\psi = \varepsilon_{xy} + \varepsilon_{yx}$$

由于纯变形为对称张量，$\varepsilon_{xy} = \varepsilon_{yx}$，所以

$$\alpha = \varepsilon_{xy} + \varepsilon_{yx} = 2\varepsilon_{xy} \tag{3.19}$$

由此可知，ε_{xy} 表示变形前与 x、y 坐标轴正方向一致的两正交线段在变形后的夹角变化量的一半。即 $\varepsilon_{xy} = \frac{1}{2}\alpha$。

根据切应变的定义

$$\gamma_{xy} = \alpha = 2\varepsilon_{xy} = \frac{\partial u}{\partial y} + \frac{\partial v}{\partial x} \tag{3.20}$$

或

$$\varepsilon_{xy} = \frac{1}{2}\gamma_{xy} \tag{3.21}$$

于是得二维应变情况下的柯西方程

$$\varepsilon_x = \frac{\partial u}{\partial x}, \varepsilon_y = \frac{\partial v}{\partial y}, \gamma_{xy} = \frac{\partial u}{\partial y} + \frac{\partial v}{\partial x} \tag{3.22}$$

三维的 Cauchy 方程用张量可以缩写成

$$\varepsilon_{ij} = \frac{1}{2}(u_{i,j} + u_{j,i}) \quad (i,j = x, y, z) \tag{3.23}$$

展开为

$$\left.\begin{aligned}
\varepsilon_x = \frac{\partial u}{\partial x}, \ \gamma_{xy} = \frac{\partial v}{\partial x} + \frac{\partial u}{\partial y} \\
\varepsilon_y = \frac{\partial v}{\partial y}, \ \gamma_{yz} = \frac{\partial w}{\partial y} + \frac{\partial v}{\partial z} \\
\varepsilon_z = \frac{\partial w}{\partial z}, \ \gamma_{zx} = \frac{\partial u}{\partial z} + \frac{\partial w}{\partial x}
\end{aligned}\right\} \tag{3.24}$$

当 $i = j$ 时得正应变，当 $i \neq j$ 时为切应变。对切应变有

$$\varepsilon_{ij} = \varepsilon_{ji} \tag{3.25}$$

因此，一点的应变张量称为 Cauchy 应变张量，表示为

$$\varepsilon_{ij} = \begin{bmatrix} \varepsilon_x & \frac{1}{2}\gamma_{xy} & \frac{1}{2}\gamma_{xz} \\ \frac{1}{2}\gamma_{yx} & \varepsilon_y & \frac{1}{2}\gamma_{yz} \\ \frac{1}{2}\gamma_{zx} & \frac{1}{2}\gamma_{zy} & \varepsilon_z \end{bmatrix} \tag{3.26}$$

3.2 一点的应变状态

与应力分析相似，应变分析研究物体内任意一点处各个方向应变之间的关系。即过该点任意方向上的正应变和任意两个相互垂直方向的切应变。通过应变分量坐标变换的方法，可导出相应的表达式。

设在直角坐标系 $oxyz$ 中，点 M 处的六个应变分量为 ε_x、ε_y、ε_z、γ_{xy}、γ_{yz}、γ_{zx}。令坐标系绕原点 o 转动得到新坐标系 $ox'y'z'$，如图 3.4 所示。现求新坐标系中的应变分量 $\varepsilon_{x'}$、$\varepsilon_{y'}$、$\varepsilon_{z'}$、$\gamma_{x'y'}$、$\gamma_{y'z'}$、$\gamma_{z'x'}$。

设 x'、y' 和 z' 轴对 x、y、z 轴的方向余弦分别为

$$\{\lambda_1\} = (l_1 \quad m_1 \quad n_1)^T, \{\lambda_2\} = (l_2 \quad m_2 \quad n_2)^T,$$

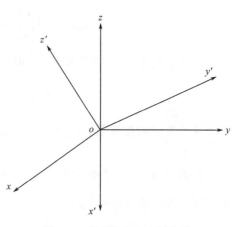

图 3.4 应变分量的坐标变换

$$\{\lambda_3\} = (l_3 \quad m_3 \quad n_3)^T$$

且设为矩阵的形式为

$$\{\lambda\} = \begin{pmatrix} l_1 & m_1 & n_1 \\ l_2 & m_2 & n_2 \\ l_3 & m_3 & n_3 \end{pmatrix} = \begin{Bmatrix} \{\lambda_1\}^T \\ \{\lambda_2\}^T \\ \{\lambda_3\}^T \end{Bmatrix}$$

在新坐标系中，表达应变分量和位移关系的几何方程为

$$\left. \begin{aligned} \varepsilon_{x'} &= \frac{\partial u'}{\partial x'}, \gamma_{x'y'} = \frac{\partial v'}{\partial x'} + \frac{\partial u'}{\partial y'} \\ \varepsilon_{y'} &= \frac{\partial v'}{\partial y'}, \gamma_{y'z'} = \frac{\partial w'}{\partial y'} + \frac{\partial v'}{\partial z'} \\ \varepsilon_{z'} &= \frac{\partial w'}{\partial z'}, \gamma_{z'x'} = \frac{\partial u'}{\partial z'} + \frac{\partial w'}{\partial x'} \end{aligned} \right\} \tag{3.27}$$

新旧坐标系中的位移分量之间应具有如下关系

$$\left. \begin{aligned} u' &= ul_1 + vm_1 + wn_1 \\ v' &= ul_2 + vm_2 + wn_2 \\ w' &= ul_3 + vm_3 + wn_3 \end{aligned} \right\} \tag{3.28}$$

利用方向导数公式

$$\frac{\partial F}{\partial x'} = \frac{\partial F}{\partial x}\cos(x',x) + \frac{\partial F}{\partial y}\cos(x',y) + \frac{\partial F}{\partial z}\cos(x',z)$$

$$\varepsilon_{x'} = \frac{\partial u'}{\partial x'} = \left(l_1\frac{\partial}{\partial x} + m_1\frac{\partial}{\partial y} + n_1\frac{\partial}{\partial z} \right)(ul_1 + vm_1 + wn_1)$$

$$= l_1^2\frac{\partial u}{\partial x} + m_1^2\frac{\partial v}{\partial y} + n_1^2\frac{\partial w}{\partial z} + \left(\frac{\partial w}{\partial y} + \frac{\partial v}{\partial z}\right)m_1 n_1 + \left(\frac{\partial u}{\partial z} + \frac{\partial w}{\partial x}\right)n_1 l_1 + \left(\frac{\partial v}{\partial x} + \frac{\partial u}{\partial y}\right)l_1 m_1$$

$$= \varepsilon_x l_1^2 + \varepsilon_y m_1^2 + \varepsilon_z n_1^2 + \gamma_{xy}l_1 m_1 + \gamma_{yz}m_1 n_1 + \gamma_{zx}n_1 l_1$$

同理，还可以求得其他应变分量表达式，于是可得

$$\left. \begin{aligned} \varepsilon_{x'} &= \varepsilon_x l_1^2 + \varepsilon_y m_1^2 + \varepsilon_z n_1^2 + \gamma_{xy}l_1 m_1 + \gamma_{yz}m_1 n_1 + \gamma_{zx}n_1 l_1 = [\lambda_1]^T \cdot \{\varepsilon\} \cdot [\lambda_1] \\ \varepsilon_{y'} &= \varepsilon_x l_2^2 + \varepsilon_y m_2^2 + \varepsilon_z n_2^2 + \gamma_{xy}l_2 m_2 + \gamma_{yz}m_2 n_2 + \gamma_{zx}n_2 l_2 = [\lambda_2]^T \cdot \{\varepsilon\} \cdot [\lambda_2] \\ \varepsilon_{z'} &= \varepsilon_x l_3^2 + \varepsilon_y m_3^2 + \varepsilon_z n_3^2 + \gamma_{xy}l_3 m_3 + \gamma_{yz}m_3 n_3 + \gamma_{zx}n_3 l_3 = [\lambda_3]^T \cdot \{\varepsilon\} \cdot [\lambda_3] \\ \gamma_{x'y'} &= 2\varepsilon_x l_1 l_2 + 2\varepsilon_y m_1 m_2 + 2\varepsilon_z n_1 n_2 + \gamma_{xy}(l_1 m_2 + m_1 l_2) \\ &\quad + \gamma_{yz}(m_1 n_2 + m_2 n_1) + \gamma_{zx}(n_1 l_2 + l_1 n_2) = 2[\lambda_1]^T \cdot \{\varepsilon\} \cdot [\lambda_2] \\ \gamma_{y'z'} &= 2\varepsilon_x l_2 l_3 + 2\varepsilon_y m_2 m_3 + 2\varepsilon_z n_2 n_3 + \gamma_{xy}(l_2 m_3 + m_2 l_3) \\ &\quad + \gamma_{yz}(m_2 n_3 + n_2 m_3) + \gamma_{zx}(n_2 l_3 + l_2 n_3) = 2[\lambda_2]^T \cdot \{\varepsilon\} \cdot [\lambda_3] \\ \gamma_{z'x'} &= 2\varepsilon_x l_3 l_1 + 2\varepsilon_y m_3 m_1 + 2\varepsilon_z n_3 n_1 + \gamma_{xy}(l_3 m_1 + m_3 l_1) \\ &\quad + \gamma_{yz}(m_3 n_1 + n_3 m_1) + \gamma_{zx}(n_3 l_1 + l_3 n_1) = 2[\lambda_3]^T \cdot \{\varepsilon\} \cdot [\lambda_1] \end{aligned} \right\} \tag{3.29}$$

式 (3.29) 记为矩阵形式为

$$\{\varepsilon'\} = \{\lambda\}\{\varepsilon\}\{\lambda\}^T \tag{3.30}$$

或记为矩阵的另一种形式为

$$\{\varepsilon'\} = [R] \cdot \{\varepsilon\} \tag{3.31}$$

式中，$[R]$ 为坐标变换矩阵，其具体表达式为

$$[R]=\begin{bmatrix} l_1^2 & m_1^2 & n_1^2 & l_1m_1 & m_1n_1 & n_1l_1 \\ l_2^2 & m_2^2 & n_2^2 & l_2m_2 & m_2n_2 & n_2l_2 \\ l_3^2 & m_3^2 & n_3^2 & l_3m_3 & m_3n_3 & n_3l_3 \\ 2l_1l_2 & 2m_1m_2 & 2n_1n_2 & l_1m_2+l_2m_1 & m_1n_2+m_2n_1 & n_1l_2+n_2l_1 \\ 2l_2l_3 & 2m_2m_3 & 2n_2n_3 & l_2m_3+l_3m_2 & m_2n_3+m_3n_2 & n_2l_3+n_3l_2 \\ 2l_3l_1 & 2m_3m_1 & 2n_3n_1 & l_3m_1+l_1m_3 & m_3n_1+m_3n_1 & n_3l_1+n_1l_3 \end{bmatrix} \quad (3.32)$$

或缩写成张量形式为

$$\varepsilon'_{ij}=\alpha_{im}\alpha_{jn}\varepsilon_{mn} \quad (3.33)$$

可见 Cauchy 应变张量为二阶张量。

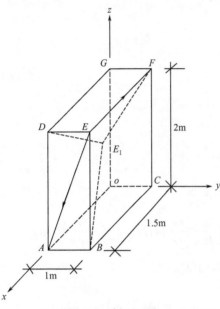

图 3.5　例 3.1 图

【例 3.1】　平行六面体变形如图 3.5 所示。位移分量设为，$u=c_1xyz$，$v=c_2xyz$，$w=c_3xyz$。试确定：

① E 点应变状态。且 E 点变形后移至 $E_1(1.503,1.001,1.997)$。

② E 点在 EA 方向的线应变。

③ E 点在 EA 和 EF 所确定平面内的角应变。

解：① E 点发生的位移为

$u_E=c_1\times1.5\times1\times2=1.503-1.5=0.003,c_1=0.001$

$v_E=c_2\times1.5\times1\times2=1.001-1.0=0.001,c_2=\dfrac{0.001}{3}$

$w_E=c_3\times1.5\times1\times2=1.997-2.0=-0.003,$

$c_3=-0.001$

得位移分量表达式

$$u=0.001xyz,v=\frac{0.001}{3}xyz,w=-0.001xyz$$

由柯西方程确定 E 点的应变状态，则

$$\begin{aligned} &\varepsilon_x=\frac{\partial u}{\partial x}=0.001yz, && \gamma_{xy}=\frac{\partial v}{\partial x}+\frac{\partial u}{\partial y}=0.001xz+\frac{0.001}{3}yz \\ &\varepsilon_y=\frac{\partial v}{\partial y}=\frac{0.001}{3}xz, && \gamma_{yz}=\frac{\partial w}{\partial y}+\frac{\partial v}{\partial z}=-0.001xz+\frac{0.001}{3}xy \\ &\varepsilon_z=\frac{\partial w}{\partial z}=-0.001xy, && \gamma_{z'x'}=\frac{\partial u}{\partial z}+\frac{\partial w}{\partial x}=-0.001yz+0.001xy \end{aligned}$$

将 E 点坐标 $(1.5,1,2)$ 代入上式得

$\varepsilon_x=0.002$，$\varepsilon_y=0.001$，$\varepsilon_z=-0.0015$，$\gamma_{xy}=0.00367$，$\gamma_{yz}=-0.0025$，$\gamma_{zx}=-0.0005$

② 由图 3.5 可知，设 $EA=\boldsymbol{N}_1$，则

$$l_1=\cos(N_1,x)=0,m_1=\cos(N_1,y)=-\frac{1}{\sqrt5},n_1=\cos(N_1,z)=-\frac{2}{\sqrt5}$$

由式（3.29）有

$$\varepsilon_{EA} = \{\lambda_1\}^{\mathrm{T}}\{\varepsilon\}\{\lambda_1\} = \varepsilon_y m_1^2 + \varepsilon_z n_1^2 + \gamma_{yz} m_1 n_1$$

$$= 0.001 \times \frac{1}{5} - 0.0015 \times \frac{4}{5} - 0.0025 \times \frac{2}{5} = -0.002$$

③ 求过 E 点在 EA 和 EF 平面内的角应变。因为

$$\boldsymbol{EA} = \boldsymbol{N}_1, \ \{\lambda_1\} = \left(0, -\frac{1}{\sqrt{5}}, -\frac{2}{\sqrt{5}}\right)^{\mathrm{T}}, \boldsymbol{EF} = \boldsymbol{N}_2, \ \{\lambda_2\} = (-1, 0, 0)^{\mathrm{T}}$$

则

$$\gamma_{rs} = 2\{\lambda_1\}^{\mathrm{T}}\{\varepsilon\}\{\lambda_2\} = \gamma_{xy} l_2 m_1 + \gamma_{zx} n_1 l_2$$

$$= 0.00367 \times (-1) \times \left(-\frac{1}{\sqrt{5}}\right) - 0.0005 \times \left(-\frac{2}{\sqrt{5}}\right) \times (-1) = 0.001194$$

3.3　主应变与主应变方向

如图 3.6 所示，切应变等于零的面称为**主平面**，主平面的外法线称为**主应变方向**，其上正应变为**主应变**。

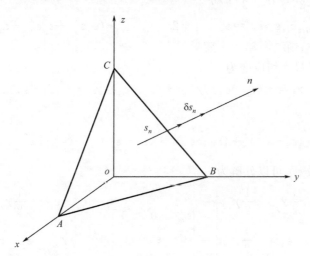

图 3.6　主应变

设 s_n 只发生伸长，方向不变，δs_n 为伸长量。因 s_n 与 δs_n 在一条直线上，故 s_n 与 δs_n 的分量成正比，即

$$\frac{\delta s_n}{s_n} = \frac{\delta s_x}{s_x} = \frac{\delta s_y}{s_y} = \frac{\delta s_z}{s_z} \tag{3.34}$$

式中，s_x、s_y、s_z 为 s_n 在 x、y、z 轴上的投影。

考虑到

$$\frac{\delta s_n}{s_n} = \varepsilon_n$$

则有

$$\delta s_x = \varepsilon_n s_x, \delta s_y = \varepsilon_n s_y, \delta s_z = \varepsilon_n s_z \tag{3.35}$$

于是，由式（3.15）有 $\delta s_i = \varepsilon_{ij} s_j$，则

$$\left.\begin{array}{l} \delta s_x = \varepsilon_x s_x + \varepsilon_{xy} s_y + \varepsilon_{xz} s_z \\ \delta s_y = \varepsilon_{yx} s_x + \varepsilon_y s_y + \varepsilon_{yz} s_z \\ \delta s_z = \varepsilon_{zx} s_x + \varepsilon_{zy} s_y + \varepsilon_z s_z \end{array}\right\} \tag{3.36}$$

将式（3.35）代入式（3.36）有

$$\left.\begin{array}{l} (\varepsilon_x - \varepsilon_n) s_x + \varepsilon_{xy} s_y + \varepsilon_{xz} s_z = 0 \\ \varepsilon_{yx} s_x + (\varepsilon_y - \varepsilon_n) s_y + \varepsilon_{yz} s_z = 0 \\ \varepsilon_{zx} s_x + \varepsilon_{zy} s_y + (\varepsilon_z - \varepsilon_n) s_z = 0 \end{array}\right\} \tag{3.37}$$

或

$$(\varepsilon_{ij} - \delta_{ij} \varepsilon_n) s_j = 0 \tag{3.38}$$

类似主应力状态的特征方程，可得 ε_n 的三次方程为

$$\varepsilon_n^3 - I_1' \varepsilon_n^2 + I_2' \varepsilon_n - I_3' = 0 \tag{3.39}$$

其中

$$I_1' = \varepsilon_x + \varepsilon_y + \varepsilon_z = \varepsilon_{ii}$$

$$I_2' = \frac{1}{2} \varepsilon_{ii} \varepsilon_{jj} - \frac{1}{2} \varepsilon_{ij} \varepsilon_{ij} = \varepsilon_x \varepsilon_y + \varepsilon_y \varepsilon_z + \varepsilon_x \varepsilon_z - (\varepsilon_{xy}^2 + \varepsilon_{yz}^2 + \varepsilon_{xz}^2)$$

$$I_3' = e_{ijk} \varepsilon_{i1} \varepsilon_{j2} \varepsilon_{k3} = \varepsilon_x \varepsilon_y \varepsilon_z + 2 \varepsilon_{xy} \varepsilon_{yz} \varepsilon_{zx} - (\varepsilon_x \varepsilon_{yz}^2 + \varepsilon_y \varepsilon_{xz}^2 + \varepsilon_z \varepsilon_{xy}^2)$$

称为应变张量的第一、第二、第三不变量。

完全类似地可得最大切应变为

$$\gamma_1 = \pm(\varepsilon_2 - \varepsilon_3), \gamma_2 = \pm(\varepsilon_1 - \varepsilon_3), \gamma_3 = \pm(\varepsilon_1 - \varepsilon_2) \tag{3.40}$$

八面体切应变为

$$\gamma_8 = \frac{2}{3} \left[(\varepsilon_x - \varepsilon_y)^2 + (\varepsilon_y - \varepsilon_z)^2 + (\varepsilon_z - \varepsilon_x)^2 + 6(\varepsilon_{xy}^2 + \varepsilon_{yz}^2 + \varepsilon_{xz}^2) \right]^{\frac{1}{2}} \tag{3.41}$$

一点的柯西应变张量 ε_{ij} 可以分解为

$$\varepsilon_{ij} = \begin{bmatrix} \varepsilon_x & \frac{1}{2}\gamma_{xy} & \frac{1}{2}\gamma_{xz} \\ \frac{1}{2}\gamma_{yx} & \varepsilon_y & \frac{1}{2}\gamma_{yz} \\ \frac{1}{2}\gamma_{zx} & \frac{1}{2}\gamma_{zy} & \varepsilon_z \end{bmatrix} = \begin{bmatrix} \varepsilon_m & 0 & 0 \\ 0 & \varepsilon_m & 0 \\ 0 & 0 & \varepsilon_m \end{bmatrix} + \begin{bmatrix} \varepsilon_x - \varepsilon_m & \frac{1}{2}\gamma_{xy} & \frac{1}{2}\gamma_{xz} \\ \frac{1}{2}\gamma_{yx} & \varepsilon_y - \varepsilon_m & \frac{1}{2}\gamma_{yz} \\ \frac{1}{2}\gamma_{zx} & \frac{1}{2}\gamma_{zy} & \varepsilon_z - \varepsilon_m \end{bmatrix} \tag{3.42}$$

式中，$\varepsilon_m = \frac{1}{3}(\varepsilon_x + \varepsilon_y + \varepsilon_z) = \frac{1}{3}\theta$ 为平均应变，其中，θ 为体积应变，右端第一项称为球形应变张量，第二项称为偏斜应变张量。或缩写为

$$\varepsilon_{ij} = \varepsilon_m \delta_{ij} + e_{ij} \quad (i, j = x, y, z) \tag{3.43}$$

及应变偏张量的不变量为

$$J_1' = 0, J_2' = e_1 e_2 + e_2 e_3 + e_3 e_1, J_3' = e_1 e_2 e_3 \tag{3.44}$$

式中，J_1'、J_2'、J_3' 为应变偏张量的第一、第二和第三不变量。

3.4　应变协调方程

物体受力变形后必须保持相互协调，不允许出现撕裂、套叠等现象，即变形后的位移函

数为单值连续函数。为此六个应变分量之间就必须满足一定的协调关系，称为应变协调方程。

现推导二维情况下的变形协调方程。

将 ε_x 和 ε_y 分别对 y 和 x 求二阶偏导数后相加，得

$$\frac{\partial^2 \varepsilon_x}{\partial y^2} + \frac{\partial^2 \varepsilon_y}{\partial x^2} = \frac{\partial^3 u}{\partial x \partial y^2} + \frac{\partial^3 v}{\partial y \partial x^2} = \frac{\partial^2}{\partial x \partial y}\left(\frac{\partial u}{\partial y} + \frac{\partial v}{\partial x}\right) = \frac{\partial^2 \gamma_{xy}}{\partial x \partial y}$$

即

$$\frac{\partial^2 \varepsilon_x}{\partial y^2} + \frac{\partial^2 \varepsilon_y}{\partial x^2} = \frac{\partial^2 \gamma_{xy}}{\partial x \partial y} \tag{3.45}$$

式（3.45）为二维情况下的应变协调方程。

类似地可得三维问题的应变协调方程为

$$\left.\begin{array}{l} \dfrac{\partial^2 \varepsilon_x}{\partial y^2} + \dfrac{\partial^2 \varepsilon_y}{\partial x^2} = \dfrac{\partial^2 \gamma_{xy}}{\partial x \partial y}, \quad 2\dfrac{\partial^2 \varepsilon_x}{\partial y \partial z} = \dfrac{\partial}{\partial x}\left(-\dfrac{\partial \gamma_{yz}}{\partial x} + \dfrac{\partial \gamma_{xz}}{\partial y} + \dfrac{\partial \gamma_{xy}}{\partial z}\right) \\[3mm] \dfrac{\partial^2 \varepsilon_y}{\partial z^2} + \dfrac{\partial^2 \varepsilon_z}{\partial y^2} = \dfrac{\partial^2 \gamma_{yz}}{\partial y \partial z}, \quad 2\dfrac{\partial^2 \varepsilon_y}{\partial x \partial z} = \dfrac{\partial}{\partial x}\left(\dfrac{\partial \gamma_{yz}}{\partial x} - \dfrac{\partial \gamma_{xz}}{\partial y} + \dfrac{\partial \gamma_{xy}}{\partial z}\right) \\[3mm] \dfrac{\partial^2 \varepsilon_z}{\partial x^2} + \dfrac{\partial^2 \varepsilon_x}{\partial z^2} = \dfrac{\partial^2 \gamma_{xz}}{\partial x \partial z}, \quad 2\dfrac{\partial^2 \varepsilon_z}{\partial x \partial y} = \dfrac{\partial}{\partial y}\left(\dfrac{\partial \gamma_{yz}}{\partial x} + \dfrac{\partial \gamma_{xz}}{\partial y} - \dfrac{\partial \gamma_{xy}}{\partial z}\right) \end{array}\right\} \tag{3.46}$$

式（3.46）又称为 Saint-Venant 方程。满足了上式就保证了物体在变形后不会出现撕裂、套叠等现象，即保证了位移的单值性和连续性。

需要指出的是，如果位移函数是连续的，变形自然也就协调，或者说如果能正确写出物体各点的位移 u、v、w，则相应的应变协调方程就自然满足，因而在以后用位移法解题时，可以不考虑应变协调方程。然而用应力法解题时则需同时考虑应变协调方程。另外，在几何关系和应变协调关系的十二个方程中，只有六个是独立的。

习题

3.1 已知物体内一点的坐标 M 的坐标为 (x_1, y_1, z_1)，变形后该点移至 M_1'，其坐标为 (x_1', y_1', z_1')。如果

$$x_1' = 1.001x_1 + 0.0003y_1 + 0.0002z_1$$
$$y_1' = 0.0005x_1 + 1.0005y_1 + 0.0004z_1$$
$$z_1' = 0.0004x_1 + 0.0006y_1 + 1.0003z_1$$

试求该点的各应变分量。

（答案：$\varepsilon_{x_1} = 0.001$，$\varepsilon_{y_1} = 0.0005$，$\varepsilon_{z_1} = 0.0003$，$\gamma_{x_1 y_1} = 0.0008$，$\gamma_{y_1 z_1} = 0.001$，$\gamma_{z_1 x_1} = 0.0006$）

3.2 已知应变张量

$$\varepsilon_{ij} = \begin{bmatrix} -0.006 & -0.002 & 0 \\ -0.002 & -0.004 & 0 \\ 0 & 0 & 0 \end{bmatrix}$$

试求：（1）主应变；（2）主应变方向；（3）八面体切应变；（4）应变不变量。

[答案：(1)$\varepsilon_{1,2} = -2.764 \times 10^{-3}, -7.236 \times 10^{-3}$；(2)与 x 轴成 $121°43'$；(3)$\gamma_8 = 2.98 \times 10^{-3}$；(4)$I_1' = -0.01, I_2' = -20 \times 10^{-5}, I_3' = 0$]

3.3 已知物体内任意一点的应变分量为

$$\varepsilon_x = \frac{1}{E}\left(\frac{\partial^2 \varphi}{\partial y^2} - \nu \frac{\partial^2 \varphi}{\partial x^2}\right), \varepsilon_y = \frac{1}{E}\left(\frac{\partial^2 \varphi}{\partial x^2} - \nu \frac{\partial^2 \varphi}{\partial y^2}\right),$$

$$\gamma_{xy} = -\frac{2(1+\nu)}{E} \times \frac{\partial^2 \varphi}{\partial x \partial y}, \varepsilon_z = \gamma_{yz} = \gamma_{zx} = 0$$

当应变状态能够存在时，试确定函数 $\varphi(x,y)$ 应满足的关系式，式中，E、ν 为弹性常数。

$$\left(\text{答案：} \frac{\partial^4 \varphi}{\partial x^4} + \frac{2\partial^4 \varphi}{\partial x^2 \partial y^2} + \frac{\partial^4 \varphi}{\partial y^4} = 0\right)$$

3.4 试求图示正方形单元在纯切应变时，切应变 γ_{xy} 与对角线应变 ε_{oB} 之间的关系。

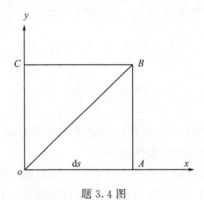

题 3.4 图

$$\left(\text{答案：} \varepsilon_{oB} = \frac{1}{2}\gamma_{xy}\right)$$

第4章 广义虎克定律

第 2 章、第 3 章分别对弹性体中的应力和应变进行了分析，但对应力和应变进行分析还不能解答弹性力学问题，必须进一步研究力和变形之间的物理关系。力和变形之间存在着的固有关系称为**本构关系**。由于每种物质存在着特定的本构关系，因此，本构关系是物质所固有的特性。本章的任务就是阐明线弹性这种物质内在联系的规律性。

4.1 广义虎克定律概述

测试结果表明，材料在简单拉伸或压缩情况下，在弹性范围内，应力与应变之间成线形关系，即 $\sigma = E\varepsilon$，这一关系称为虎克定律。在复杂应力情况下，则由六个应变分量来确定。因此，对于均匀的理想弹性体。应力与应变之间的关系可写成如下函数形式

$$
\left.
\begin{aligned}
\sigma_x &= c_{11}\varepsilon_x + c_{12}\varepsilon_y + c_{13}\varepsilon_z + c_{14}\gamma_{xy} + c_{15}\gamma_{yz} + c_{16}\gamma_{zx} \\
\sigma_y &= c_{21}\varepsilon_x + c_{22}\varepsilon_y + c_{23}\varepsilon_z + c_{24}\gamma_{xy} + c_{25}\gamma_{yz} + c_{26}\gamma_{zx} \\
\sigma_z &= c_{31}\varepsilon_x + c_{32}\varepsilon_y + c_{33}\varepsilon_z + c_{34}\gamma_{xy} + c_{35}\gamma_{yz} + c_{36}\gamma_{zx} \\
\tau_{xy} &= c_{41}\varepsilon_x + c_{42}\varepsilon_y + c_{43}\varepsilon_z + c_{44}\gamma_{xy} + c_{45}\gamma_{yz} + c_{46}\gamma_{zx} \\
\tau_{yz} &= c_{51}\varepsilon_x + c_{52}\varepsilon_y + c_{53}\varepsilon_z + c_{54}\gamma_{xy} + c_{55}\gamma_{yz} + c_{56}\gamma_{zx} \\
\tau_{zx} &= c_{61}\varepsilon_x + c_{62}\varepsilon_y + c_{63}\varepsilon_z + c_{64}\gamma_{xy} + c_{65}\gamma_{yz} + c_{66}\gamma_{zx}
\end{aligned}
\right\}
\tag{4.1}
$$

式中，c_{mn} 为弹性常数。由材料的均匀性可知，常数 c_{mn} 与坐标 x、y、z 无关。或缩写成张量形式

$$
\sigma_{ij} = c_{ijkl}\varepsilon_{kl} \quad (i,j,k,l=1,2,3)
\tag{4.2}
$$

式（4.1）、式（4.2）表达了应力与应变的最一般的关系，称为广义虎克定律或弹性本构关系。式（4.1）中的弹性常数 c_{mn} 共有 36 个，可以证明，对于任何弹性体，即使在极端各向异性的情况下，都有关系 $c_{mn} = c_{nm}$ 成立，即 c_{mn} 所组成的行列式是对称，因此，其弹性常数只有 $(36-6)/2+6=21$ 个是独立的。对于完全各向同性体，还可证明：独立的弹性常数只有两个。

4.2 应变能函数、格林公式

在等温条件下，当弹性体受外力作用发生变形时，外力所做的功全部转化为变形能而储存在弹性体内。当外力消除时，变形随之消失，变形能以功的形式释放出来。由于变形能因应变而产生，故也称为**应变能**。外力所做的功与应变能的关系可以用应变能定理来表述。即，弹性体在外力作用下处于平衡状态时，外力对弹性体各点从原有位置经历位移达到新的平衡位置时所做的功等于弹性体因变形所储藏的应变能，这一关系称为应变能定理。

以 W 表示弹性体单位体积的应变能，即

$$W = W(\varepsilon_x, \varepsilon_y, \varepsilon_z, \gamma_{xy}, \gamma_{yz}, \gamma_{zx}) \tag{4.3}$$

也称为应变能密度函数，其计算如下。

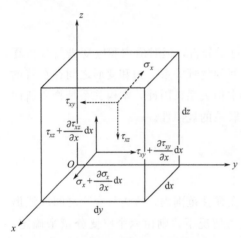

图 4.1 微元体上的应力分量 $(x=0, \mathrm{d}x)$

从弹性体内取一单元体，各边长为 $\mathrm{d}x$、$\mathrm{d}y$、$\mathrm{d}z$，如图 4.1 所示的单元体上显示出了与 x 轴垂直的两平行微面上的应力分量。按应变能定理，只要求出单元体上各力所做的功，其值就等于单元体中的应变能。

设取单元体任意两种无限接近的变形状态：其一，设位移为 u、v、w，相应的应变为 ε_x、ε_y、ε_z、γ_{xy}、γ_{yz}、γ_{zx}；其二，设位移为 $u+\delta u$、$v+\delta v$、$w+\delta w$，相应的应变为 $\varepsilon_x+\delta\varepsilon_x$、$\varepsilon_y+\delta\varepsilon_y$、$\varepsilon_z+\delta\varepsilon_z$、$\gamma_{xy}+\delta\gamma_{xy}$、$\gamma_{yz}+\delta\gamma_{yz}$、$\gamma_{zx}+\delta\gamma_{zx}$。这里，$\delta u$、$\delta v$、$\delta w$ 表示第一种状态到第二种状态位移的增量。

如图 4.1 所示，在 $x=0$ 的微面上的应力分量以及由第一种状态到第二种状态时位移分量的增量为

$$\sigma_x, \tau_{xy}, \tau_{xz}; \delta u, \delta v, \delta w \tag{4.4}$$

而在 $x=\mathrm{d}x$ 的微面上，则应力分量和位移分量的增量分别为

$$\sigma_x + \frac{\partial \sigma_x}{\partial x}\mathrm{d}x, \tau_{xy} + \frac{\partial \tau_{xy}}{\partial x}\mathrm{d}x, \tau_{xz} + \frac{\partial \tau_{xz}}{\partial x}\mathrm{d}x$$

$$\delta\left(u + \frac{\partial u}{\partial x}\mathrm{d}x\right), \delta\left(v + \frac{\partial v}{\partial x}\mathrm{d}x\right), \delta\left(w + \frac{\partial w}{\partial x}\mathrm{d}x\right) \tag{4.5}$$

这样作用垂直于 x 轴的两个微面上的各力所做的功为

$$\left[\left(\sigma_x + \frac{\partial \sigma_x}{\partial x}\mathrm{d}x\right)\delta\left(u + \frac{\partial u}{\partial x}\mathrm{d}x\right) - \sigma_x \delta u + \left(\tau_{xy} + \frac{\partial \tau_{xy}}{\partial x}\mathrm{d}x\right)\delta\left(v + \frac{\partial v}{\partial x}\mathrm{d}x\right) - \tau_{xy}\delta v + \right.$$

$$\left.\left(\tau_{xz} + \frac{\partial \tau_{xz}}{\partial x}\mathrm{d}x\right)\delta\left(w + \frac{\partial w}{\partial x}\mathrm{d}x\right) - \tau_{xz}\delta w\right]\mathrm{d}y\,\mathrm{d}z$$

将上式展开，并略去高阶微量，而且用同样的方法，可求出作用于 y、z 的两个微面上的各力所做的功，于是得以下三式

$$\left.\begin{array}{l}\left[\dfrac{\partial \sigma_x}{\partial x}\delta u+\dfrac{\partial \tau_{xy}}{\partial x}\delta v+\dfrac{\partial \tau_{xz}}{\partial x}\delta w+\sigma_x\delta\left(\dfrac{\partial u}{\partial x}\right)+\tau_{xy}\delta\left(\dfrac{\partial v}{\partial x}\right)+\tau_{xz}\delta\left(\dfrac{\partial w}{\partial x}\right)\right]\mathrm{d}x\,\mathrm{d}y\,\mathrm{d}z\\[3mm]\left[\dfrac{\partial \tau_{yx}}{\partial y}\delta u+\dfrac{\partial \sigma_y}{\partial y}\delta v+\dfrac{\partial \tau_{yz}}{\partial y}\delta w+\tau_{yx}\delta\left(\dfrac{\partial u}{\partial y}\right)+\sigma_y\delta\left(\dfrac{\partial v}{\partial y}\right)+\tau_{yz}\delta\left(\dfrac{\partial w}{\partial y}\right)\right]\mathrm{d}x\,\mathrm{d}y\,\mathrm{d}z\\[3mm]\left[\dfrac{\partial \tau_{zx}}{\partial z}\delta u+\dfrac{\partial \tau_{zy}}{\partial z}\delta v+\dfrac{\partial \sigma_z}{\partial z}\delta w+\tau_{zx}\delta\left(\dfrac{\partial u}{\partial z}\right)+\tau_{zy}\delta\left(\dfrac{\partial v}{\partial z}\right)+\sigma_z\delta\left(\dfrac{\partial w}{\partial z}\right)\right]\mathrm{d}x\,\mathrm{d}y\,\mathrm{d}z\end{array}\right\} \quad (4.6)$$

设作用在单元体上的体力分量为 f_x、f_y、f_z，则当单元体由第一种状态到第二种状态，体力分量所做的功为

$$(f_x\delta u+f_y\delta v+f_z\delta w)\mathrm{d}x\,\mathrm{d}y\,\mathrm{d}z \quad (4.7)$$

将式（4.6）、式（4.7）叠加，得单元体在变形过程中各力所做的功为

$$\begin{aligned}\delta L=&\left[\left(\dfrac{\partial \sigma_x}{\partial x}+\dfrac{\partial \tau_{yx}}{\partial y}+\dfrac{\partial \tau_{zx}}{\partial z}+f_x\right)\delta u+\left(\dfrac{\partial \tau_{xy}}{\partial x}+\dfrac{\partial \sigma_y}{\partial y}+\dfrac{\partial \tau_{zy}}{\partial z}+f_y\right)\delta v\right.\\&+\left(\dfrac{\partial \tau_{xz}}{\partial x}+\dfrac{\partial \tau_{yz}}{\partial y}+\dfrac{\partial \sigma_z}{\partial z}+f_z\right)\delta w+\sigma_x\delta\left(\dfrac{\partial u}{\partial x}\right)+\sigma_y\delta\left(\dfrac{\partial v}{\partial y}\right)+\sigma_z\delta\left(\dfrac{\partial w}{\partial z}\right)\\&\left.+\tau_{xy}\delta\left(\dfrac{\partial u}{\partial y}+\dfrac{\partial v}{\partial x}\right)+\tau_{yz}\delta\left(\dfrac{\partial v}{\partial z}+\dfrac{\partial w}{\partial y}\right)+\tau_{zx}\delta\left(\dfrac{\partial w}{\partial x}+\dfrac{\partial u}{\partial z}\right)\right]\mathrm{d}x\,\mathrm{d}y\,\mathrm{d}z\end{aligned} \quad (4.8)$$

将平衡微分方程式（2.67）和几何方程式（3.24）代入上式，δL 可写成下式

$$\delta L=(\sigma_x\delta\varepsilon_x+\sigma_y\delta\varepsilon_y+\sigma_z\delta\varepsilon_z+\tau_{xy}\delta\gamma_{xy}+\tau_{yz}\delta\gamma_{yz}+\tau_{zx}\delta\gamma_{zx})\mathrm{d}x\,\mathrm{d}y\,\mathrm{d}z \quad (4.9)$$

以 δA 表示单位体积内各力所做的功，则

$$\delta A=\delta L/\mathrm{d}x\,\mathrm{d}y\,\mathrm{d}z=(\sigma_x\delta\varepsilon_x+\sigma_y\delta\varepsilon_y+\sigma_z\delta\varepsilon_z+\tau_{xy}\delta\gamma_{xy}+\tau_{yz}\delta\gamma_{yz}+\tau_{zx}\delta\gamma_{zx}) \quad (4.10)$$

根据应变能定理，δW 表示单位体积应变能增量，它等于单位体积内各力所做的功，即

$$\delta W=\delta A \quad (4.11)$$

将式（4.10）代入式（4.11）得

$$\delta W=\sigma_x\delta\varepsilon_x+\sigma_y\delta\varepsilon_y+\sigma_z\delta\varepsilon_z+\tau_{xy}\delta\gamma_{xy}+\tau_{yz}\delta\gamma_{yz}+\tau_{zx}\delta\gamma_{zx} \quad (4.12)$$

由式（4.3）知，应变能函数 W 只取决于 ε_x、ε_y、ε_z、γ_{xy}、γ_{yz}、γ_{zx}。因此，它的增量为

$$\delta W=\dfrac{\partial W}{\partial \varepsilon_x}\delta\varepsilon_x+\dfrac{\partial W}{\partial \varepsilon_y}\delta\varepsilon_y+\dfrac{\partial W}{\partial \varepsilon_z}\delta\varepsilon_z+\dfrac{\partial W}{\partial \gamma_{xy}}\delta\gamma_{xy}+\dfrac{\partial W}{\partial \gamma_{yz}}\delta\gamma_{yz}+\dfrac{\partial W}{\partial \gamma_{zx}}\delta\gamma_{zx} \quad (4.13)$$

将式（4.12）与式（4.13）比较，便得

$$\begin{aligned}\sigma_x=\dfrac{\partial W}{\partial \varepsilon_x},\ \sigma_y=\dfrac{\partial W}{\partial \varepsilon_y},\ \sigma_z=\dfrac{\partial W}{\partial \varepsilon_z};\\[2mm]\tau_{xy}=\dfrac{\partial W}{\partial \gamma_{xy}},\ \tau_{yz}=\dfrac{\partial W}{\partial \gamma_{yz}},\ \tau_{zx}=\dfrac{\partial W}{\partial \gamma_{zx}}\end{aligned} \quad (4.14)$$

或缩写成

$$\sigma_{ij}=\dfrac{\partial W}{\partial \varepsilon_{ij}} \quad (4.15)$$

式（4.14）、式（4.15）称为格林公式。它表明应力分量等于应变能函数对相应应变分量的一阶偏导数。

将式（4.14）中的 σ_x、σ_y 分别对 ε_y 和 ε_x 求导，并注意应用式（4.1），即

$$\frac{\partial \sigma_x}{\partial \varepsilon_y} = \frac{\partial^2 W}{\partial \varepsilon_x \partial \varepsilon_y} = c_{12}, \frac{\partial \sigma_y}{\partial \varepsilon_x} = \frac{\partial^2 W}{\partial \varepsilon_y \partial \varepsilon_x} = c_{21}$$

由此得

$$c_{12} = c_{21}$$

推广可得

$$c_{mn} = c_{nm} \quad (m, n = 1, 2, \cdots, 6) \tag{4.16}$$

因此，在此证明了即使在极端各向异性的情况下，弹性矩阵是对称的，独立的弹性常数是 21 个。

4.3　各向同性体的虎克定律

假如所讨论的弹性体是各向同性的，即弹性体内任意一点沿不同方向的弹性常数相同。这样，广义虎克定律式（4.1）、式（4.2）将具有非常简单的形式，21 个弹性常数将缩减到 2 个。证明如下。

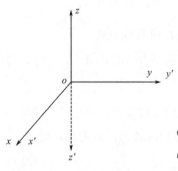

图 4.2　弹性性质关于
xoy 面对称

① 沿着任意两个相反方向看，弹性性质不变。

首先从 z 的正、反方向看，假定原来的坐标系 $oxyz$，沿 z 的反向看，坐标系为 $ox'y'z'$。新旧坐标系对 xoy 平面是对称的。如图 4.2 所示，这时新旧坐标有下列关系

$$x' = x, y' = y, z' = -z$$

由坐标变换，可以得出

$$\left.\begin{array}{l} \sigma_{x'} = \sigma_x, \sigma_{y'} = \sigma_y, \sigma_{z'} = \sigma_z, \tau_{x'y'} = \tau_{xy}, \tau_{y'z'} = -\tau_{yz}, \tau_{z'x'} = -\tau_{zx} \\ \varepsilon_{x'} = \varepsilon_x, \varepsilon_{y'} = \varepsilon_y, \varepsilon_{z'} = \varepsilon_z, \gamma_{x'y'} = \gamma_{xy}, \gamma_{y'z'} = -\gamma_{yz}, \gamma_{z'x'} = -\gamma_{zx} \end{array}\right\} \tag{4.17}$$

式（4.1）的第一式经坐标变换后变成

$$\sigma_{x'} = c_{11}\varepsilon_{x'} + c_{12}\varepsilon_{y'} + c_{13}\varepsilon_{z'} + c_{14}\gamma_{x'y'} + c_{15}\gamma_{y'z'} + c_{16}\gamma_{z'x'} \tag{4.18}$$

将式（4.17）的关系式代入上式便有

$$\sigma_x = c_{11}\varepsilon_x + c_{12}\varepsilon_y + c_{13}\varepsilon_z + c_{14}\gamma_{xy} - c_{15}\gamma_{yz} - c_{16}\gamma_{zx} \tag{4.19}$$

将式（4.19）与式（4.1）的第一式比较便得

$$c_{15} = c_{16} = 0 \tag{4.20}$$

同理，由式（4.1）的第二到六式可得

$$\sigma_y = c_{21}\varepsilon_x + c_{22}\varepsilon_y + c_{23}\varepsilon_z + c_{24}\gamma_{xy} - c_{25}\gamma_{yz} - c_{26}\gamma_{zx}$$

$$\sigma_z = c_{31}\varepsilon_x + c_{32}\varepsilon_y + c_{33}\varepsilon_z + c_{34}\gamma_{xy} - c_{35}\gamma_{yz} - c_{36}\gamma_{zx}$$

$$\tau_{xy} = c_{41}\varepsilon_x + c_{42}\varepsilon_y + c_{43}\varepsilon_z + c_{44}\gamma_{xy} - c_{45}\gamma_{yz} - c_{46}\gamma_{zx}$$

$$\tau_{yz} = -c_{51}\varepsilon_x - c_{52}\varepsilon_y - c_{53}\varepsilon_z - c_{54}\gamma_{xy} + c_{55}\gamma_{yz} + c_{56}\gamma_{zx}$$

$$\tau_{zx} = -c_{61}\varepsilon_x - c_{62}\varepsilon_y - c_{63}\varepsilon_z - c_{64}\gamma_{xy} + c_{65}\gamma_{yz} + c_{66}\gamma_{zx}$$

将以上诸式与式（4.1）的相应各式比较便得

$$c_{25} = c_{26} = c_{35} = c_{36} = c_{45} = c_{46} = 0 \tag{4.21}$$

假如弹性性质对 yoz 面也是对称的，如图 4.3 所示，这时新旧坐标也有下列关系

$$x'=-x,y'=y,z'=z$$

经坐标变换后，也可以得到

$$\left.\begin{array}{l}\sigma_{x'}=\sigma_x,\sigma_{y'}=\sigma_y,\sigma_{z'}=\sigma_z,\tau_{x'y'}=-\tau_{xy},\tau_{y'z'}=\tau_{yz},\tau_{z'x'}=-\tau_{zx}\\ \varepsilon_{x'}=\varepsilon_x,\varepsilon_{y'}=\varepsilon_y,\varepsilon_{z'}=\varepsilon_z,\gamma_{x'y'}=-\gamma_{xy},\gamma_{y'z'}=\gamma_{yz},\gamma_{z'x'}=-\gamma_{zx}\end{array}\right\} \quad (4.22)$$

同理，这时将 x 轴反向后，又得如下关系

$$c_{14}=c_{24}=c_{34}=c_{56}=0 \quad (4.23)$$

因有式（4.20）、式（4.21）、式（4.23）的结果，故式（4.1）中的弹性常数缩减为 9 个。此种情况为正交各向异性体。于是式（4.1）简化为

$$\left.\begin{array}{l}\sigma_x=c_{11}\varepsilon_x+c_{12}\varepsilon_y+c_{13}\varepsilon_z\\ \sigma_y=c_{21}\varepsilon_x+c_{22}\varepsilon_y+c_{23}\varepsilon_z\\ \sigma_z=c_{31}\varepsilon_x+c_{32}\varepsilon_y+c_{33}\varepsilon_z\\ \tau_{xy}=c_{44}\gamma_{xy}\\ \tau_{yz}=c_{55}\gamma_{yz}\\ \tau_{zx}=c_{66}\gamma_{zx}\end{array}\right\} \quad (4.24)$$

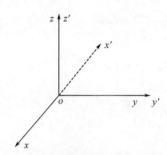 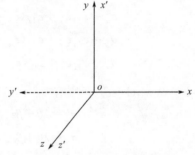

图 4.3　弹性性质关于 yoz 面对称　　　　图 4.4　坐标系绕 z 轴转 90°

② 沿着两个相互垂直的方向看，弹性性质不变。

首先将坐标系绕 z 轴转 90°，如图 4.4 所示，这时新旧坐标的关系应为

$$x'=y,y'=-x,z'=z$$

由坐标变换可知

$$\left.\begin{array}{l}\sigma_{x'}=\sigma_y,\sigma_{y'}=\sigma_x,\sigma_{z'}=\sigma_z,\tau_{x'y'}=-\tau_{xy},\tau_{y'z'}=-\tau_{zx},\tau_{z'x'}=\tau_{yz}\\ \varepsilon_{x'}=\varepsilon_y,\varepsilon_{y'}=\varepsilon_x,\varepsilon_{z'}=\varepsilon_z,\gamma_{x'y'}=-\gamma_{xy},\gamma_{y'z'}=-\gamma_{zx},\gamma_{z'x'}=\gamma_{yz}\end{array}\right\} \quad (4.25)$$

将式（4.24）经坐标变换后得到

$$\left.\begin{array}{l}\sigma_{x'}=c_{11}\varepsilon_{x'}+c_{12}\varepsilon_{y'}+c_{13}\varepsilon_{z'}\\ \sigma_{y'}=c_{21}\varepsilon_{x'}+c_{22}\varepsilon_{y'}+c_{23}\varepsilon_{z'}\\ \sigma_{z'}=c_{31}\varepsilon_{x'}+c_{32}\varepsilon_{y'}+c_{33}\varepsilon_{z'}\\ \tau_{x'y'}=c_{44}\gamma_{x'y'}\\ \tau_{y'z'}=c_{55}\gamma_{y'z'}\\ \tau_{z'x'}=c_{66}\gamma_{z'x'}\end{array}\right\} \quad (4.26)$$

再将式（4.25）代入式（4.26）得

$$\sigma_y = c_{11}\varepsilon_y + c_{12}\varepsilon_x + c_{13}\varepsilon_z$$
$$\sigma_x = c_{21}\varepsilon_y + c_{22}\varepsilon_x + c_{23}\varepsilon_z$$
$$\sigma_z = c_{31}\varepsilon_x + c_{32}\varepsilon_y + c_{33}\varepsilon_z$$
$$\tau_{xy} = c_{44}\gamma_{xy} \tag{4.27}$$
$$\tau_{zx} = c_{55}\gamma_{zx}$$
$$\tau_{yz} = c_{66}\gamma_{yz}$$

将式（4.27）和式（4.24）对应的关系比较得

$$c_{22} = c_{11}, c_{23} = c_{13}, c_{55} = c_{66} \tag{4.28}$$

同样，把坐标系绕 x 轴转 $90°$，如图 4.5 所示，并有

$$x' = x, y' = z, z' = -y$$

同理可得

$$c_{12} = c_{13}, c_{22} = c_{33}, c_{44} = c_{66} \tag{4.29}$$

同样把坐标系绕 y 轴转 $90°$，则不增加新的关系式。

式（4.1）中的独立的弹性常数只剩下 c_{11}、c_{12}、c_{44}，这样式（4.24）成为

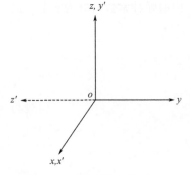

图 4.5　坐标系绕 x 轴转 $90°$

$$\sigma_x = c_{11}\varepsilon_x + c_{12}(\varepsilon_y + \varepsilon_z), \tau_{xy} = c_{44}\gamma_{xy}$$
$$\sigma_y = c_{11}\varepsilon_y + c_{12}(\varepsilon_x + \varepsilon_z), \tau_{yz} = c_{44}\gamma_{yz} \tag{4.30}$$
$$\sigma_z = c_{11}\varepsilon_z + c_{12}(\varepsilon_x + \varepsilon_y), \tau_{zx} = c_{44}\gamma_{zx}$$

令 $\lambda = c_{12}, \beta = c_{11} - c_{12}, G = c_{44}$，则有

$$\sigma_x = \lambda\theta + \beta\varepsilon_x, \tau_{xy} = G\gamma_{xy}$$
$$\sigma_y = \lambda\theta + \beta\varepsilon_y, \tau_{yz} = G\gamma_{yz} \tag{4.31}$$
$$\sigma_z = \lambda\theta + \beta\varepsilon_z, \tau_{zx} = G\gamma_{zx}$$

式中，$\theta = \varepsilon_x + \varepsilon_y + \varepsilon_z$，为体积应变。

③ 沿着两个相互成任意角度的两个方向，弹性性质不变。

如图 4.6 所示，设将 $oxyz$ 绕 z 轴转一角度 φ。新旧坐标系的各坐标轴之间的方向余弦见表 4.1。

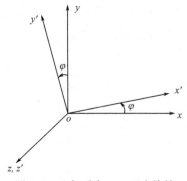

图 4.6　坐标系在 xoy 面内旋转

表 4.1　新旧坐标系的各坐标轴之间的方向余弦

o	x	y	z
x'	$\cos\varphi$	$\sin\varphi$	0
y'	$-\sin\varphi$	$\cos\varphi$	0
z'	0	0	1

经坐标变换后有

$$\tau_{x'y'} = -\frac{1}{2}(\sigma_x - \sigma_y)\sin 2\varphi + \tau_{xy}\cos 2\varphi$$

$$\gamma_{x'y'} = -(\varepsilon_x - \varepsilon_y)\sin 2\varphi + \gamma_{xy}\cos 2\varphi$$

经坐标变换后，下列关系仍成立

$$\tau_{x'y'} = G\gamma_{x'y'}$$

因此可得

$$\tau_{x'y'} = -\frac{1}{2}(\sigma_x - \sigma_y)\sin 2\varphi + \tau_{xy}\cos 2\varphi = G\gamma_{x'y'} = [-(\varepsilon_x - \varepsilon_y)\sin 2\varphi + \gamma_{xy}\cos 2\varphi]$$

再将，$\tau_{xy} = G\gamma_{xy}$ 代入上式，故得

$$\sigma_x - \sigma_y = 2G(\varepsilon_x - \varepsilon_y) \tag{4.32}$$

同时，由式（4.31）的第一式减去第二式可得

$$\sigma_x - \sigma_y = \beta(\varepsilon_x - \varepsilon_y) \tag{4.33}$$

比较式（4.32）、式（4.33）两式可知

$$\beta = 2G \tag{4.34}$$

结论：由以上分析可知，对于各向同性体，只有两个独立的弹性常数。因此，各向同性体的广义虎克定理式（4.31）成为

$$\left.\begin{array}{l} \sigma_x = \lambda\theta + 2G\varepsilon_x, \tau_{xy} = G\gamma_{xy} \\ \sigma_y = \lambda\theta + 2G\varepsilon_y, \tau_{yz} = G\gamma_{yz} \\ \sigma_z = \lambda\theta + 2G\varepsilon_z, \tau_{zx} = G\gamma_{zx} \end{array}\right\} \tag{4.35}$$

式中，λ 为拉梅常数；G 为剪切弹模。

上式或记为张量形式

$$\sigma_{ij} = \lambda\delta_{ij}\theta + 2G\varepsilon_{ij} \tag{4.36}$$

4.4　弹性常数之间的关系及广义虎克定理的各种表达式

现在来确定弹性常数 λ、G 和弹性模量 E、泊松比 ν 之间的关系，因为它们之间只有两个是独立的。设弹性体沿 x 轴方向受简单拉伸，则式（4.35）的左边三式成为

$$\left.\begin{array}{l} \lambda\theta + 2G\varepsilon_x = \sigma_x \\ \lambda\theta + 2G\varepsilon_y = 0 \\ \lambda\theta + 2G\varepsilon_z = 0 \end{array}\right\} \tag{4.37}$$

将式（4.37）的三式相加得

$$\theta = \frac{1}{3\lambda + 2G}\sigma_x \tag{4.38}$$

将式（4.38）代入式（4.37）的第一式得

$$\sigma_x = \frac{G(3\lambda + 2G)}{\lambda + G}\varepsilon_x \tag{4.39}$$

因简单拉伸时，应力应变关系为

$$\sigma_x = E\varepsilon_x \tag{4.40}$$

比较式（4.39）、式（4.40）两式可知

$$E = \frac{G(3\lambda + 2G)}{\lambda + G} \tag{4.41}$$

再将式（4.38）代入式（4.37）的第二式、第三式得

$$\varepsilon_y = \varepsilon_z = -\frac{\lambda}{2G}\theta = -\frac{\lambda}{2G(3\lambda + 2G)}\sigma_x \tag{4.42}$$

因存在以下关系

$$\varepsilon_y = \varepsilon_z = -\nu\varepsilon_x = -\frac{\nu}{E}\sigma_x \tag{4.43}$$

比较式（4.42）、式（4.43）两式可知

$$\nu = \frac{\lambda}{2(\lambda + G)} \tag{4.44}$$

将式（4.43）、式（4.44）联立求解可得用 E、ν 来表示 λ、G 的关系式

$$\lambda = \frac{E\nu}{(1+\nu)(1-2\nu)}, G = \frac{E}{2(1+\nu)} \tag{4.45}$$

因此，各向同性体的广义虎克定理，用矩阵表示为

$$
\begin{Bmatrix} \sigma_x \\ \sigma_y \\ \sigma_z \\ \tau_{xy} \\ \tau_{yz} \\ \tau_{zx} \end{Bmatrix} = \frac{E(1-\nu)}{(1+\nu)(1-2\nu)}
\begin{bmatrix}
1 & \dfrac{\nu}{1-\nu} & \dfrac{\nu}{1-\nu} & 0 & 0 & 0 \\
\dfrac{\nu}{1-\nu} & 1 & \dfrac{\nu}{1-\nu} & 0 & 0 & 0 \\
\dfrac{\nu}{1-\nu} & \dfrac{\nu}{1-\nu} & 1 & 0 & 0 & 0 \\
0 & 0 & 0 & \dfrac{1-2\nu}{2(1-\nu)} & 0 & 0 \\
0 & 0 & 0 & 0 & \dfrac{1-2\nu}{2(1-\nu)} & 0 \\
0 & 0 & 0 & 0 & 0 & \dfrac{1-2\nu}{2(1-\nu)}
\end{bmatrix}
\begin{Bmatrix} \varepsilon_x \\ \varepsilon_y \\ \varepsilon_z \\ \gamma_{xy} \\ \gamma_{yz} \\ \gamma_{zx} \end{Bmatrix} \tag{4.46}
$$

或写成下列缩写形式

$$\{\sigma\} = [D] \cdot \{\varepsilon\} \tag{4.47}$$

式中，$\{\sigma\}$ 为应力矩阵；$\{\varepsilon\}$ 为应变矩阵；$[D]$ 为弹性矩阵。式（4.47）又称为广义虎克定律的工程显式，常在有限元中使用。

如以应力表示应变，则各向同性体的广义虎克定律有如下形式

$$
\left.
\begin{aligned}
\varepsilon_x &= \frac{1}{E}[\sigma_x - \nu(\sigma_y + \sigma_z)], \gamma_{xy} = \frac{2(1+\nu)}{E}\tau_{xy} \\
\varepsilon_y &= \frac{1}{E}[\sigma_y - \nu(\sigma_z + \sigma_x)], \gamma_{yz} = \frac{2(1+\nu)}{E}\tau_{yz} \\
\varepsilon_z &= \frac{1}{E}[\sigma_z - \nu(\sigma_x + \sigma_y)], \gamma_{zx} = \frac{2(1+\nu)}{E}\tau_{zx}
\end{aligned}
\right\} \tag{4.48}
$$

或缩写成

$$\varepsilon_{ij} = \frac{1+\nu}{E}\sigma_{ij} - \frac{\nu}{E}\delta_{ij}\sigma_{kk} \tag{4.49}$$

下面讨论体积虎克定律。

设单元体变形前体积为 $V_0 = \mathrm{d}x\mathrm{d}y\mathrm{d}z$，而变形后体积为

$$V_f = (1+\varepsilon_x)\mathrm{d}x(1+\varepsilon_y)\mathrm{d}y(1+\varepsilon_z)\mathrm{d}z \approx (1+\varepsilon_x+\varepsilon_y+\varepsilon_z)\mathrm{d}x\mathrm{d}y\mathrm{d}z$$

将上式展开，略去高阶微量，可以得到

$$V_f = V_0 + V_0\theta$$

式中，$\theta = \varepsilon_x + \varepsilon_y + \varepsilon_z$，为体积应变，即为应变张量的第一不变量。

并注意应用广义虎克定律式（4.48）有

$$\theta = \frac{\Delta V}{V_0} = \frac{1-2\nu}{E}(\sigma_x+\sigma_y+\sigma_z) \tag{4.50}$$

又因为 $\sigma_m = \dfrac{1}{3}(\sigma_x+\sigma_y+\sigma_z)$ 为平均应力，式（4.50）写为

$$\theta = \frac{3(1-2\nu)}{E}\sigma_m \quad 或 \quad \sigma_m = \frac{E}{3(1-2\nu)}\theta \tag{4.51}$$

则

$$\sigma_m = K\theta \tag{4.52}$$

式（4.52）称为体积虎克定律，$K = \dfrac{E}{3(1-2\nu)}$ 为体积弹性模量。

讨论如下。

① 物体在静水压力 P 作用下，单元体的应力状态为

$$\sigma_x = \sigma_y = \sigma_z = -P , \tau_{xy} = \tau_{yz} = \tau_{zx} = 0$$

由式（4.52）可得

$$\theta = \frac{-3(1-2\nu)P}{E} = -\frac{P}{K} \tag{4.53}$$

可见，单元体的体积收缩与压力成正比。同时，也验证了 P. W. Bridgeman 做的静水压力实验，他认为一般金属材料在正常静水压力作用下的体积变化是线弹性的，即当静水压力卸除后，体积变形可以完全恢复。

② 由式（4.53）可知，当材料的 $\nu = 1/2$ 时，体积应变 $\theta = 0$，表明该种材料具有不可压缩的特性，如橡胶或金属材料屈服后的情形。另外，Bridgeman 做的静水压力实验还表明，在塑性变形过程中，体积变形与塑性变形相比甚小，可以忽略不计。当金属材料屈服时，$\nu \to 1/2, \theta \to 0$，无论多大的静水压力均不会引起体积改变，因此，静水压力对金属材料的屈服与破坏没有贡献，或者说金属材料的塑性流动仅与偏斜应力状态的有关力学参量有关。不过对于混凝土、岩石和土壤等岩土类材料，静水压力可以导致屈服，即产生塑性变形，甚至可以导致静压屈服。因此，岩土类材料的屈服和破坏准则与应力球张量和应力偏张量均有关。

将式（4.54）稍加变换后可以缩写成

$$\sigma_{ij} = \frac{E}{1+\nu}\varepsilon_{ij} + \frac{\nu E\delta_{ij}\theta}{(1+\nu)(1-2\nu)} \tag{4.54}$$

并注意到式（4.45），式（4.54）变为

$$\sigma_{ij} = 2G\varepsilon_{ij} + \lambda\theta\delta_{ij} = 2G(e_{ij}+\varepsilon_m\delta_{ij}) + \lambda\theta\delta_{ij}$$

$$= 2Ge_{ij} + (\lambda\theta+2G\varepsilon_m)\delta_{ij} = 2Ge_{ij} + \left(\lambda+\frac{2}{3}G\right)\theta\delta_{ij} \tag{4.55}$$

又

$$\sigma_{ij} = s_{ij} + 3K\varepsilon_m\delta_{ij}$$

$$= s_{ij} + 3\left(\lambda + \frac{2}{3}G\right) \times \frac{1}{3}\theta\delta_{ij} = s_{ij} + \left(\lambda + \frac{2}{3}G\right)\theta\delta_{ij} \tag{4.56}$$

比较式（4.55）和式（4.56）可得

$$s_{ij} = 2Ge_{ij} \tag{4.57}$$

具体展开成

$$\sigma_x - \sigma_m = 2G(\varepsilon_x - \varepsilon_m), \tau_{xy} = 2G\left(\frac{1}{2}\gamma_{xy}\right)$$

$$\sigma_y - \sigma_m = 2G(\varepsilon_y - \varepsilon_m), \tau_{yz} = 2G\left(\frac{1}{2}\gamma_{yz}\right) \tag{4.58}$$

$$\sigma_z - \sigma_m = 2G(\varepsilon_z - \varepsilon_m), \tau_{zx} = 2G\left(\frac{1}{2}\gamma_{zx}\right)$$

因此，广义虎克定律又可以写成

$$\left.\begin{array}{l}\sigma_m = 3K\varepsilon_m \\ s_{ij} = 2Ge_{ij}\end{array}\right\} \tag{4.59}$$

广义虎克定律采用的这种表达形式，是为了与塑性力学中的本构关系在形式上加以统一，因此，式（4.59）广泛应用于塑性力学的表达式中。

4.5 弹性应变能函数的表达式

根据应变能定理，外力在物体弹性变形过程中所做的功等于物体储存于弹性体的变形能。在此给出复杂应力状态下应变能密度函数常用的表达式。

4.5.1 应变能密度函数

据材料力学知道在单向应力状态下的应变能密度函数的计算公式为

$$W = \frac{1}{2}\sigma\varepsilon \tag{4.60}$$

由式（4.60）推广到复杂应力状态下应变能密度函数为

$$W = \frac{1}{2}\sigma_{ij}\varepsilon_{ij}$$

$$= \frac{1}{2}(\sigma_x\varepsilon_x + \sigma_y\varepsilon_y + \sigma_z\varepsilon_z + \tau_{xy}\gamma_{xy} + \tau_{yz}\gamma_{yz} + \tau_{zx}\gamma_{zx}) \tag{4.61}$$

将式（4.36）代入式（4.61），得到由应变表示的应变能密度

$$W = \frac{1}{2}(\lambda\theta\delta_{ij} + 2G\varepsilon_{ij})\varepsilon_{ij} = \frac{1}{2}\lambda\theta\delta_{ij}\varepsilon_{ij} + G\varepsilon_{ij}\varepsilon_{ij} = \frac{1}{2}\lambda\theta^2 + G\varepsilon_{ij}\varepsilon_{ij}$$

$$= \frac{1}{2}[\lambda\theta^2 + 2G(\varepsilon_x^2 + \varepsilon_y^2 + \varepsilon_z^2) + G(\gamma_{xy}^2 + \gamma_{yz}^2 + \gamma_{zx}^2)] \tag{4.62}$$

将式（4.49）代入式（4.61），得到由应力表示的应变能密度

$$W = \frac{1}{2}\sigma_{ij}\left(\frac{1+\nu}{E}\sigma_{ij} - \frac{\nu}{E}\delta_{ij}\sigma_{kk}\right) = \frac{1}{2E}\left[(1+\nu)\sigma_{ij}\sigma_{ij} - \nu\sigma_{kk}\sigma_{ii}\right] \tag{4.63}$$

$$= \frac{1}{2E}\left[\sigma_x^2 + \sigma_y^2 + \sigma_z^2 - 2\nu(\sigma_x\sigma_y + \sigma_y\sigma_z + \sigma_x\sigma_z) + 2(1+\nu)(\tau_{xy}^2 + \tau_{yz}^2 + \tau_{zx}^2)\right]$$

4.5.2 应变能密度的分解

与应力张量、应变张量可以分解为球形张量和偏斜张量之和一样，应变能密度也可以分解为体积应变能 W_V 和形状改变比能 W_d。

其中体积应变能为

$$W_V = \frac{1}{2}\sigma_{ii}\varepsilon_{ii} = \frac{1}{2}\sigma_m\delta_{ij}\varepsilon_m\delta_{ij} = \frac{1}{2}\delta_{ii}\sigma_m\varepsilon_m \tag{4.64}$$

$$= \frac{3}{2}\sigma_m\varepsilon_m = \frac{\sigma_m^2}{2K} = \frac{1}{18K}I_1^2$$

注意：符号 δ_{ij} 在运算中起到指标置换的作用，当 δ_{ij} 的某一指标与任意一个指标符号的一个指标构成哑指标时，所起的作用是将该指标符号的这个指标换成 δ_{ij} 的另一指标。

例如

$$\delta_{ij}a_j = a_i, \quad \delta_{ij}a_{jk} = a_{ik}$$

且

$$\delta_{ij}\delta_{jk} = \delta_{ik}, \quad \delta_{ij}\delta_{jk}\delta_{kl} = \delta_{il}$$

因此

$$\delta_{ij}\delta_{ij} = \delta_{ii} = \delta_{jj}$$

不难验证

$$\delta_{ij}\varepsilon_{ij} = \varepsilon_{ii}, \delta_{ii} = n \quad (i = 1, 2, \cdots, n)$$

形状改变比能（畸变能）[注意：式（2.59）和式（2.64）] 为

$$W_d = \frac{1}{2}s_{ij}e_{ij} = \frac{1}{12G}\left[(\sigma_1 - \sigma_2)^2 + (\sigma_2 - \sigma_3)^2 + (\sigma_3 - \sigma_1)^2\right] \tag{4.65}$$

$$= -\frac{1}{2G}J_2 = \frac{3}{4G}\tau_8^2$$

对比 J_2 和 W_d 的表达式，二者仅相差一个系数。显然 J_2 反映了单元体的形状改变比能，是描述塑性变形的重要力学参量。

总应变能为

$$W = W_V + W_d = \frac{1}{18K}I_1^2 - \frac{1}{2G}J_2 \tag{4.66}$$

可见，系统的总应变能密度与坐标选择无关，为一不变量。即能量是标量，零阶张量，不随坐标而变，自然是不变量。

习题

4.1 试证明在线弹性应力状态下，式 $\gamma_8 = \frac{1}{G}\tau_8$ 成立。

4.2 试证明横观各向同性体（设在 xoy 面内各向同性体）的弹性常数只有 5 个。

4.3 试根据虎克定律，证明均质材料的应力主轴与应变主轴重合。

4.4 若以 σ_m 和 ε_m 分别表示平均正应力和平均正应变，试推导出广义虎克定律的另一种表达形式

$$\sigma_x - \sigma_m = 2G(\varepsilon_x - \varepsilon_m), \tau_{xy} = 2G\gamma_{xy}/2$$
$$\sigma_y - \sigma_m = 2G(\varepsilon_y - \varepsilon_m), \tau_{yz} = 2G\gamma_{yz}/2$$
$$\sigma_z - \sigma_m = 2G(\varepsilon_z - \varepsilon_m), \tau_{zx} = 2G\gamma_{zx}/2$$

4.5 将某一物体放入压力容器内，在静水压力 $p = 0.45\mathrm{N/mm}^2$ 作用下，测得体积应变 $\theta = -3.6 \times 10^{-5}$，若 $\nu = 0.3$，试求物体的弹性模量 E。

（答案：$E = 1.5 \times 10^4 \mathrm{N/mm}^2$）

第5章 弹性力学问题的解法

在前面第 2、第 3 和第 4 章中，导出了空间弹性力学的基本方程。本章说明如何应用这些方程求解弹性力学问题。

5.1 弹性力学的基本方程

（1）平衡微分方程（Navier 方程）

$$\left.\begin{array}{l}\dfrac{\partial \sigma_x}{\partial x}+\dfrac{\partial \tau_{xy}}{\partial y}+\dfrac{\partial \tau_{xz}}{\partial z}+f_x=0\\[2mm]\dfrac{\partial \tau_{yx}}{\partial x}+\dfrac{\partial \sigma_y}{\partial y}+\dfrac{\partial \tau_{yz}}{\partial z}+f_y=0\\[2mm]\dfrac{\partial \tau_{zx}}{\partial x}+\dfrac{\partial \tau_{zy}}{\partial y}+\dfrac{\partial \sigma_z}{\partial z}+f_z=0\end{array}\right\} \quad \text{或} \quad \sigma_{ij,j}+f_i=0 \tag{5.1}$$

（2）几何方程（Cauchy 方程）

$$\left.\begin{array}{l}\varepsilon_x=\dfrac{\partial u}{\partial x},\ \gamma_{xy}=\dfrac{\partial u}{\partial y}+\dfrac{\partial v}{\partial x}\\[2mm]\varepsilon_x=\dfrac{\partial v}{\partial y},\ \gamma_{yz}=\dfrac{\partial v}{\partial z}+\dfrac{\partial w}{\partial y}\\[2mm]\varepsilon_z=\dfrac{\partial w}{\partial z},\ \gamma_{zx}=\dfrac{\partial w}{\partial x}+\dfrac{\partial u}{\partial z}\end{array}\right\} \quad \text{或} \quad \varepsilon_{ij}=\dfrac{1}{2}(u_{i,j}+u_{j,i}) \tag{5.2}$$

由应变位移关系导出的应变相容方程（Saint-Venant 方程）如下

$$\left.\begin{array}{l}\dfrac{\partial^2 \varepsilon_x}{\partial y^2}+\dfrac{\partial^2 \varepsilon_y}{\partial x^2}=\dfrac{\partial^2 \gamma_{xy}}{\partial x \partial y},\ 2\dfrac{\partial^2 \varepsilon_x}{\partial y \partial z}=\dfrac{\partial}{\partial x}\left(-\dfrac{\partial \gamma_{yz}}{\partial x}+\dfrac{\partial \gamma_{xz}}{\partial y}+\dfrac{\partial \gamma_{xy}}{\partial z}\right)\\[3mm]\dfrac{\partial^2 \varepsilon_y}{\partial z^2}+\dfrac{\partial^2 \varepsilon_z}{\partial y^2}=\dfrac{\partial^2 \gamma_{yz}}{\partial y \partial z},\ 2\dfrac{\partial^2 \varepsilon_y}{\partial x \partial z}=\dfrac{\partial}{\partial y}\left(\dfrac{\partial \gamma_{yz}}{\partial x}-\dfrac{\partial \gamma_{xz}}{\partial y}+\dfrac{\partial \gamma_{xy}}{\partial z}\right)\\[3mm]\dfrac{\partial^2 \varepsilon_z}{\partial x^2}+\dfrac{\partial^2 \varepsilon_x}{\partial z^2}=\dfrac{\partial^2 \gamma_{xz}}{\partial x \partial z},\ 2\dfrac{\partial^2 \varepsilon_z}{\partial x \partial y}=\dfrac{\partial}{\partial z}\left(\dfrac{\partial \gamma_{yz}}{\partial x}+\dfrac{\partial \gamma_{xz}}{\partial y}-\dfrac{\partial \gamma_{xy}}{\partial z}\right)\end{array}\right\} \tag{5.3}$$

（3）物理方程——广义虎克定律

① 用应力表示应变的关系式

$$\left.\begin{aligned}
\varepsilon_x &= \frac{1}{E}[\sigma_x - \nu(\sigma_y + \sigma_z)], \quad \gamma_{xy} = \frac{2(1+\nu)}{E}\tau_{xy} \\
\varepsilon_y &= \frac{1}{E}[\sigma_y - \nu(\sigma_z + \sigma_x)], \quad \gamma_{yz} = \frac{2(1+\nu)}{E}\tau_{yz} \\
\varepsilon_z &= \frac{1}{E}[\sigma_z - \nu(\sigma_x + \sigma_y)], \quad \gamma_{zx} = \frac{2(1+\nu)}{E}\tau_{zx}
\end{aligned}\right\} \tag{5.4}$$

或用张量缩写表示为

$$\varepsilon_{ij} = \frac{1+\nu}{E}\sigma_{ij} - \frac{\nu}{E}\delta_{ij}\sigma_{kk} \tag{5.5}$$

② 用应变表示应力的关系式

$$\left.\begin{aligned}
\sigma_x &= \lambda\theta + 2G\varepsilon_x, \quad \tau_{xy} = G\gamma_{xy} \\
\sigma_y &= \lambda\theta + 2G\varepsilon_y, \quad \tau_{yz} = G\gamma_{yz} \\
\sigma_z &= \lambda\theta + 2G\varepsilon_z, \quad \tau_{zx} = G\gamma_{zx}
\end{aligned}\right\} \tag{5.6}$$

或用张量缩写为

$$\sigma_{ij} = \lambda\delta_{ij}\theta + 2G\varepsilon_{ij} \tag{5.7}$$

（4）边界条件

① 应力边条

$$\left.\begin{aligned}
\sigma_x l + \tau_{xy} m + \tau_{xz} n &= \overline{p}_x \\
\tau_{yx} l + \sigma_y m + \tau_{yz} n &= \overline{p}_y \\
\tau_{zx} l + \tau_{zy} m + \sigma_z n &= \overline{p}_z
\end{aligned}\right\} \tag{5.8}$$

或

$$\overline{p}_i = \sigma_{ij} n_j \quad （在\ S_\sigma\ 上） \tag{5.9}$$

② 位移边条

$$u = u^*, \quad v = v^*, \quad w = w^* \tag{5.10}$$

注意：u^*、v^*、w^* 为弹性体表面已知的位移。

以上 15 个基本方程中包含弹性力学所要研究的 15 个基本未知量。即 6 个应力分量、6 个应变分量和 3 个位移分量，从数学的观点来看，用 15 个方程求解 15 个未知量是足够的。还可以证明，当这些方程的解答存在时，所得解答是唯一的。根据给定物体边界条件的类型，可将弹性力学问题分为三类。

① 应力边值问题。给定物体表面的面力，实际给定了边界应力。这类问题在弹性力学中常用。

② 位移边值问题。给定物体表面的位移，实际上给定了物体的约束条件，这类问题在有限元中常用。

③ 混合边值问题。部分表面给定面力，其余表面给定位移，这类边值问题在边界元中常用。

例如，写出图 5.1 所示板，上下表面的边界条件。上表面的应力边界条件为

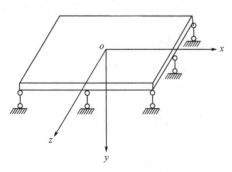

图 5.1 板的边界示例

$$(\tau_{yx})_s = \overline{p}_x = 0$$

$$(\tau_{yz})_s = \overline{p}_z = 0$$

下表面的位移边界条件为

$$v_s = \overline{v} = 0$$

上述问题称为混合边界条件。

注意：在同一边界的同一方向上，不能同时全部给出应力和位移边界条件。

5.2 弹性力学问题的具体解法

5.2.1 按基本未知量分类

（1）位移法

以位移分量 u、v、w 作为基本未知量。由位移表示的平衡方程式及边界条件先求出位移分量，通过几何方程求应变分量，再由物理方程求应力分量，在结构力学和有限元中常用，弹性力学中有时也用。

（2）应力法

以应力分量作为基本未知量，按包含应力分量的平衡方程和变形协调方程及边界条件求 σ_{ij}，然后由物理方程求 ε_{ij}，再由几何方程求位移分量 u、v、w。此方法类似结构力学中的力法，在弹性力学中该方法广泛使用。

（3）混合法

同时以某些位移分量和某些应力分量作为基本未知量，用包含上述基本未知量的微分方程和边界条件求出这些基本未知量，再用相关的方程求出其他未知量。

5.2.2 按解题的具体方法分类

求解弹性力学问题就解题方法而言，又分为如下两种。

（1）逆解法

根据问题的性质和特点，如由材料力学的知识、边界的形状和边界上的受力分布或经验等，设出全部未知量（含待定常数）的形式，使它们满足基本方程。然后，考察相应边界上的位移或面力分布，再与实际边界条件比较，若相同，则认可为问题的解。最后，根据边界条件确定其中的待定常数。

（2）半逆解法

先根据问题的性质和特点，如由材料力学的知识、边界的形状和边界上的受力分布或经验等，设出部分未知量。然后，由基本方程和边界条件求出另一部分未知量。这样就得到了全部未知量。

注意：无论是逆解法还是半逆解法，就是要针对求解的问题，紧紧抓住弹性体的边界形状和受力情况，假设出全部或部分未知量的某种函数形式，然后从相应的微分方程中求出其解答，并由边界条件确定积分常数。

5.3 位移法求解弹性力学问题

5.3.1 用位移分量表示的平衡方程

以位移作为基本未知量求解弹性力学问题时，主要在于把微分方程式（5.1）和边界条件式（5.8）变换成用位移分量表达的形式，求解问题时不需要变形协调方程。

为此，将几何方程式（5.2）代入物理方程式（5.4）得

$$\left.\begin{aligned}
\sigma_x &= \lambda\theta + 2G\frac{\partial u}{\partial x}, & \tau_{xy} &= G\left(\frac{\partial u}{\partial y} + \frac{\partial v}{\partial x}\right) \\
\sigma_y &= \lambda\theta + 2G\frac{\partial v}{\partial y}, & \tau_{yz} &= G\left(\frac{\partial v}{\partial z} + \frac{\partial w}{\partial y}\right) \\
\sigma_z &= \lambda\theta + 2G\frac{\partial w}{\partial z}, & \tau_{zx} &= G\left(\frac{\partial v}{\partial x} + \frac{\partial u}{\partial z}\right)
\end{aligned}\right\} \tag{5.11}$$

将上式中 σ_x 对 x 微分一次、τ_{xy} 对 y 微分一次、τ_{zx} 对 z 微分一次后得

$$\left.\begin{aligned}
\frac{\partial \sigma_x}{\partial x} &= \lambda\frac{\partial \theta}{\partial x} + G\frac{\partial^2 u}{\partial x^2} + G\frac{\partial^2 u}{\partial x^2} \\
\frac{\partial \tau_{xy}}{\partial y} &= G\frac{\partial^2 u}{\partial y^2} + G\frac{\partial^2 v}{\partial x \partial y} \\
\frac{\partial \tau_{xz}}{\partial z} &= G\frac{\partial^2 u}{\partial z^2} + G\frac{\partial^2 w}{\partial x \partial z}
\end{aligned}\right\}$$

将以上三式相加，且注意到

$$\theta = \frac{\partial u}{\partial x} + \frac{\partial v}{\partial y} + \frac{\partial w}{\partial z}$$

可得

$$\frac{\partial \sigma_x}{\partial x} + \frac{\partial \tau_{yx}}{\partial y} + \frac{\partial \tau_{zx}}{\partial z} = (\lambda + G)\frac{\partial \theta}{\partial x} + G\left(\frac{\partial^2 u}{\partial x^2} + \frac{\partial^2 u}{\partial y^2} + \frac{\partial^2 u}{\partial z^2}\right)$$

再引进拉普拉斯算子

$$\nabla^2 = \frac{\partial^2}{\partial x^2} + \frac{\partial^2}{\partial y^2} + \frac{\partial^2}{\partial z^2}$$

因此，平衡方程组可写成

$$\left.\begin{aligned}
(\lambda + G)\frac{\partial \theta}{\partial x} + G\nabla^2 u + f_x &= 0 \\
(\lambda + G)\frac{\partial \theta}{\partial y} + G\nabla^2 v + f_y &= 0 \\
(\lambda + G)\frac{\partial \theta}{\partial z} + G\nabla^2 w + f_z &= 0
\end{aligned}\right\} \tag{5.12}$$

或缩写成（不计体力）

$$(\lambda + G)u_{j,ji} + Gu_{i,jj} = 0 \tag{5.13}$$

式（5.12）、式（5.13）为位移分量表示的平衡方程，称为 **Lame** 方程。它包含了平衡、几何、物理三个方面的内容。由于它是联立的偏微分方程组，没有解耦，原则上可以求解任

何问题，但实际上很难做到，仅可以求解一些特殊的空间问题。

5.3.2 用位移分量表示的应力边界条件

按位移法求解位移，仅需满足平衡方程及边界条件。若给定的是静力边界条件，则需将应力换用位移表示。为此，将式（5.11）代入静力边界条件式（5.8），整理后可得用位移分量表达的静力边界条件为

$$\left.\begin{array}{l} \overline{p}_x = \lambda\theta l + G\left(\dfrac{\partial u}{\partial x}l + \dfrac{\partial u}{\partial y}m + \dfrac{\partial u}{\partial z}n\right) + G\left(\dfrac{\partial u}{\partial x}l + \dfrac{\partial v}{\partial x}m + \dfrac{\partial w}{\partial x}n\right) \\[3mm] \overline{p}_y = \lambda\theta m + G\left(\dfrac{\partial v}{\partial x}l + \dfrac{\partial v}{\partial y}m + \dfrac{\partial v}{\partial z}n\right) + G\left(\dfrac{\partial u}{\partial y}l + \dfrac{\partial v}{\partial y}m + \dfrac{\partial w}{\partial y}n\right) \\[3mm] \overline{p}_z = \lambda\theta n + G\left(\dfrac{\partial w}{\partial x}l + \dfrac{\partial w}{\partial y}m + \dfrac{\partial w}{\partial z}n\right) + G\left(\dfrac{\partial u}{\partial z}l + \dfrac{\partial v}{\partial z}m + \dfrac{\partial w}{\partial z}n\right) \end{array}\right\} \tag{5.14}$$

【例 5.1】 半空间体容重 $p = \rho g$，在水平面上受均布压力 q 作用，求半空间体的位移分布和应力分布。

解： 设 y 轴垂直于纸面，xoy 平面为边界面。由已知条件，体力分量为 $f_x = 0, f_y = 0, f_z = \rho g$。

采用半逆解法。由于空间体的任意铅垂轴 z 为对称轴，任意铅垂平面均视为对称面。故可假设

$$u = 0, v = 0, w = w(z) \tag{5.15}$$

体积应变为

$$\theta = \frac{\partial u}{\partial x} + \frac{\partial v}{\partial y} + \frac{\partial w}{\partial z} = \frac{\partial w}{\partial z} \tag{5.16}$$

将 θ 对 x、y、z 微分，得

$$\frac{\partial\theta}{\partial x} = 0, \frac{\partial\theta}{\partial y} = 0, \frac{\partial\theta}{\partial z} = \frac{\partial^2 w}{\partial z^2} \tag{5.17}$$

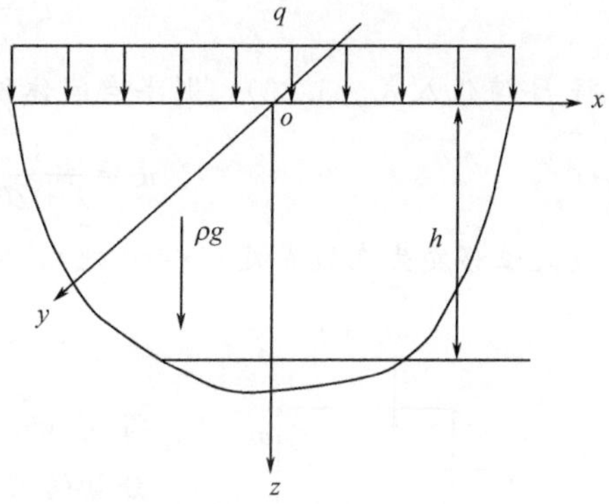

图 5.2 例 5.1 图

将式（5.16）及式（5.17）代入 Lame 方程式（5.12），前两式自然满足，而第三式为

$$G\frac{\partial^2 w}{\partial z^2} + (\lambda + G)\frac{\partial^2 w}{\partial z^2} + \rho g = 0 \tag{5.18}$$

由式（5.18）得

$$\frac{\partial^2 w}{\partial z^2} = -\frac{\rho g}{\lambda + 2G} \tag{5.19}$$

积分式（5.19）得

$$\theta = \frac{\partial w}{\partial z} = -\frac{\rho g}{\lambda + 2G}(z + A) \tag{5.20}$$

再积分得

$$w = -\frac{\rho g}{\lambda + 2G} \times \frac{(z + A)^2}{2} + B \tag{5.21}$$

采用边界条件定积分常数 A、B，此问题具有混合边界条件。

① 当 $z = 0$ 时，$l = m = 0, n = -1$。由已知条件，面力 $\overline{p}_x = \overline{p}_y = 0, \overline{p}_z = q$。将它们代入

式（5.14），前两式自然满足，而第三式成为［注意：应用式（5.20）］

$$q=-\lambda\theta-G\frac{\partial w}{\partial z}-G\frac{\partial w}{\partial z}=-(\lambda+2G)\theta=\rho g(z+A)$$

以 $z=0$ 代入上式得

$$A=\frac{q}{\rho g} \tag{5.22}$$

将式（5.22）代入式（5.21）得

$$w=-\frac{\rho g}{2(\lambda+2G)}\left(z+\frac{q}{\rho g}\right)^2+B \tag{5.23}$$

② 再采用位移边界条件确定 B。

设半空间在距边界为 h 处没有位移即位移为零，则位移边界条件为

$$(w)_{z=h}=0 \tag{5.24}$$

将式（5.23）代入式（5.24）得

$$B=\frac{\rho g}{2(\lambda+2G)}\left(h+\frac{q}{\rho g}\right)^2 \tag{5.25}$$

将 B 值代入式（5.23），则半空间体任意点的铅垂位移为

$$w=\frac{1}{\lambda+2G}\left[\frac{\rho g}{2}(h^2-z^2)+q(h-z)\right] \tag{5.26}$$

最大位移发生在边界处（$z=0$ 处），即

$$w_{\max}=(w)_{z=0}=\frac{1}{\lambda+2G}\left(\frac{\rho g}{2}h^2+qh\right) \tag{5.27}$$

将式（5.15）～式（5.17）代入弹性方程式（5.11），则得应力分量的解答为

$$\left.\begin{aligned}\sigma_x=\sigma_y&=-\frac{\nu}{1-\nu}(q+\rho gz)\\ \sigma_z&=-(q+\rho gz)\\ \tau_{xy}=\tau_{yz}&=\tau_{zx}=0\end{aligned}\right\}$$

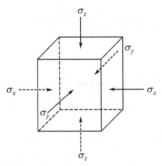

图 5.3　半空间体中一点的
应力分量

半空间体中一点的应力分量如图 5.3 所示。即，地壳中各点的垂直应力等于上覆盖层的重量，而侧向应力（水平应力）是泊松效应的结果。

5.4　用应力法求解弹性力学问题

用应力法求解弹性力学问题，应力分量必须满足平衡微分方程，应变分量应满足变形协调方程。在用应力法求解时，应将式（5.3）转变成用应力分量表达，故应力分量应满足以应力分量表示的变形协调方程。如考虑式（5.3）的第二式。

$$\frac{\partial^2\varepsilon_y}{\partial z^2}+\frac{\partial^2\varepsilon_z}{\partial y^2}=\frac{\partial^2\gamma_{yz}}{\partial y\partial z} \tag{5.28}$$

将上式中的应变分量用广义虎克定律式（5.4）代入，得

$$(1+\nu)\left(\frac{\partial^2 \sigma_y}{\partial z^2}+\frac{\partial^2 \sigma_z}{\partial y^2}\right)-\nu\left(\frac{\partial^2 \Theta}{\partial z^2}+\frac{\partial^2 \Theta}{\partial y^2}\right)=2(1+\nu)\frac{\partial^2 \tau_{yz}}{\partial y \partial z} \qquad (5.29)$$

式中，$\Theta=\sigma_x+\sigma_y+\sigma_z=I_1$，利用平衡方程式（5.1），式（5.29）等号右边可写为

$$\frac{\partial^2 \tau_{yz}}{\partial y \partial z}=\frac{\partial}{\partial z}\left(\frac{\partial \tau_{yz}}{\partial y}\right)=\frac{\partial}{\partial z}\left(-\frac{\partial \sigma_z}{\partial z}-\frac{\partial \tau_{zx}}{\partial x}-f_z\right)$$

$$=\frac{\partial}{\partial y}\left(\frac{\partial \tau_{yz}}{\partial z}\right)=\frac{\partial}{\partial y}\left(-\frac{\partial \sigma_y}{\partial y}-\frac{\partial \tau_{xy}}{\partial x}-f_y\right) \qquad (5.30)$$

于是式（5.29）可写为

$$(1+\nu)\left(\frac{\partial^2}{\partial y^2}+\frac{\partial^2}{\partial z^2}\right)(\sigma_z+\sigma_y)-\nu\left(\frac{\partial^2 \Theta}{\partial z^2}+\frac{\partial^2 \Theta}{\partial y^2}\right)=-(1+\nu)\left[\frac{\partial}{\partial x}\left(\frac{\partial \tau_{zx}}{\partial z}+\frac{\partial \tau_{xy}}{\partial y}\right)+\frac{\partial f_z}{\partial z}+\frac{\partial f_y}{\partial y}\right]$$

或

$$(1+\nu)\left(\nabla^2 \Theta-\nabla^2 \sigma_x-\frac{\partial^2 \Theta}{\partial x^2}\right)-\nu\left(\nabla^2 \Theta-\frac{\partial^2 \Theta}{\partial x^2}\right)=(1+\nu)\left(\frac{\partial f_x}{\partial x}-\frac{\partial f_y}{\partial y}-\frac{\partial f_y}{\partial z}\right) \qquad (5.31)$$

对于式（5.3）中的第一、第三两式，可得类似于式（5.33）的另两个方程，将此三式相加得

$$\nabla^2 \Theta=-\frac{1+\nu}{1-\nu}\left(\frac{\partial f_x}{\partial x}+\frac{\partial f_y}{\partial y}+\frac{\partial f_z}{\partial z}\right) \qquad (5.32)$$

将式（5.32）代入式（5.31），得式（5.33）的第一式，类似可得其他 5 个方程，于是得用应力表示的应力协调方程

$$\left.\begin{aligned}
&\nabla^2 \sigma_x+\frac{1}{1+\nu}\times\frac{\partial^2 \Theta}{\partial x^2}=-\frac{\nu}{1-\nu}\left(\frac{\partial f_x}{\partial x}+\frac{\partial f_y}{\partial y}+\frac{\partial f_z}{\partial z}\right)-\frac{2\partial f_x}{\partial x}\\
&\nabla^2 \sigma_y+\frac{1}{1+\nu}\times\frac{\partial^2 \Theta}{\partial y^2}=-\frac{\nu}{1-\nu}\left(\frac{\partial f_x}{\partial x}+\frac{\partial f_y}{\partial y}+\frac{\partial f_z}{\partial z}\right)-\frac{2\partial f_y}{\partial y}\\
&\nabla^2 \sigma_z+\frac{1}{1+\nu}\times\frac{\partial^2 \Theta}{\partial z^2}=-\frac{\nu}{1-\nu}\left(\frac{\partial f_r}{\partial x}+\frac{\partial f_y}{\partial y}+\frac{\partial f_z}{\partial z}\right)-\frac{2\partial f_z}{\partial z}\\
&\nabla^2 \tau_{xy}+\frac{1}{1+\nu}\times\frac{\partial^2 \Theta}{\partial x \partial y}=-\left(\frac{\partial f_y}{\partial x}+\frac{\partial f_x}{\partial y}\right)\\
&\nabla^2 \tau_{yz}+\frac{1}{1+\nu}\times\frac{\partial^2 \Theta}{\partial y \partial z}=-\left(\frac{\partial f_z}{\partial y}+\frac{\partial f_y}{\partial z}\right)\\
&\nabla^2 \tau_{zx}+\frac{1}{1+\nu}\times\frac{\partial^2 \Theta}{\partial x \partial z}=-\left(\frac{\partial f_x}{\partial z}+\frac{\partial f_z}{\partial x}\right)
\end{aligned}\right\} \qquad (5.33)$$

式（5.33）又称为 Beltrami-Michell 方程。实际上是用应力表示的协调方程，称为应力协调方程。

对于体力为零或常量的情况，式（5.33）简化为

$$\left.\begin{aligned}
&\nabla^2 \sigma_x+\frac{1}{1+\nu}\times\frac{\partial^2 \Theta}{\partial x^2}=0,\ \nabla^2 \tau_{xy}+\frac{1}{1+\nu}\times\frac{\partial^2 \Theta}{\partial x \partial y}=0\\
&\nabla^2 \sigma_y+\frac{1}{1+\nu}\times\frac{\partial^2 \Theta}{\partial y^2}=0,\ \nabla^2 \tau_{yz}+\frac{1}{1+\nu}\times\frac{\partial^2 \Theta}{\partial y \partial z}=0\\
&\nabla^2 \sigma_z+\frac{1}{1+\nu}\times\frac{\partial^2 \Theta}{\partial z^2}=0,\ \nabla^2 \tau_{zx}+\frac{1}{1+\nu}\times\frac{\partial^2 \Theta}{\partial x \partial z}=0
\end{aligned}\right\} \qquad (5.34)$$

或

$$\nabla^2 \sigma_{ij} + \frac{1}{1+\nu} \Theta,_{ij} = 0 \qquad (5.35)$$

这样一来，用应力法求解弹性力学问题就归结为求应力分量 σ_{ij} 满足平衡方程式 （5.1）、协调方程式（5.33）或式（5.34）及应力边界条件式（5.8）的数学问题。这样 15 个基本方程就全部满足。另外，若将式（5.34）前三式相加得 $\nabla^2 \Theta = 0$，则问题就变成先将 函数 Θ 求出，然后，由式（5.34）可求出其他应力分量，并在边界上满足边界条件，Θ 又 称为应力和函数。这就是近年来我们利用应力和函数法使方程组解耦，扩大了弹性力学解析 法的应用范围所做的尝试。

5.5 解的唯一性定理与圣维南原理

5.5.1 解的唯一性定理

求解弹性力学问题有多种途径和方法。现要证明在同一边界条件下，其解答是唯一的， 也就是说，在同一边界条件下只有一组应力、应变和位移分量适合弹性力学的基本方程，这 就为逆解法或半逆解法求解弹性力学问题提供了理论依据。

（1）引理

设弹性体内部不受体力作用，在边界上不受外力作用，或者位移为零。则弹性体内各点 的应力、应变均等于零。

证明如下。

① 由引理条件知 $f_x = f_y = f_z = 0$，此时，平衡微分方程式（5.1）成为

$$\left. \begin{aligned} \frac{\partial \sigma_x}{\partial x} + \frac{\partial \tau_{xy}}{\partial y} + \frac{\partial \tau_{xz}}{\partial z} = 0 \\ \frac{\partial \tau_{yx}}{\partial x} + \frac{\partial \sigma_y}{\partial y} + \frac{\partial \tau_{yz}}{\partial z} = 0 \\ \frac{\partial \tau_{zx}}{\partial x} + \frac{\partial \tau_{zy}}{\partial y} + \frac{\partial \sigma_z}{\partial z} = 0 \end{aligned} \right\} \qquad (5.36)$$

将式（5.36）的第一式乘 u，第二式乘 v，第三式乘 w，然后相加，并在弹性体的全部体积 内进行积分得

$$\iiint\limits_V \left[\left(\frac{\partial \sigma_x}{\partial x} + \frac{\partial \tau_{xy}}{\partial y} + \frac{\partial \tau_{xz}}{\partial z} \right) u + \left(\frac{\partial \tau_{yx}}{\partial x} + \frac{\partial \sigma_y}{\partial y} + \frac{\partial \tau_{yz}}{\partial z} \right) v \right.$$
$$\left. + \left(\frac{\partial \tau_{zx}}{\partial x} + \frac{\partial \tau_{zy}}{\partial y} + \frac{\partial \sigma_z}{\partial z} \right) w \right] \mathrm{d}x \, \mathrm{d}y \, \mathrm{d}z = 0 \qquad (5.37)$$

或

$$\iiint\limits_V \left[\frac{\partial}{\partial x} (\sigma_x u + \tau_{yx} v + \tau_{zx} w) + \frac{\partial}{\partial y} (\tau_{xy} u + \sigma_y v + \tau_{zy} w) + \frac{\partial}{\partial z} (\tau_{xz} u + \tau_{yz} v + \sigma_z w) \right] \mathrm{d}x \, \mathrm{d}y \, \mathrm{d}z - $$

$$\iiint\limits_V \left[\sigma_x \frac{\partial u}{\partial x} + \sigma_y \frac{\partial v}{\partial y} + \sigma_z \frac{\partial w}{\partial z} + \tau_{xy} \left(\frac{\partial u}{\partial y} + \frac{\partial v}{\partial x} \right) + \tau_{yz} \left(\frac{\partial v}{\partial z} + \frac{\partial w}{\partial y} \right) + \tau_{zx} \left(\frac{\partial w}{\partial x} + \frac{\partial u}{\partial z} \right) \right] \mathrm{d}x \, \mathrm{d}y \, \mathrm{d}z = 0$$

$$(5.38)$$

由 Green 理论，奥-高公式如下

$$\oint_A B_i n_i \, dA = \int_V B_{i,j} \, dV \quad \text{或} \quad \oint_A B_{ji} n_i \, dA = \int_V B_{ji,j} \, dV \tag{5.39}$$

上式的前半部分针对的是矢量的分量，后半部分则应用于张量的分量。由 Green 理论将式 (5.38) 中前半部分的体积分换算成面积分，则

$$\oiint_A [(\sigma_x u + \tau_{yx} v + \tau_{zx} w) l + (\tau_{xy} u + \sigma_y v + \tau_{zy} w) m + (\tau_{xz} u + \tau_{yz} v + \sigma_z w) n] \, dA$$
$$- \iiint_V [\sigma_x \varepsilon_x + \sigma_y \varepsilon_y + \sigma_z \varepsilon_z + \tau_{xy} \gamma_{xy} + \tau_{yz} \gamma_{yz} + \tau_{zx} \gamma_{zx}] \, dx \, dy \, dz = 0 \tag{5.40}$$

按边界条件整理并注意应变能密度的表达式，上式即得

$$\oiint_A (\overline{p}_x u + \overline{p}_y v + \overline{p}_z w) \, dA - 2 \iiint_V W \, dx \, dy \, dz = 0 \tag{5.41}$$

② 根据引理所给的边界条件知

$$\oiint_A (\overline{p}_x u + \overline{p}_y v + \overline{p}_z w) \, dA = 0$$

因此

$$\iiint_V W \, dx \, dy \, dz = 0 \tag{5.42}$$

故应变能密度函数

$$W = 0$$

利用物理方程将 W 中的应力用应变表示，则 W 写成如下形式

$$2W = \lambda (\varepsilon_x + \varepsilon_y + \varepsilon_z)^2 + G[2(\varepsilon_x + \varepsilon_y + \varepsilon_z)^2 + \gamma_{xy}^2 + \gamma_{yz}^2 + \gamma_{zx}^2] \tag{5.43}$$

由式 (5.42) 和式 (5.43) 可知

$$\varepsilon_x = \varepsilon_y = \varepsilon_z = \gamma_{xy} = \gamma_{yz} = \gamma_{zx} = 0 \tag{5.44}$$

再由物理方程知

$$\sigma_x = \sigma_y = \sigma_z = \tau_{xy} = \tau_{zx} = \tau_{yz} = 0 \tag{5.45}$$

引理得证。

(2) 解的唯一性定理

设弹性体受体力作用，在边界上所受外力或位移为已知，则弹性体处于平衡时，体内各点应力、应变分量的解是唯一的。证明如下，采用**反证法**证明。

① 在同一边界条件下，若弹性体的应力、应变和位移分量有两组不同的解，分别设为

$$\sigma_{ij}^{(1)}, \varepsilon_{ij}^{(1)}, u_i^{(1)} \quad \text{和} \quad \sigma_{ij}^{(2)}, \varepsilon_{ij}^{(2)}, u_i^{(2)}$$

因边界条件相同，故上述两组解在边界条件上的值相等。

② 又设另一组新解，其应力、应变和位移分量各为

$$\sigma_{ij}^* = \sigma_{ij}^{(1)} - \sigma_{ij}^{(2)}, \quad \varepsilon_{ij}^* = \varepsilon_{ij}^{(1)} - \varepsilon_{ij}^{(2)}, \quad u_i^* = u_i^{(1)} - u_i^{(2)} \tag{5.46}$$

且两组应力分量分别应满足平衡微分方程，则有

$$\sigma_{ij,j}^{(1)} + f_i^{(1)} = 0 \quad \text{和} \quad \sigma_{ij,j}^{(2)} + f_i^{(2)} = 0 \tag{5.47}$$

将以上两式相减得

$$\sigma_{ij,j}^{*} = \sigma_{ij,j}^{(1)} - \sigma_{ij,j}^{(2)} = 0 \tag{5.48}$$

又因为第一组解和第二组解在边界上的值相等，即

$$\sigma_{ij}^{(1)} n_j = \overline{p}_i, \sigma_{ij}^{(2)} n_j = \overline{p}_i$$

在边界上

$$(\sigma_{ij}^{(1)} - \sigma_{ij}^{(2)}) n_j = \sigma_{ij}^{*} n_j = 0$$

即

$$\sigma_{ij}^{*} = 0 \tag{5.49}$$

同理

$$\varepsilon_{ij}^{*} = 0, u_i^{*} = 0 \tag{5.50}$$

所以，在边界上式（5.46）的各表达式都等于零。

③ 由式（5.48）和式（5.49）可知，σ_{ij}^{*} 对应于一个无体力、无面力的自然状态，且在边界上为零，由引理知，在弹性体的全部体内有

$$\sigma_{ij}^{*} = 0 \quad 即 \quad \sigma_{ij}^{(1)} = \sigma_{ij}^{(2)} \tag{5.51}$$

故解的唯一性定理得证。

5.5.2　圣维南原理（力的局部作用性原理）

在工程结构计算中会遇到很多问题，在物体的一小部分边界上，仅仅知道物体所受面力的合力，而不知道其分布方式，因而无法考虑这部分边界上的应力边界条件。因此圣维南原理就可以提供很大的帮助。

作用于弹形体某一局部边界（小边界或次要边界）上的面力，若以分布方式不同但静力等效的面力替换，这种变换仅引起面力作用附近应力的差异，而对距作用区较远的区域影响较小，且可以忽略不计。这一原理称为 Saint-Venant 原理。

如图 5.4（c）所示，由于两端次要边界上面力均匀分布，其边界条件简单，杆中应力分布很容易求得，但在图 5.4（a）和（b）的端部，面力不是连续分布的，只知其合力为 P 而不知其分布方式，杆中应力是难以求得的。根据圣维南原理可将图 5.4（c）所示情况下的应力解答应用到图 5.4（a）和（b）两种情况，应用的条件是必须是在小边界（次要边界）上满足静力等效，即

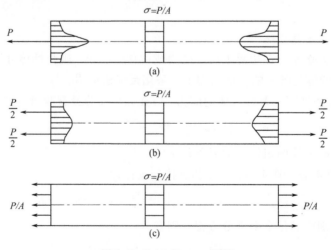

图 5.4　Saint-Venant 原理

$$P = \int_A \sigma_x \, \mathrm{d}A$$

或者说，在求解弹性力学问题时，应用圣维南原理可把小边界或次要边界的边界条件放宽，放宽的原则是满足**"静力等效"**的条件。

圣维南原理的第二种表述方法是：作用在物体表面某一部分上的自相平衡的力系，只引起靠近受力表面处附近的局部应力，在离受力表面稍远处其值甚小，可以忽略不计。

例如，如图 5.5 所示，用钳子在 A 处夹断钢筋，就等于在 A 处施加一对平衡力，该平衡力系只在 A 点附近产生很大应力，甚至把钢筋夹断，其余绝大部分区域，应力接近无应力状态。

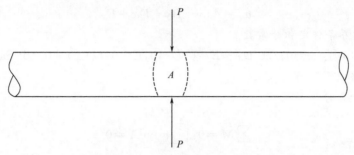

图 5.5 Saint-Venant 原理示例

【例 5.2】 一悬臂梁长为 L，高为 h，厚为 1，右端固定，左端受集中力 P 的作用，如图 5.6 所示，求梁中应力分布。

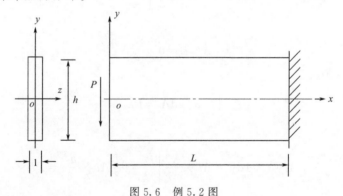

图 5.6 例 5.2 图

解：① 逆解法

从空间一般问题出发，依据梁在边界上的受力情况，假设梁中任意一点的应力为

$$\sigma_y = \sigma_z = 0, \tau_{zy} = \tau_{zx} = 0, \sigma_x = \sigma_x(x,y), \tau_{xy} = \tau_{xy}(x,y)$$

且

$$I_1 = \Theta = \sigma_x + \sigma_y + \sigma_z = \sigma_x$$

② 由式（5.34）的第二式

$$(1+\nu)\nabla^2 \sigma_y + \frac{\partial^2 \Theta}{\partial y^2} = 0$$

所以

$$\frac{\partial^2 \Theta}{\partial y^2} = \frac{\partial^2 \sigma_x}{\partial y^2} = 0$$

积分两次有

$$\sigma_x = f(x)y + c(x)$$

63

再由式 (5.34) 的第一式

$$(1+\nu)\nabla^2\sigma_x+\frac{\partial^2\Theta}{\partial x^2}=(1+\nu)\frac{\partial^2\sigma_x}{\partial x^2}+\frac{\partial^2\sigma_x}{\partial x^2}=0$$

$$(2+\nu)\frac{\partial^2\sigma_x}{\partial x^2}=0\rightarrow\frac{\partial^2c(x)}{\partial x^2}+\frac{\partial^2f(x)}{\partial x^2}y=0$$

分别有

$$f(x)=Ax+B,c(x)=Dx+E$$

所以

$$\sigma_x=Axy+By+Dx+E$$

③ 用应力边界条件定积分常数

在中性轴处 $(\sigma_x)_{y=0}=0$；及 $Dx+E=0,D=0,E=0\Rightarrow c(x)=0$。由 Saint-Venant 原理（静力等效）可得以下。

左端面：$x=0$ 时

$$\sum M=0:\int_{-\frac{h}{2}}^{\frac{h}{2}}\sigma_x y\mathrm{d}A=0$$

即

$$\int_{-\frac{h}{2}}^{\frac{h}{2}}By\times y\times1\mathrm{d}y=0\Rightarrow B\times\frac{y^3}{3}\bigg|_{-\frac{h}{2}}^{\frac{h}{2}}=0\Rightarrow\frac{1}{3}B\times\frac{h^3}{4}=0$$

所以

$$B=0$$

右端面：$x=l$ 时

$$\int_{-\frac{h}{2}}^{\frac{h}{2}}\sigma_x y\mathrm{d}A=Pl$$

即

$$\int_{-\frac{h}{2}}^{\frac{h}{2}}Aly^2\times1\mathrm{d}y=Al\times\frac{y^3}{3}\bigg|_{-\frac{h}{2}}^{\frac{h}{2}}=\frac{1}{3}Al\times\frac{h^3}{4}=Pl$$

所以

$$A=\frac{12P}{h^3}$$

因而

$$\sigma_x=\frac{12P}{h^3}xy=\frac{P}{I_z}xy$$

④ 由平衡方程求 τ_{xy}

$$\frac{\partial\tau_{xy}}{\partial y}=-\frac{\partial\sigma_x}{\partial x}=-Ay\Rightarrow\tau_{xy}=-\frac{1}{2}Ay^2+F(x)$$

在上边界

$$(\tau_{xy})_{y=\frac{h}{2}}=0,\tau_{xy}=-\frac{1}{2}\times\frac{12P}{h^3}\times\left(\frac{h}{2}\right)^2+F(x)=0\Rightarrow F(x)=\frac{Ph^2}{8I_z}$$

所以

$$\tau_{xy} = \frac{P}{8I_z}(h^2 - 4y^2)$$

习题

5.1 如图所示厚度为 1 的杆件，两端作用均布压力 p，在 $y = \pm h$ 的边界上为刚性平面约束，其位移分量为

$$u = -\frac{1-\nu^2}{E}px, \quad v = 0, \quad w = \frac{\nu(1+\nu)}{E}pz$$

试求应力分量，并说明该应力分量是不是题设问题的解。

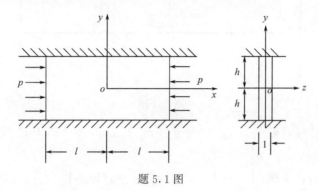

题 5.1 图

（答案：$\sigma_x = -p$，$\sigma_y = -\nu p$，$\sigma_z = 0$，$\tau_{xy} = \tau_{yz} = \tau_{zx} = 0$，是）

5.2 当不计体力时，验证下列应力分量

$$\sigma_x = c[y^2 + \nu(x^2 - y^2)], \quad \tau_{xy} = -2c\nu xy$$

$$\sigma_y = c[x^2 + \nu(y^2 - x^2)], \quad \tau_{yz} = \tau_{zx} = 0$$

$$\sigma_z = c\nu[x^2 + y^2], \quad c \neq 0$$

能满足平衡微分方程。并说明上述应力分量可否作为弹性力学问题的解。（答案：不能）

5.3 如图所示，在一个永不变形的刚性模具中压缩一物体，设模底为正方形，各边长为 a。模高 h。物体上表面受均布压力 p 作用。设物体与模壁之间没有摩擦，其泊松比为 ν，求物体内的应力分布。

$$\left(\text{答案：} \sigma_x = \sigma_y = -\frac{\nu}{1-\nu}p, \quad \sigma_z = -p, \quad \tau_{xy} = \tau_{yz} = \tau_{zx} = 0\right)$$

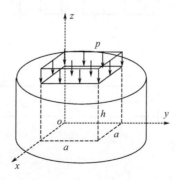

题 5.3 图

5.4 试列出图示悬臂梁的全部边界条件。即，悬臂梁上下表面和左端（自由端）的应力边界条件以及右端（固定端）的位移边界条件。

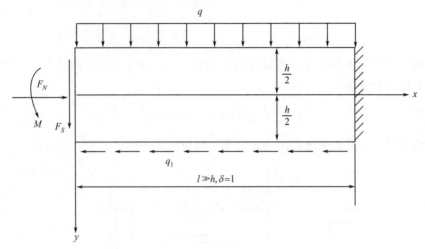

题 5.4 图

$$\left[答案：上边界：(\sigma_y)_{y=-h/2}=-q,(\tau_{yx})_{y=-h/2}=0；下边界：(\sigma_y)_{y=h/2}=0,\right.$$

$$(\tau_{yx})_{y=h/2}=q_1；左端：\int_{-\frac{h}{2}}^{\frac{h}{2}}\sigma_x\big|_{x=0}\times1\times\mathrm{d}y=-F_N,\int_{-\frac{h}{2}}^{\frac{h}{2}}\tau_{xy}\big|_{x=0}\times1\times\mathrm{d}y=-F_S,$$

$$\left.\int_{-\frac{h}{2}}^{\frac{h}{2}}\sigma_x\big|_{x=0}\times y\times1\times\mathrm{d}y=-M；右端：(u)_{\substack{x=l\\y=0}}=0,(v)_{\substack{x=l\\y=0}}=0,\left(\frac{\partial v}{\partial x}\right)_{\substack{x=l\\y=0}}=0\right]$$

5.5 一悬臂梁长 l，高 h，厚度为 1。右端固定，若在梁上边界受分布荷载 q 作用，如图所示。已知梁中的应力分量为

$$\sigma_x=\frac{q}{h^3}\left(\frac{3}{5}h^2-4y^2+6x^2\right)y\quad\sigma_y=-\frac{q}{2}\left(1+\frac{3}{h}y-\frac{4}{h^3}y^3\right)\quad\tau_{xy}=\frac{3q}{2h}\left(1-\frac{4}{h^2}y^2\right)x$$

$$\sigma_z=\tau_{zx}=\tau_{zy}=0$$

验证该组应力分量是否为图示悬臂梁的弹性力学问题解。

（答案：该组应力分量是该问题的解）

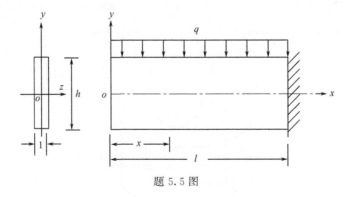

题 5.5 图

第6章 柱体的扭转

6.1 等截面柱体扭转的基本方程

所谓柱体的扭转是指柱体（圆柱、棱柱）只在端部受到扭矩的作用，且扭转矢量与柱体的轴线 z 方向重合。材料力学中有关圆截面柱体扭转的结论是：扭转变形后，横截面保持为平面，截面上任意点处的切应力与该点到圆心的距离成正比，其作用方向与该点的径向垂直。而非圆截面柱体的扭转情况却不同，扭转变形后其横截面不再保持为平面，将发生沿轴线方向的位移 $w(x,y,z) \neq 0$，而 $w(x,y,z)$ 称为**翘曲函数**。

本章将介绍等截面柱体在扭转作用下的精确分析方法，该方法是 Saint-Venant 1853 年创立的，具体采用的是半逆解法。因此，称为 Saint-Venant 的**半逆解法**。

如图 6.1 所示，设有任意柱体，两端承受扭矩作用。并且假设在扭转过程中截面既可以转动也可以自由翘曲。注意：左截面固定，不能转动，但可以自由翘曲。并且，柱体沿纵向无线应变和正应力。

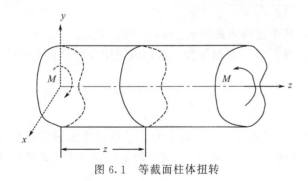

图 6.1 等截面柱体扭转

图 6.2 扭转的位移分量

6.1.1 扭转的位移分量

如图 6.2 所示，设距左端为 z 的任意截面上距中心为 r 的任意一点 P，当截面发生扭转

角 θz 时，其中 θ 为单位长度的扭转角。$P(x,y)$ 移至 $P'(x+u,y+v)$ 的位置，则 P 点的位移在 x、y 方向的分量为

$$\left.\begin{array}{l} u=-(r\theta z)\sin\alpha=-y\theta z \\ v=(r\theta z)\cos\alpha=x\theta z \end{array}\right\} \tag{6.1}$$

由于柱体两端截面可以自由翘曲，因此，可以假设各截面的翘曲变形与 z 无关，即各截面翘曲的程度都一样，所以翘曲函数仅为 x、y 的函数

$$w=w(x,y) \tag{6.2}$$

又称为 Saint-Venant 翘曲函数。由于 u、v、w 都不等于零，因此柱体扭转为空间问题。

6.1.2 扭转的基本方程

根据几何方程可得相应的应变分量为

$$\left.\begin{array}{l} \varepsilon_x=\varepsilon_y=\varepsilon_z=\gamma_{xy}=0 \\ \gamma_{zx}=\dfrac{\partial w}{\partial x}-y\theta \\ \gamma_{zy}=\dfrac{\partial w}{\partial y}+x\theta \end{array}\right\} \tag{6.3}$$

再由物理方程得与式（6.3）相应的应力分量为

$$\left.\begin{array}{l} \sigma_x=\sigma_y=\sigma_z=\tau_{xy}=0 \\ \tau_{zx}=G\gamma_{zx}=G\left(\dfrac{\partial w}{\partial x}-y\theta\right) \\ \tau_{zy}=G\gamma_{zy}=G\left(\dfrac{\partial w}{\partial y}+x\theta\right) \end{array}\right\} \tag{6.4}$$

如不计体力，由相应的平衡方程简化为

$$\left.\begin{array}{l} \dfrac{\partial\tau_{zx}}{\partial z}=0 \\ \dfrac{\partial\tau_{zy}}{\partial z}=0 \\ \dfrac{\partial\tau_{zx}}{\partial x}+\dfrac{\partial\tau_{zy}}{\partial y}=0 \end{array}\right\} \tag{6.5}$$

式（6.5）为扭转时的平衡微分方程，其中前两式表明 τ_{zx} 和 τ_{zy} 与 z 无关。

将式（6.4）中的 τ_{zx} 对 y 及 τ_{zy} 对 x 分别求偏导数，再相减得用应力分量表示的协调方程为

$$\frac{\partial\tau_{zx}}{\partial y}-\frac{\partial\tau_{zy}}{\partial x}=-2G\theta \tag{6.6}$$

式（6.5）、式（6.6）综合了几何、物理、平衡方程。为按应力法求解柱体扭转的基本方程。在具体求解时采用扭转应力函数较为方便，为此，由式（6.5）的第三式（平衡条件）得

$$\frac{\partial}{\partial x}(\tau_{zx})=\frac{\partial}{\partial y}(-\tau_{zy})$$

这是 $-\tau_{zy}\mathrm{d}x+\tau_{zx}\mathrm{d}y$ 为全微分的条件，设 $\Phi(x,y)$ 的全微分为

$$-\tau_{zy}\mathrm{d}x+\tau_{zx}\mathrm{d}y=\mathrm{d}\Phi(x,y)=\frac{\partial\Phi}{\partial x}\mathrm{d}x+\frac{\partial\Phi}{\partial y}\mathrm{d}y$$

于是得

$$\tau_{zy} = -\frac{\partial \Phi}{\partial x}, \tau_{zx} = \frac{\partial \Phi}{\partial y} \qquad (6.7)$$

函数 $\Phi(x, y)$ 称为扭转问题的 Prandtl 应力函数。

将式（6.7）代入协调方程式（6.6），这时协调方程变为

$$\nabla^2 \Phi = \frac{\partial^2 \Phi}{\partial x^2} + \frac{\partial^2 \Phi}{\partial y^2} = -2G\theta \qquad (6.8)$$

这样将求解扭转问题的基本方程式（6.5）、式（6.6）转变为式（6.7）和式（6.8）。其中式（6.8）称为 Poisson 方程。因此，求解任意等截面柱体的扭转问题，即归结为求解偏微分方程式（6.8），且由式（6.7）解得应力分量并在边界上满足边界条件的弹性力学问题。或者说，寻求一个应力函数 $\Phi(x, y)$（它与边界受力和形状有关）满足式（6.8），且由式（6.7）确定扭转切应力并由边界条件确定系数。

6.1.3 边界条件

① 柱体侧面，由于柱体侧面是自由表面式（2.15）的前两式自然成立，而第三式为

$$\tau_{zx}l + \tau_{zy}m = 0 \qquad (6.9)$$

式中，$l = \cos(n, x)$，$m = \cos(n, y)$，n 为侧面的外法线方向，式（6.9）可以理解为横截面上的总切应力 τ 沿外法线 n 方向的投影等于零或总切应力 τ 沿着切线方向。柱体侧面的边界应力如图 6.3 所示。且有

$$l = \cos(n, x) = \frac{dy}{ds}, \quad m = \cos(n, y) = -\frac{dx}{ds} \qquad (6.10)$$

将式（6.7）和式（6.10）代入式（6.9），得出侧面边界条件要求的条件。

$$\frac{\partial \Phi}{\partial y} \times \frac{dy}{ds} + \frac{\partial \Phi}{\partial x} \times \frac{dx}{ds} = \frac{d\Phi}{ds} = 0 \qquad (6.11)$$

或

$$\Phi = \text{const} \qquad (6.12)$$

这说明：在柱体的侧面边界上，应力函数 Φ 的边界值为任意常数。由式（6.7）知，当应力函数 Φ 增加或减少一个常数时，应力分量并不受影响。为简便起见，令 $(\Phi)_s = 0$，即沿截面周边 $\Phi = 0$。

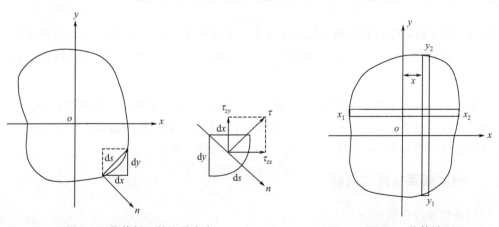

图 6.3 柱体侧面的边界应力　　　　　　图 6.4 柱体端面

② 在柱体的端面，切应力分量 τ_{zx} 和 τ_{zy} 须满足如下边界条件。

$$\left.\begin{array}{l} \sum F_x = 0 : \iint \tau_{zx}\, \mathrm{d}x\, \mathrm{d}y = 0 \\[2mm] \sum F_y = 0 : \iint \tau_{zy}\, \mathrm{d}x\, \mathrm{d}y = 0 \\[2mm] \sum M_z = M : \iint (\tau_{zy}x - \tau_{zx}y)\, \mathrm{d}x\, \mathrm{d}y = M \end{array}\right\} \tag{6.13}$$

考察式（6.13）的第一式，如图 6.4 所示的沿 y 方向条带上，应力函数 Φ 在这个条带上仅为 y 的函数。

$$\iint \tau_{zx}\, \mathrm{d}x\, \mathrm{d}y = \iint \frac{\partial \Phi}{\partial y}\, \mathrm{d}x\, \mathrm{d}y = \mathrm{d}x \int \frac{\mathrm{d}\Phi}{\mathrm{d}y}\, \mathrm{d}y = \mathrm{d}x\, [\Phi(y_2) - \Phi(y_1)] = 0$$

由于 y_1、y_2 为边界上的值，故 $\Phi(y_2) = \Phi(y_1) = 0$，故上式恒等于零。同理，式（6.13）的第二式也成立，而式（6.13）的第三式由式（6.7）可写成

$$M = -\int \mathrm{d}y \int x\, \frac{\mathrm{d}\Phi}{\mathrm{d}x}\, \mathrm{d}x - \int \mathrm{d}x \int y\, \frac{\partial \Phi}{\partial y}\, \mathrm{d}y$$

其中式中第一项，由分部积分有

$$-\int \mathrm{d}y \int x\, \frac{\mathrm{d}\Phi}{\mathrm{d}x}\, \mathrm{d}x = -\int \mathrm{d}y \int_{x_1}^{x_2} x\, \mathrm{d}\Phi = -\int \mathrm{d}y \left[x\Phi \Big|_{x_1}^{x_2} - \int \Phi\, \mathrm{d}x \right] = \iint \Phi\, \mathrm{d}x\, \mathrm{d}y$$

同理式中第二项

$$-\int \mathrm{d}x \int y\, \frac{\mathrm{d}\Phi}{\mathrm{d}y}\, \mathrm{d}y = -\int \mathrm{d}x \int_{y_1}^{y_2} y\, \mathrm{d}\Phi = -\int \mathrm{d}x \left[y\Phi \Big|_{y_1}^{y_2} - \int \Phi\, \mathrm{d}y \right] = \iint \Phi\, \mathrm{d}x\, \mathrm{d}y$$

同样因 x_1、x_2、y_1、y_2 为横截面边界上的点，其 $\Phi = 0$，故上述积分成为

$$M = 2\iint \Phi\, \mathrm{d}x\, \mathrm{d}y \tag{6.14}$$

上式说明如横截面上每一点有一个 Φ 值，则扭矩 M 为 Φ 曲面上所包围体积的两倍。

综上所述，求解任意截面柱体的扭转问题归结为求解式（6.8）中的应力函数 $\Phi(x, y)$，并且在柱体侧面上满足 $(\Phi)_s = 0$，在横截面上有式（6.14）所示关系。显然，求出了应力函数 $\Phi(x, y)$ 后，按式（6.7）求切应力分量。

6.2　用应力函数解等截面直杆的扭转问题

用应力法求解柱体扭转问题关键在于寻求一个满足式（6.8）的扭转应力函数 $\Phi(x, y)$，且在边界上满足式（6.14）。为此，根据柱体横截面的边界方程设扭转应力函数 $\Phi(x, y)$ 为

$$\Phi(x, y) = BF(x, y) \tag{6.15}$$

式中，$F(x, y)$ 为柱截面的边界方程；B 为待定常数。显然，在柱侧面 $(\Phi)_s = 0$ 恒成立。将式（6.15）代入式（6.8）后，求得依赖于 θ 的系数 B，再由边界条件中的式（6.14）确定单位长度的扭转角 θ，这样应力函数 $\Phi(x, y)$ 便唯一确定。

6.2.1　椭圆截面柱体的扭转

（1）选择应力函数 $\Phi(x, y)$

因为椭圆截面的边界方程为

$$\frac{x^2}{a^2}+\frac{y^2}{b^2}-1=0$$

故设

$$\Phi(x,y)=B\left(\frac{x^2}{a^2}+\frac{y^2}{b^2}-1\right) \tag{6.16}$$

代入式（6.8）得

$$2B\left(\frac{1}{a^2}+\frac{1}{b^2}\right)=-2G\theta$$

解得

$$B=-\frac{a^2b^2}{a^2+b^2}G\theta$$

所以

$$\Phi(x,y)=-\frac{a^2b^2}{a^2+b^2}\left(\frac{x^2}{a^2}+\frac{y^2}{b^2}-1\right)G\theta \tag{6.17}$$

（2）确定单位长度的扭转角 θ

由

$$M=2\iint\Phi\mathrm{d}x\mathrm{d}y=-\frac{2a^2b^2}{a^2+b^2}G\theta\iint\left(\frac{x^2}{a^2}+\frac{y^2}{b^2}-1\right)\mathrm{d}x\mathrm{d}y$$

因为

$$\iint x^2\mathrm{d}x\mathrm{d}y=I_y=\frac{1}{4}\pi a^3b,\iint y^2\mathrm{d}x\mathrm{d}y=I_x=\frac{1}{4}\pi ab^3,\iint\mathrm{d}x\mathrm{d}y=A=\pi ab$$

代入上式得

$$M=\pi\frac{a^3b^3}{a^2+b^2}G\theta\Rightarrow G\theta=\frac{(a^2+b^2)M}{\pi a^3b^3}$$

$G\theta$ 又称为扭转刚度。

故应力函数为

$$\Phi(x,y)=-\frac{M}{\pi ab}\left(\frac{x^2}{a^2}+\frac{y^2}{b^2}-1\right) \tag{6.18}$$

（3）切应力分量

$$\tau_{zx}=\frac{\partial\Phi}{\partial y}=-\frac{2M}{\pi ab^3}y,\tau_{zy}=-\frac{\partial\Phi}{\partial x}=\frac{2M}{\pi ba^3}x \tag{6.19}$$

$$\tau_{zx}\bigg|_{y=b}=\tau_{\max}=-\frac{2M}{\pi ab^2},\tau_{zy}\bigg|_{x=a}=\tau'_{\max}=\frac{2M}{\pi ba^2} \tag{6.20}$$

即最大切应力发生在椭圆的长、短半轴的端点，如图
6.5 所示。

讨论：当 $a=b=R$ 为圆截面时，且注意到 $I_P=\pi R^4/2$，则退化到材料力学的公式，即

$$G\theta=M/I_P,\tau_{\max}=MR/I_P$$

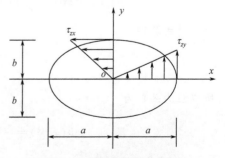

图 6.5　椭圆截面柱体扭转

6.2.2　正三角形截面柱体的扭转

【例6.1】　如图 6.6 所示，扭杆的横截面为等边三

71

角形 oAB，其高为 a，AB、oA、oB 的三边方程式为 $x-a=0$，$x-\sqrt{3}\,y=0$，$x+\sqrt{3}\,y=0$。求单位长度的扭转角 θ 及切应力。

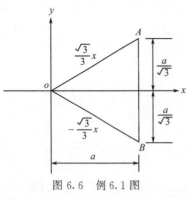

图 6.6　例 6.1 图

解： ① 设扭转应力函数为

$$\Phi(x,y)=B(x-a)(x^2-3y^2) \tag{6.21}$$

在边界上满足 $\Phi_s=0$，并由式（6.8）

$$\nabla^2\Phi=-2G\theta$$

且

$$\frac{\partial^2\Phi}{\partial x^2}=B(6x-2a)$$

$$\frac{\partial^2\Phi}{\partial y^2}=B(-6x+6a)$$

所以

$$\frac{\partial^2\Phi}{\partial x^2}+\frac{\partial^2\Phi}{\partial y^2}=B\times 4a=-2G\theta$$

定出

$$B=-\frac{G\theta}{2a}$$

所以

$$\Phi(x,y)=-\frac{G\theta}{2a}(x-a)(x^2-3y^2) \tag{6.22}$$

又由式（6.14）

$$M=2\iint\Phi(x,y)\,\mathrm{d}x\,\mathrm{d}y=-\frac{G\theta}{a}\iint(x^3-ax^2-3xy^2+3ay^2)\,\mathrm{d}x\,\mathrm{d}y$$

$$=-\frac{G\theta}{a}\left(\iint x^3\,\mathrm{d}x\,\mathrm{d}y-3\iint y^2 x\,\mathrm{d}x\,\mathrm{d}y-aI_y+3aI_x\right)$$

其中

$$I_x=\iint y^2\,\mathrm{d}x\,\mathrm{d}y=\frac{\sqrt{3}}{54}a^4,\ I_y=\iint x^2\,\mathrm{d}x\,\mathrm{d}y=\frac{\sqrt{3}}{6}a^4$$

$$\iint x^3\,\mathrm{d}x\,\mathrm{d}y=\int_0^a x^3\,\mathrm{d}x\int_{-\frac{\sqrt{3}}{3}x}^{\frac{\sqrt{3}}{3}x}\mathrm{d}y=\frac{2\sqrt{3}}{12}a^5$$

$$\iint xy^2\,\mathrm{d}x\,\mathrm{d}y=\int_0^a x\,\mathrm{d}x\int_{-\frac{\sqrt{3}}{3}x}^{\frac{\sqrt{3}}{3}x}y^2\,\mathrm{d}y=\frac{2\sqrt{3}}{27}\int_0^a x^4\,\mathrm{d}x=\frac{2\sqrt{3}}{27\times 5}a^5$$

代入前式解得

$$G\theta=\frac{15\sqrt{3}}{a^4}M \tag{6.23}$$

所以应力函数为

$$\Phi(x,y)=-\frac{15\sqrt{3}}{2a^5}M(x^3-a^2-3xy^2+3ay^2) \tag{6.24}$$

② 切应力分量为

$$\tau_{zx}=\frac{\partial \Phi}{\partial y}=\frac{45\sqrt{3}}{a^{5}}M(x-a)y$$

$$\tau_{zy}=-\frac{\partial \Phi}{\partial x}=\frac{15\sqrt{3}}{2a^{5}}M(3x^{2}-2ax-3y^{2})$$

(6.25)

6.2.3　矩形截面柱体的扭转

如图 6.7 所示柱体为矩形截面，现引进扭转应力函数 $\Phi(x,y)$，同时引入函数 $\Phi_1(x,y)$，即

$$\Phi=-G\theta(y^2-b^2)+\Phi_1 \qquad (6.26)$$

此应力函数 Φ 在矩形区域 $ABCD$ 内应满足式 (6.8)，即将式 (6.26) 代入式 (6.8)，就将 Poisson 方程式 (6.8) 转换为如下的 Laplace 方程

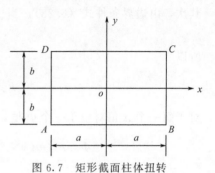

图 6.7　矩形截面柱体扭转

$$\frac{\partial^2 \Phi_1}{\partial x^2}+\frac{\partial^2 \Phi_1}{\partial y^2}=0 \qquad (6.27)$$

边界条件 $(\Phi)_s=-G\theta(y^2-b^2)+\Phi_1=0$，可以写成

$$\left.\begin{array}{ll} \Phi_1=G\theta(y^2-b^2) & \text{在 } x=\pm a \\ \Phi_1=0 & \text{在 } y=\pm b \end{array}\right\} \qquad (6.28)$$

因此，式 (6.8) 和 $\Phi_s=0$ 的问题就转化为求解方程式 (6.27) 及边界条件式 (6.28) 的问题。或者说 $-G\theta(y^2-b^2)$ 为 Poisson 方程式 (6.8) 的非齐次特解，而 Φ_1 为其齐次方程的通解。

今取 Φ_1 为下列形式的函数（分离变量法）

$$\Phi_1=\sum_{n=0}^{\infty} X_n(x)Y_n(y) \qquad (6.29)$$

将式 (6.29) 代入式 (6.27) 有

$$\nabla^2 \Phi_1=\sum_{n=0}^{\infty}(X''_n Y_n+Y''_n X_n)=0$$

由此得

$$X''_n Y_n=-Y''_n X_n \quad \text{或} \quad \frac{X''_n}{X_n}=-\frac{Y''_n}{Y_n}$$

上式等号左边仅为 x 的函数，右边仅为 y 的函数，要使左边和右边相等，除非它们都是常数。令这个常数为 k_n^2，于是，得到两个常系数微分方程

$$\left.\begin{array}{l} X''_n-k_n^2 X_n=0 \\ Y''_n+k_n^2 Y_n=0 \end{array}\right\} \qquad (6.30)$$

这两个方程的解为

$$\left.\begin{array}{l} X_n=C_{1n}\operatorname{sh}k_n x+C_{2n}\operatorname{ch}k_n x \\ Y_n=C_{3n}\sin k_n y+C_{4n}\cos k_n y \end{array}\right\} \qquad (6.31)$$

式中，常数 C_{1n}、C_{2n}、C_{3n}、C_{4n} 由边界条件确定。

首先，由式 (6.28)，当 $x=\pm a$ 时有

$$G\theta(y^2-b^2)=\sum_{n=0}^{\infty}X_n(x)Y_n(y)$$

上式左边对于 x 和 y 都是偶函数，可见，$X_n(x)$ 和 $Y_n(x)$ 也必须是偶函数，所以 $C_{1n}=C_{3n}=0$，于是有

$$\Phi_1=\sum_{n=0}^{\infty}C_{4n}\cos k_n y C_{2n}\operatorname{ch}k_n x=\sum_{n=0}^{\infty}A_n\operatorname{ch}k_n x\cos k_n y \tag{6.32}$$

其次，由边界条件式（6.28），当 $y=\pm b$ 时，$\Phi_1=0$，得

$$\cos k_n b=0$$

所以

$$k_n=\frac{n\pi}{2b}\quad(n=1,3,5,\cdots,\infty) \tag{6.33}$$

对于每一个 n 值对应于一个 Φ 值，因此，遍取 n 值，我们有如下应力函数

$$\Phi=-G\theta(y^2-b^2)+\sum_{n=1,3,5,\cdots}^{\infty}A_n\operatorname{ch}\left(\frac{n\pi x}{2b}\right)\cos\left(\frac{n\pi y}{2b}\right) \tag{6.34}$$

根据边界条件，当 $x=\pm a$ 时，以下方程成立

$$G\theta(y^2-b^2)=\sum_{n=1,3,5,\cdots}^{\infty}A_n\operatorname{ch}\left(\frac{n\pi a}{2b}\right)\cos\left(\frac{n\pi y}{2b}\right) \tag{6.35}$$

由 Fourier 级数理论，将式（6.35）左边展成级数

$$G\theta(y^2-b^2)=\sum_{m=1}^{\infty}B_n\cos\frac{m\pi y}{2b} \tag{6.36}$$

将上式两边各乘以 $\cos\dfrac{n\pi y}{2b}$，然后从 $-b$ 到 b 积分，并注意三角函数的正交性

$$\int_{-b}^{b}\cos\frac{m\pi y}{2b}\cos\frac{n\pi y}{2b}\mathrm{d}y=\begin{cases}0,\text{当}\ m\neq n\ \text{时}\\ b,\text{当}\ m=n\ \text{时}\end{cases}$$

则有

$$\int_{-b}^{b}G\theta(y^2-b^2)\cos\frac{n\pi y}{2b}\mathrm{d}y=\int_{-b}^{b}\sum_{m=1}^{\infty}B_n\cos\frac{m\pi y}{2b}\cos\frac{n\pi y}{2b}\mathrm{d}y=B_n b$$

所以

$$B_n=\frac{G\theta}{b}\int_{-b}^{b}(y^2-b^2)\cos\frac{n\pi y}{2b}\mathrm{d}y \tag{6.37}$$

积分上式，并注意 n 为奇数时

$$B_n=-\frac{32b^2G\theta}{\pi^3 n^3}\sin\frac{n\pi}{2}\quad(n=1,3,5,\cdots) \tag{6.38}$$

将式（6.38）代入式（6.36）得

$$G\theta(y^2-b^2)=-\frac{32b^2G\theta}{\pi^3}\sum_{n=1,3,5,\cdots}^{\infty}\frac{1}{n^3}\sin\frac{n\pi}{2}\cos\frac{m\pi y}{2b} \tag{6.39}$$

再将式（6.39）代入式（6.35）的左端

$$-\frac{32b^2G\theta}{\pi^3}\sum_{n=1,3,5,\cdots}^{\infty}\frac{1}{n^3}\sin\frac{n\pi}{2}\cos\frac{n\pi y}{2b}=\sum_{n=1,3,5,\cdots}^{\infty}A_n\operatorname{ch}\left(\frac{n\pi a}{2b}\right)\cos\left(\frac{n\pi y}{2b}\right) \tag{6.40}$$

故式（6.35）中的系数 A_n 表示为下列形式

$$A_n = -\frac{32b^3 G\theta}{\pi^3} \times \frac{\sin(n\pi/2)}{n^3 \mathrm{ch}(n\pi a/2b)} \qquad (6.41)$$

因此，应力函数 Φ 表示成如下最终形式

$$\Phi = -G\theta \left[y^2 - b^2 + \frac{32b^2}{\pi^3} \sum_{n=1,3,5,\cdots}^{\infty} \frac{\sin(n\pi/2)}{n^3 \mathrm{ch}(n\pi a/2b)} \mathrm{ch}\left(\frac{n\pi x}{2b}\right) \cos\left(\frac{n\pi y}{2b}\right) \right] \qquad (6.42)$$

将式（6.42）代入式（6.14）得

$$M = 2\iint \Phi \mathrm{d}x\, \mathrm{d}y = 16 G\theta a b^3 \left[\frac{1}{3} - \frac{64b}{\pi^5 a} \sum_{n=1,3,5,\cdots}^{\infty} \frac{\mathrm{th}(n\pi a/2b)}{n^5} \right] \qquad (6.43)$$

通过引入一个系数 α

$$\alpha = f_1\left(\frac{a}{b}\right) = \frac{1}{3} - \frac{64b}{\pi^5 a} \sum_{n=1,3,5,\cdots}^{\infty} \frac{\mathrm{th}(n\pi a/2b)}{n^5} \qquad (6.44)$$

我们有

$$M = G\theta\alpha(2a)(2b)^3 \quad \text{或} \quad \theta = \frac{M}{G\alpha(2a)(2b)^3} \qquad (6.45)$$

将 θ 代入式（6.42）得

$$\Phi = -\frac{M}{16\alpha a b^3} \left[y^2 - b^2 + \frac{32b^2}{\pi^3} \sum_{n=1,3,5,\cdots}^{\infty} \frac{\sin(n\pi/2)}{n^3 \mathrm{ch}(n\pi a/2b)} \mathrm{ch}\left(\frac{n\pi x}{2b}\right) \cos\left(\frac{n\pi y}{2b}\right) \right] \qquad (6.46)$$

将式（6.46）代入式（6.7）中得切应力

$$\left. \begin{aligned} \tau_{zx} &= \frac{\partial \Phi}{\partial y} = -\frac{M}{16\alpha a b^3} \left[2y - \frac{16b}{\pi^2} \sum_{n=1,3,5,\cdots}^{\infty} \frac{\sin(n\pi/2)}{n^2 \mathrm{ch}(n\pi a/2b)} \mathrm{ch}\left(\frac{n\pi x}{2b}\right) \sin\left(\frac{n\pi y}{2b}\right) \right] \\ \tau_{zy} &= -\frac{\partial \Phi}{\partial x} = \frac{M}{16\alpha a b^3} \left[\frac{16b}{\pi^2} \sum_{n=1,3,5,\cdots}^{\infty} \frac{\sin(n\pi/2)}{n^2 \mathrm{ch}(n\pi a/2b)} \mathrm{sh}\left(\frac{n\pi x}{2b}\right) \cos\left(\frac{n\pi y}{2b}\right) \right] \end{aligned} \right\} \qquad (6.47)$$

上述级数解收敛得很快，并且最大切应力发生在长边的中点，即当 τ_{zx} 在 $x=0$、$y=\pm b$ 时为最大

$$|\tau_{\max}| = \frac{M}{\beta(2a)(2b)^2} \qquad (6.48)$$

其中

$$\beta = f_2\left(\frac{a}{b}\right) = \frac{\alpha}{\left[1 - \frac{8}{\pi^2} \sum_{n=1,3,5,\cdots}^{\infty} \frac{1}{n^2 \mathrm{ch}(n\pi a/2b)} \right]} \qquad (6.49)$$

对于不同的 a/b 的值，α、β 的值由式（6.44）和式（6.49）计算出并列于表 6.1 中。其截面上的切应力分布如图 6.8 所示，此结论与材料力学给出的计算公式和表格相同，实际上是材料力学引用了弹性力学的结论。

表 6.1 矩形截面常数

a/b	1	1.5	2	2.5	3	4	5	6	10	∞
α	0.141	0.196	0.229	0.249	0.263	0.281	0.291	0.299	0.312	0.333
β	0.208	0.231	0.246	0.256	0.267	0.282	0.291	0.299	0.312	0.333

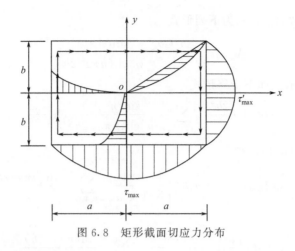

图 6.8　矩形截面切应力分布

6.3　薄膜比拟法

为了解决截面形状比较复杂的柱体的扭转问题，由德国工程师 Prandtl 在 1903 年提出了薄膜比拟法。他观察到薄膜在承受恒定的压力后所产生的挠曲线微分方程与柱体扭转时应力函数所满足的微分方程是相似的。简要地说，薄膜上任意点沿某方向的斜率等于与之对应扭柱截面上一点并与其相垂直方向上的切应力。

6.3.1　薄膜比拟法概述

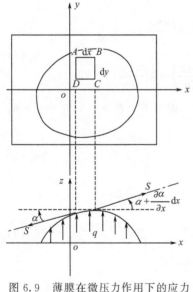

图 6.9　薄膜在微压力作用下的应力

如图 6.9 所示，将一张均匀的薄膜张紧在孔洞上，孔口形状与柱体截面形状相同。薄膜一侧受微均布压力 q 作用时，在均匀张紧力的作用下便微微鼓起，产生挠度 $z(x,y)$。

从薄膜中取一微小单元来研究其平衡。设单位长度上的张力为 S，作用在 AD 边上的张力沿铅垂方向 z 轴的投影为

$$-S\,\mathrm{d}y\sin\alpha \approx -S\,\mathrm{d}y\tan\alpha = -S\,\mathrm{d}y\frac{\partial z}{\partial x}$$

类似的，作用在 BC 边上的张力沿铅垂方向 z 轴的投影为

$$S\,\mathrm{d}y\tan\left(\alpha+\frac{\partial \alpha}{\partial x}\mathrm{d}x\right)=S\,\mathrm{d}y\frac{\partial}{\partial x}\left(z+\frac{\partial z}{\partial x}\mathrm{d}x\right)$$

同理，对于 AB 边和 CD 边上的张力沿铅垂方向 z 轴的投影有

$$-S\,\mathrm{d}x\frac{\partial z}{\partial y},\ S\,\mathrm{d}x\frac{\partial}{\partial y}\left(z+\frac{\partial z}{\partial y}\mathrm{d}y\right)$$

根据薄膜单元的竖向平衡条件有

$$S\frac{\partial^2 z}{\partial x^2}\mathrm{d}x\,\mathrm{d}y+S\frac{\partial^2 z}{\partial y^2}\mathrm{d}x\,\mathrm{d}y+q\,\mathrm{d}x\,\mathrm{d}y=0$$

即

$$\nabla^2 z = \frac{\partial^2 z}{\partial x^2} + \frac{\partial^2 z}{\partial y^2} = -\frac{q}{S} \tag{6.50}$$

显然，薄膜的挠曲线微分方程与扭转应力函数所满足的微分方程式（6.8）是相似的。并且薄膜在边界上的挠度也等于零，即 $z=0$，z 与 Φ 二者在数学上是相似的，对应关系如下。

① 若令 $\dfrac{q}{S} = 2G\theta$，则

$$z(x,y) = \Phi(x,y)$$

② 薄膜的挠曲面下的体积与扭矩成正比，即

$$M = 2\iint z(x,y)\mathrm{d}x\,\mathrm{d}y = 2V$$

③ 薄膜上一点沿某方向的斜率就等于扭转截面上对应点在与之垂直方向上的切应力分量。薄膜一点处的最大斜率就等于扭转截面上对应点的合切应力，如图 6.10 所示。

④ 等高线上任意一点的切线方向代表了合切应力方向。即对于含任意 B' 的等高线上有

$$\frac{\partial z}{\partial s} = 0 \tag{6.51}$$

由于 $z(x,y) = \Phi(x,y)$，并注意应用式（6.7）和式（6.10），式（6.51）成为如下形式

$$\begin{aligned}\frac{\partial \Phi}{\partial s} &= \frac{\partial \Phi}{\partial x} \times \frac{\mathrm{d}x}{\mathrm{d}s} + \frac{\partial \Phi}{\partial y} \times \frac{\mathrm{d}y}{\mathrm{d}s}\\ &= -\tau_{zy}\frac{\mathrm{d}x}{\mathrm{d}s} + \tau_{zx}\frac{\mathrm{d}y}{\mathrm{d}s}\\ &= \tau_{zx}l + \tau_{zy}m = \tau_n = 0\end{aligned} \tag{6.52}$$

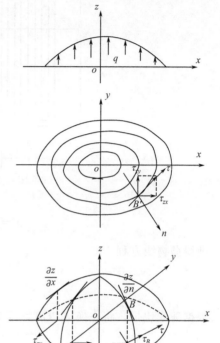

图 6.10　薄膜的等高线

式（6.52）表明，合切应力在切应力法线方向投影为零，则合切应力的方向沿 B 点的切线方向，并且，截面上对应的切应力线越密，表明薄膜曲面的坡度越大，该处的切应力也越大。

6.3.2　狭长矩形截面杆的扭转

图 6.11 所示的狭长矩形截面杆的自由扭转问题，采用薄膜比拟法很容易求解，把薄膜张紧在矩形框上，薄膜受到压力 q 后，则薄膜将鼓成与长边 b 平行的柱面，各等高线也平行于长边。如沿 x 轴将薄膜截开，其截面将是一抛物线。

当 $\dfrac{\partial z}{\partial y} = 0$ 时，因而式（6.50）简化为

$$\frac{\mathrm{d}^2 z}{\mathrm{d}x^2} = -\frac{q}{S} \tag{6.53}$$

积分二次，并应用如下边界条件

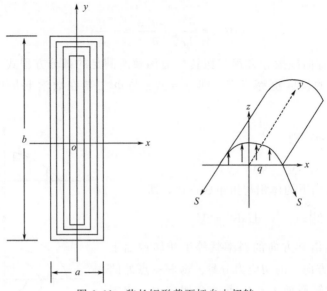

图 6.11 狭长矩形截面杆自由扭转

$$x = \pm \frac{a}{2}, z = 0; x = 0, \frac{\mathrm{d}z}{\mathrm{d}x} = 0$$

则得抛物线方程

$$z = \frac{q}{2S}\left[\left(\frac{a}{2}\right)^2 - x^2\right] \tag{6.54}$$

根据薄膜比拟,将 $\dfrac{q}{S}$ 换成 $2G\theta$,于是可得

$$\Phi = G\theta\left[\left(\frac{a}{2}\right)^2 - x^2\right] \tag{6.55}$$

又根据式(6.14)有

$$M = 2\iint \Phi \,\mathrm{d}x\,\mathrm{d}y = 2G\theta \int_{-\frac{b}{2}}^{\frac{b}{2}} \mathrm{d}y \int_{-\frac{a}{2}}^{\frac{a}{2}} \left(\frac{a^2}{4} - x^2\right)\mathrm{d}x = \frac{1}{3}ba^3 G\theta$$

令 $I_P = \dfrac{1}{3}ba^3$ 为极惯性矩,则 $M = I_P G\theta$,或 $G\theta = \dfrac{3M}{ba^3}$,即

$$\Phi = \frac{3M}{ba^3}\left[\left(\frac{a}{2}\right)^2 - x^2\right] \tag{6.56}$$

切应力分量为

$$\tau_{zx} = \frac{\partial \Phi}{\partial y} = 0, \tau_{zy} = -\frac{\partial \Phi}{\partial x} = \frac{6M}{ba^3}x \tag{6.57}$$

当 $x = 0$ 时,$\tau = 0$;在 $x = \pm\dfrac{a}{2}$ 的长边上,最大切应力为

$$\tau_{\max} = \frac{3M}{ba^2} \tag{6.58}$$

【例 6.2】 如图 6.12 所示由两条抛物线围成的狭长对称截面杆,在 y 处 $a = a_0\left(1 - \dfrac{y^2}{b^2}\right)$,

取扭转应力函数 $G\theta\left(\dfrac{a^2}{4} - x^2\right)$。试求单位长度的扭转角 θ 和切应力分量。

解: 取扭转应力函数为 $G\theta\left(\dfrac{a^2}{4}-x^2\right)$，则由式（6.14）

有

$$M=2\iint \Phi(x,y)\mathrm{d}x\,\mathrm{d}y$$

$$=2G\theta\int_{-b}^{b}\mathrm{d}y\int_{-\frac{a_0}{2}\left(1-\frac{y^2}{b^2}\right)}^{\frac{a_0}{2}\left(1-\frac{y^2}{b^2}\right)}\left(\frac{a^2}{4}-x^2\right)\mathrm{d}x$$

$$=\frac{32}{105}a_0^3G\theta b$$

所以

$$\theta=\frac{105}{32}\times\frac{M}{Ga_0^3b}$$

$$\tau_{zx}=\frac{\partial\Phi}{\partial y}=\frac{G\theta a_0^2}{b^2}\left(\frac{y^2}{b^2}-1\right)$$

$$\tau_{zy}=-\frac{\partial\Phi}{\partial x}=2G\theta x$$

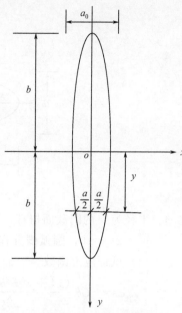

图 6.12 例 6.2 图

习题

6.1 半径为 a 的圆截面杆，两端作用有扭转力偶矩 M。试证明应力函数 $\Phi=-\dfrac{M}{\pi a^4}(x^2+y^2-a^2)$ 能满足一切条件，求其切应力分量，并与材料力学的结果进行比较。

$$\left(\text{答案：}\tau_{zx}=-\frac{2M}{\pi a^4}y,\tau_{zy}=\frac{2M}{\pi a^4}x,\tau_{\max}=\frac{2M}{\pi a^3}\right)$$

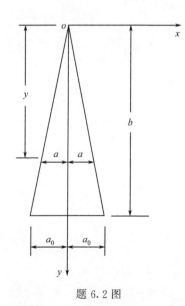

题 6.2 图

6.2 对狭长形状截面杆受扭时，都可以近似取矩形截面杆件的扭转应力函数作为应力函数，比如对于图示狭长等腰三角形截面杆件可取 $\Phi=G\theta(a^2-x^2)$ 作为应力函数，试求该杆件的单位扭转角和切应力分量。

$$\left(\text{答案：}\theta=\frac{3M}{2Ga_0^3b},\tau_{zx}=2G\theta\,\frac{a_0^2}{b^2}y,\tau_{zy}=2G\theta x\right)$$

6.3 如图所示狭长椭圆截面扭杆，可认为薄膜形成抛物柱面，试证明此时可近似取扭转应力函数为 $\varphi(x,y)=-G\theta b^2\left(\dfrac{x^2}{a^2}+\dfrac{y^2}{b^2}-1\right)$。并据此求扭矩 M 的表达式及最大剪应力。

$$\left(\text{答案：}\tau_{zx}\big|_{y=b}=\tau_{\max}=-\frac{2M}{\pi ab^2}\right)$$

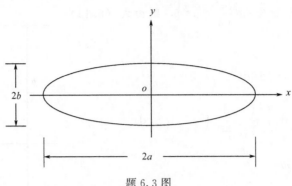

题 6.3 图

6.4 半径为 a 的圆截面扭杆，有半径为 b 的圆弧槽，如图所示。圆截面的边界方程为 $x^2 + y^2 - 2ax = 0$，圆弧槽方程为 $x^2 + y^2 - b^2 = 0$。

（1）试证应力函数

$$\varphi = -G\theta \frac{(x^2+y^2-b^2)(x^2+y^2-2ax)}{2(x^2+y^2)} = -\frac{G\theta}{2}\left(x^2+y^2-b^2-2ax+\frac{2ab^2 x}{x^2+y^2}\right)$$

能满足 $\varphi_s = 0$ 及 $\nabla^2 \varphi = -2G\theta$。

（2）试求最大剪应力和边界上离圆弧槽较远处（B 点）的应力。设圆弧槽很小（$b \ll a$），试求槽边的应力集中因子 K。

$$\left[\text{答案：} |\tau_{\max}| = G\theta(2a-b), \tau_B = G\theta\left(a-\frac{b^2}{4a}\right), K = 2\right]$$

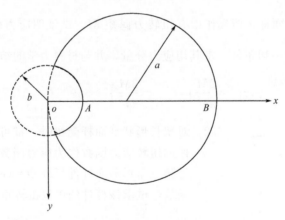

题 6.4 图

第7章 直角坐标解平面问题

一般来说，任何弹性体从严格的意义上来讲都是空间的三维物体，即在外力作用下，体内各点的应力、应变和位移为(x,y,z)的函数。然而，当它的几何形状或受力情况比较特殊时，可将空间问题简化为平面问题来研究，此时，弹性体中某一平面内的应力、应变和位移只是二维坐标(x,y)的函数，称为弹性力学的平面问题。

7.1 平面应力和平面应变

7.1.1 平面应力

图7.1所示等厚度平板，其厚度远小于另外两个方向的尺寸，板所受荷载平行于板的对称中面，并沿厚度不变，板的侧面为自由表面，无面力作用。

在板的自由表面

$$\sigma_z = \tau_{zy} = \tau_{zx} = 0$$

故推设板内任意点也有

$$\sigma_z = \tau_{zy} = \tau_{zx} = 0$$

仅存在

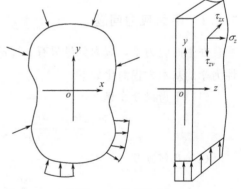

图7.1 平面应力

$$\sigma_x = \sigma_x(x,y), \sigma_y = \sigma_y(x,y), \tau_{xy} = \tau_{xy}(x,y)$$

与z无关，这就是平面应力问题。根据广义虎克定律，此时，板内的应变分量为

$$\varepsilon_x = \frac{1}{E}(\sigma_x - \nu\sigma_y), \varepsilon_y = \frac{1}{E}(\sigma_y - \nu\sigma_x), \gamma_{xy} = \frac{1+\nu}{E}\tau_{xy}$$

且

$$\varepsilon_z = -\frac{\nu}{E}(\sigma_x + \sigma_y) \neq 0$$

因此，在工程中，许多深梁、薄板以及平板坝的平板支墩在图7.1所示荷载作用下均可归结为平面应力问题。

7.1.2 平面应变

当物体的长度远大于另外两个方向的尺寸时，可视为无限长，如图7.2所示的水坝，它的各截面的形状和尺寸完全相同，所受荷载平行于横截面，且沿长度方向不变。由于远端截面受约束或两侧材料的限制，认为 z 方向没有位移，因此，位移分量推设为

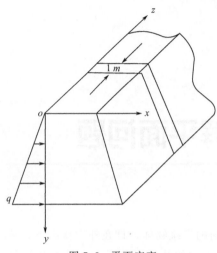

$$u = u(x,y), v = v(x,y), w = w(x,y) = 0$$

由几何方程和虎克定律，相应的应变有 ε_x、ε_y、γ_{xy} 不等于零，而 $\varepsilon_z = \gamma_{zx} = \gamma_{zy} = 0$。应力分量 σ_x、σ_y、τ_{xy} 不等于零，而 $\tau_{xz} = \tau_{yz} = 0$。

由于

$$\varepsilon_z = \frac{1}{E}[\sigma_z - \nu(\sigma_x + \sigma_y)] = 0$$

所以

$$\sigma_z = \nu(\sigma_x + \sigma_y) \neq 0$$

图 7.2 平面应变

因此，工程中的挡土墙、重力坝、管道、隧道等均属于平面应变状态。无论是平面应力或平面应变问题，其应力、应变和位移均为 x、y 的函数，与 z 无关，统称为平面问题，但在平面应力中 $\varepsilon_z \neq 0$，为空间应变状态；而在平面应变中 $\sigma_z \neq 0$，为空间应力状态。

7.2 平面问题的基本方程

7.2.1 平面应力问题

在平面应力中，应力分量只有 σ_x、σ_y 和 τ_{xy}，相应独立的应变分量为 ε_x、ε_y 和 γ_{xy}。弹性力学的基本方程简化如下。

（1）平衡微分方程

$$\frac{\partial \sigma_x}{\partial x} + \frac{\partial \tau_{xy}}{\partial y} + f_x = 0, \frac{\partial \tau_{yx}}{\partial x} + \frac{\partial \sigma_y}{\partial y} + f_y = 0 \tag{7.1}$$

（2）几何方程

$$\varepsilon_x = \frac{\partial u}{\partial x}, \varepsilon_y = \frac{\partial v}{\partial y}, \gamma_{xy} = \frac{\partial v}{\partial x} + \frac{\partial u}{\partial y} \tag{7.2}$$

$$\frac{\partial^2 \varepsilon_x}{\partial y^2} + \frac{\partial^2 \varepsilon_y}{\partial x^2} = \frac{\partial^2 \gamma_{xy}}{\partial x \partial y} \tag{7.3}$$

（3）物理方程

$$\left. \begin{array}{l} \varepsilon_x = \dfrac{1}{E}(\sigma_x - \nu\sigma_y) \\[2mm] \varepsilon_y = \dfrac{1}{E}(\sigma_y - \nu\sigma_x) \\[2mm] \gamma_{xy} = \dfrac{2(1+\nu)}{E}\tau_{xy} \end{array} \right\} \tag{7.4}$$

或

$$\sigma_x = \frac{E}{1-\nu^2}(\varepsilon_x + \nu\varepsilon_y)$$

$$\sigma_y = \frac{E}{1-\nu^2}(\varepsilon_y + \nu\varepsilon_x) \tag{7.5}$$

$$\tau_{xy} = \frac{E}{2(1+\nu)}\gamma_{xy}$$

（4）边界条件

$$\sigma_x l + \tau_{xy} m = \overline{p}_x \ , \ \tau_{yx} l + \sigma_y m = \overline{p}_y \tag{7.6}$$

7.2.2 平面应变问题

平衡方程、几何方程、边界条件均与平面应力相同，只有物理方程不同。将 $\sigma_z = \nu(\sigma_x + \sigma_y)$ 代入虎克定律可得

$$\varepsilon_x = \frac{1-\nu^2}{E}\left(\sigma_x - \frac{\nu}{1-\nu}\sigma_y\right)$$

$$\varepsilon_y = \frac{1-\nu^2}{E}\left(\sigma_y - \frac{\nu}{1-\nu}\sigma_x\right) \tag{7.7}$$

$$\gamma_{xy} = \frac{2(1+\nu)}{E}\tau_{xy}$$

如令 $\dfrac{E}{1-\nu^2} = E_1$，$\dfrac{\nu}{1-\nu} = \nu_1$，则平面应变的物理方程为

$$\varepsilon_x = \frac{1}{E_1}(\sigma_x - \nu_1\sigma_y)$$

$$\varepsilon_y = \frac{1}{E_1}(\sigma_y - \nu_1 o_x) \tag{7.8}$$

$$\gamma_{xy} = \frac{2(1+\nu_1)}{E_1}\tau_{xy}$$

或

$$\sigma_x = \frac{E_1}{1-\nu_1^2}(\varepsilon_x + \nu_1\varepsilon_y)$$

$$\sigma_y = \frac{E_1}{1-\nu_1^2}(\varepsilon_y + \nu_1\varepsilon_x) \tag{7.9}$$

$$\tau_{xy} = \frac{E_1}{2(1+\nu_1)}\gamma_{xy}$$

可见，只需将平面应力中的 E 用 E_1，ν 用 ν_1 代替，则成为平面应变问题。

7.3 用应力法解平面问题

应力法求解平面问题时，以应力分量作为基本未知量，根据平衡方程、应力分量表示的变形协调方程和边界条件直接解出应力分量。然后，再由物理方程求应变分量，用几何方程

求出位移分量。

为此，将变形协调方程用应力分量表达。对于平面应力，将物理方程式（7.4）代入变形协调方程式（7.3）得

$$\frac{\partial^2}{\partial y^2}(\sigma_x - \nu\sigma_y) + \frac{\partial^2}{\partial x^2}(\sigma_y - \nu\sigma_x) = 2(1+\nu)\frac{\partial^2 \tau_{xy}}{\partial x \partial y}$$

由平衡方程式（7.1）得

$$\frac{\partial \tau_{xy}}{\partial y} = -\left(\frac{\partial \sigma_x}{\partial x} + f_x\right), \frac{\partial \tau_{xy}}{\partial x} = -\left(\frac{\partial \sigma_y}{\partial y} + f_y\right)$$

然后，以上两式分别对 x、y 求偏导数，有

$$\frac{\partial^2 \tau_{xy}}{\partial x \partial y} = -\left(\frac{\partial^2 \sigma_x}{\partial x^2} + \frac{\partial f_x}{\partial x}\right), \frac{\partial^2 \tau_{xy}}{\partial x \partial y} = -\left(\frac{\partial^2 \sigma_y}{\partial y^2} + \frac{\partial f_y}{\partial y}\right)$$

将两式相加得

$$2\left(\frac{\partial^2 \tau_{xy}}{\partial x \partial y}\right) = -\left(\frac{\partial^2 \sigma_x}{\partial x^2} + \frac{\partial^2 \sigma_y}{\partial y^2}\right) - \left(\frac{\partial f_x}{\partial x} + \frac{\partial f_y}{\partial y}\right)$$

代入最前面式中可得

$$\left(\frac{\partial^2}{\partial x^2} + \frac{\partial^2}{\partial y^2}\right)(\sigma_x + \sigma_y) = -(1+\nu)\left(\frac{\partial f_x}{\partial x} + \frac{\partial f_y}{\partial y}\right) \tag{7.10}$$

即为平面应力中以应力分量表达的变形协调方程，又称为相容方程。对于平面应变，用 ν_1 替换 ν 即可，方程同上。

若不计体力或体力为常量（如自重），式（7.10）简化为下式

$$\left(\frac{\partial^2}{\partial x^2} + \frac{\partial^2}{\partial y^2}\right)(\sigma_x + \sigma_y) = 0$$

或记为

$$\nabla^2(\sigma_x + \sigma_y) = 0 \tag{7.11}$$

此变形协调方程说明，正应力之和是满足拉普拉斯方程的调和函数。

因此，用应力法求解弹性力学问题归结于应力分量满足下列方程

$$\left.\begin{array}{l} \dfrac{\partial \sigma_x}{\partial x} + \dfrac{\partial \tau_{xy}}{\partial y} + f_x = 0 \\[2mm] \dfrac{\partial \tau_{yx}}{\partial x} + \dfrac{\partial \sigma_y}{\partial y} + f_y = 0 \\[2mm] \nabla^2(\sigma_x + \sigma_y) = 0 \end{array}\right\} \tag{7.12}$$

并且在边界上满足应力边界条件。式（7.12）是按应力法解弹性力学平面问题的基本方程。另外，当体力为零或常数时，基本方程式（7.12）中均不含弹性常数，应力分布与物性无关，这为模型实验提供了理论依据。

【例 7.1】 如图 7.3 所示悬臂梁受均布荷载 q 作用（不计体力），试求应力分量。

解： 根据基本方程式（7.12）有

$$\frac{\partial \sigma_x}{\partial x} + \frac{\partial \tau_{xy}}{\partial y} + f_x = 0 \tag{7.13}$$

$$\frac{\partial \tau_{yx}}{\partial x} + \frac{\partial \sigma_y}{\partial y} + f_y = 0 \tag{7.14}$$

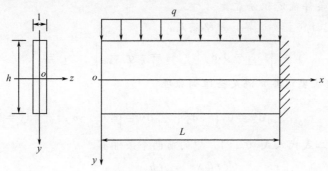

图7.3 例7.1图

$$\nabla^2(\sigma_x+\sigma_y)=0 \tag{7.15}$$

(1) 半逆解法

由于梁在上边界承受均布荷载作用，下边界不受力，且梁层与层之间的挤压与 x 无关，可设

$$\sigma_y=f(y) \tag{7.16}$$

由式 (7.14) 得

$$f'(y)+\frac{\partial\tau_{xy}}{\partial x}=0$$

移项、积分得

$$\tau_{xy}=-f'(y)x+g(y) \tag{7.17}$$

将式 (7.17) 代入式 (7.13) 有

$$\frac{\partial\sigma_x}{\partial x}+g'(y)-f''(y)x=0$$

所以

$$\sigma_x=\frac{1}{2}x^2f''(y)-xg'(y)+h(y) \tag{7.18}$$

将式 (7.16)、式 (7.18) 代入式 (7.15) 得

$$\frac{1}{2}x^2f^{(4)}(y)-xg'''(y)+h''(y)+2f''(y)=0$$

因此有

$$f^{(4)}(y)=0, g'''(y)=0, h''(y)+2f''(y)=0$$

积分得

$$\left.\begin{array}{l} f(y)=Ay^3+By^2+Cy+D \\ g(y)=Ey^2+Fy+G \\ h(y)=-2Ay^3-2By^2-2Cy-2D+Hy+I \end{array}\right\} \tag{7.19}$$

故应力分量为

$$\left.\begin{array}{l} \sigma_x=\dfrac{1}{2}x^2(6Ay+2B)-x(2Ey+F)-2Ay^3-2By^2+(H-2C)y+I-2D \\ \sigma_y=Ay^3+By^2+Cy+D \\ \tau_{xy}=-x(3Ay^2+2By+C)+Ey^2+Fy+G \end{array}\right\} \tag{7.20}$$

（2）根据边界条件确定积分常数

① 梁的上下表面（主要边界）严格满足

$$\sigma_y\Big|_{y=\frac{h}{2}}=0,\sigma_y\Big|_{y=-\frac{h}{2}}=-q,\tau_{yx}\Big|_{y=\pm\frac{h}{2}}=0 \tag{7.21}$$

② 梁的左端（次要边界）满足圣维南原理

$$\int_{-\frac{h}{2}}^{\frac{h}{2}}\tau_{xy}\big|_{x=0}\mathrm{d}y=0,\int_{-\frac{h}{2}}^{\frac{h}{2}}\sigma_x\big|_{x=0}\mathrm{d}y=0,\int_{-\frac{h}{2}}^{\frac{h}{2}}y\sigma_x\big|_{x=0}\mathrm{d}y=0 \tag{7.22}$$

将式（7.20）的第二式代入式（7.21）中的前两个条件有

$$A\left(\frac{h}{2}\right)^3+B\left(\frac{h}{2}\right)^2+C\left(\frac{h}{2}\right)+D=0$$

$$A\left(-\frac{h}{2}\right)^3+B\left(-\frac{h}{2}\right)^2+C\left(-\frac{h}{2}\right)+D=-q$$

将以上两式相加减得

$$2B\left(\frac{h}{2}\right)^2+2D=-q \tag{7.23}$$

$$2A\left(\frac{h}{2}\right)^3+2C\left(\frac{h}{2}\right)=q \tag{7.24}$$

又由

$$\tau_{xy}\Big|_{y=\frac{h}{2}}=-\left[3A\left(\frac{h}{2}\right)^2+2B\left(\frac{h}{2}\right)+C\right]x+E\left(\frac{h}{2}\right)^2+F\left(\frac{h}{2}\right)+G=0$$

故有

$$E=F=G=0$$

且有

$$3A\left(\frac{h}{2}\right)^2+2B\left(\frac{h}{2}\right)+C=0 \tag{7.25}$$

同理，由 $\tau_{xy}\Big|_{y=-\frac{h}{2}}=0$，得

$$3A\left(-\frac{h}{2}\right)^2+2B\left(-\frac{h}{2}\right)+C=0 \tag{7.26}$$

式（7.25）减式（7.26）得

$$4B\left(\frac{h}{2}\right)=0,B=0$$

代入式（7.23）得

$$D=-\frac{q}{2}$$

式（7.25）加式（7.26）得

$$6A\left(\frac{h}{2}\right)^2+2C=0,C=-\frac{3}{4}Ah^2$$

代入式（7.24）

$$2A\left(\frac{h}{2}\right)^3+2\left(-\frac{3}{4}Ah^2\right)\frac{h}{2}=q$$

解得

$$A = -\frac{2q}{h^3}, C = \frac{3}{2} \times \frac{q}{h}$$

由式（7.22）的第二、第三个条件，可以得出

$$I - 2D = 0, H - 2C = -\frac{3}{5} \times \frac{q}{h}$$

因此，应力分量为

$$\left.\begin{aligned}
\sigma_x &= \frac{q}{h^3}\left(-\frac{3}{5}h^2 + 4y^2 - 6x^2\right)y \\
\sigma_y &= -\frac{q}{2}\left(1 - \frac{3}{h}y + \frac{4}{h^3}y^3\right) \\
\tau_{xy} &= -\frac{3q}{2h}\left(1 - \frac{4}{h^2}y^2\right)x
\end{aligned}\right\} \tag{7.27}$$

从上面的例题可以看出，只要紧紧抓住边界条件，根据主要边界上外力或横截面的内力分布规律，设定某一应力分量的表达式，从平衡方程中导出另两个应力分量，再代入相容方程得应力分量的具体形式，最后由边界条件确定出积分常数。

归纳起来，对于狭长矩形截面梁，根据梁主要边界上的外力或截面内力可以推设应力分量有如下形式

$$\sigma_x = M(x)f(y), \sigma_y = q(x)f(y), \tau_{xy} = Q(x)f(y) \tag{7.28}$$

这里提出的解题方法，没有涉及 Airy 应力函数，而是直接以应力分量作为未知函数，并用分离变量的方法，将其表示为一显函数和一隐函数的乘积，代入平衡方程和协调方程求出其隐函数部分，从而求得应力分量，这是按半逆解法求解弹性力学平面问题的一种简便方法。

【例7.2】 如图 7.4 所示简支梁在线性分布荷载作用下（不计体力），求应力分量。

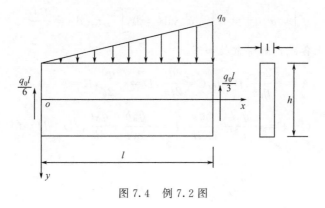

图 7.4 例 7.2 图

解：（1）根据梁上所受荷载 $q(x) = -\frac{x}{l}q_0$，按式（7.28）推设

$$\sigma_y = q(x)f(y) = xf(y) \tag{7.29}$$

代入式（7.12）的第二式得

$$\tau_{xy} = -\frac{x^2}{2}f'(y) + g(y) \tag{7.30}$$

由式（7.12）的第一式得

$$\sigma_x = \frac{x^3}{6} f''(y) - x g'(y) + h(y) \tag{7.31}$$

将式 (7.29)、式 (7.31) 代入式 (7.15) 得

$$x[2f''(y) - g'''(y)] + \frac{x^3}{6} f^{(4)}(y) + h'''(y) = 0 \tag{7.32}$$

应有

$$f^{(4)}(y) = 0, h''(y) = 0, 2f''(y) - g'''(y) = 0 \tag{7.33}$$

解得

$$\begin{cases} f(y) = Ay^3 + By^2 + Cy + D \\ g(y) = 2\left(\frac{1}{4}Ay^4 + \frac{1}{3}By^3 + \frac{1}{2}Cy^2 + Dy\right) + Gy^2 + Hy + I \\ h(y) = Ey + F \end{cases} \tag{7.34}$$

于是应力分量为

$$\begin{cases} \sigma_x = \frac{1}{6}x^3(6Ay + 2B) - x[2Ay^3 + 2(G+C)y + 2D + H] + Ey + F \\ \sigma_y = x(Ay^3 + By^2 + Cy + D) \\ \tau_{xy} = -\frac{x^2}{2}(3Ay^2 + 2By + C) + \frac{1}{2}Ay^4 + \frac{2}{3}By^3 + (C+G)y^2 + (2D+H)y + I \end{cases} \tag{7.35}$$

（2）利用边界条件确定积分常数

① 主要边界严格满足

$$(\sigma_y)_{y=\frac{h}{2}} = 0, (\sigma_y)_{y=-\frac{h}{2}} = -\frac{x}{l}q_0, (\tau_{xy})_{y=\pm\frac{h}{2}} = 0 \tag{7.36}$$

② 次要边界满足静力等效($x=0$)

$$\int_{-\frac{h}{2}}^{\frac{h}{2}} \sigma_x \, \mathrm{d}y = 0, \int_{-\frac{h}{2}}^{\frac{h}{2}} \sigma_x y \, \mathrm{d}y = 0, \int_{-\frac{h}{2}}^{\frac{h}{2}} \tau_{xy} \, \mathrm{d}y = \frac{q_0 l}{6} \tag{7.37}$$

将应力分量代入以上各式，解得常数如下

$$A = -\frac{2q_0}{lh^3}, B = 0, C = \frac{3q_0}{2lh}, D = -\frac{q_0}{2l}, E = F = 0$$

$$G + C = -\frac{q_0 l}{h^3} + \frac{6q_0}{20lh}, I = -\frac{q_0 h}{80l} + \frac{q_0 l}{4h}, 2D + H = 0$$

因此，应力分量为

$$\begin{cases} \sigma_x = \frac{2q_0}{h^3 l} xy\left(2y^2 - x^2 + l^2 - \frac{3}{10}h^2\right) \\ \sigma_y = \frac{q_0}{2h^3 l} x(2h^2 y - 4y^3 - h^3) \\ \tau_{xy} = \frac{q_0}{4h^3 l}(4y^2 - h^2)\left(3x^2 - y^2 - l^2 + \frac{h^2}{20}\right) \end{cases} \tag{7.38}$$

【例 7.3】 一矩形截面简支梁受荷载 $q(x) = q_n \sin\alpha_n x$，其中 $\alpha_n = \frac{n\pi}{l}$，梁的高度为 h，宽为 b，如图 7.5 所示，求应力分量（不计体力）。

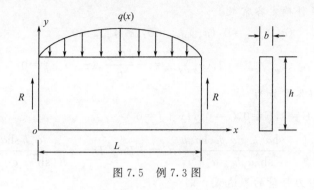

图 7.5 例 7.3 图

解：(1) 根据式 (7.28) 推设应力分量

$$\sigma_y = q(x)f(y) = q_n \sin\alpha_n x f(y) \tag{7.39}$$

由式 (7.12) 的第二式得

$$\tau_{xy} = \frac{q_n}{\alpha_n}\cos\alpha_n x f'(y) + g(y) \tag{7.40}$$

再由式 (7.12) 的第一式得

$$\sigma_x = -\frac{q_n}{\alpha_n^2}\sin\alpha_n x f''(y) - g'(y)x + h(y) \tag{7.41}$$

代入式 (7.12) 的第三式协调方程得

$$\left[-\frac{q_n}{\alpha_n^2}f^{(4)}(y) + 2q_n f''(y) - q_n\alpha_n^2 f(y)\right]\sin\alpha_n x - g'''(y)x + h''(y) = 0 \tag{7.42}$$

则有

$$-\frac{q_n}{\alpha_n^2}f^{(4)}(y) + 2q_n f''(y) - q_n\alpha_n^2 f(y) = 0, g'''(y) = 0, h''(y) = 0 \tag{7.43}$$

解上述方程得

$$f(y) = A\,\mathrm{ch}\alpha_n y + B\,\mathrm{sh}\alpha_n y + Cy\,\mathrm{ch}\alpha_n y + Dy\,\mathrm{sh}\alpha_n y \tag{7.44}$$

$$g(y) = Ey^2 + Fy + G, h(y) = Hy + I$$

并且有

$$f'(y) = A\alpha_n\,\mathrm{sh}\alpha_n y + B\alpha_n\,\mathrm{ch}\alpha_n y + C\,\mathrm{ch}\alpha_n y + Cy\alpha_n\,\mathrm{sh}\alpha_n y + D\,\mathrm{sh}\alpha_n y + Dy\alpha_n\,\mathrm{ch}\alpha_n y$$

$$f''(y) = A\alpha_n^2\,\mathrm{ch}\alpha_n y + B\alpha_n^2\,\mathrm{sh}\alpha_n y + 2C\alpha_n^2\,\mathrm{sh}\alpha_n y + Cy\alpha_n^2\,\mathrm{ch}\alpha_n y + 2D\alpha_n\,\mathrm{ch}\alpha_n y + Dy\alpha_n^2\,\mathrm{sh}\alpha_n y$$

则应力分量为

$$
\left.
\begin{aligned}
\sigma_x &= -\frac{q_n}{\alpha_n^2}\sin\alpha_n x\,(A\alpha_n^2\,\mathrm{ch}\alpha_n y + B\alpha_n^2\,\mathrm{sh}\alpha_n y + 2C\alpha_n\,\mathrm{sh}\alpha_n y + Cy\alpha_n^2\,\mathrm{ch}\alpha_n y \\
&\quad + 2D\alpha_n\,\mathrm{ch}\alpha_n y + Dy\alpha_n^2\,\mathrm{sh}\alpha_n y) - (2Ey + F)x + Hy + I \\
\sigma_y &= q_n\sin\alpha_n x\,(A\,\mathrm{ch}\alpha_n y + B\,\mathrm{sh}\alpha_n y + Cy\,\mathrm{ch}\alpha_n y + Dy\,\mathrm{sh}\alpha_n y) \\
\tau_{xy} &= \frac{q_n}{\alpha_n}\cos\alpha_n x\,(A\alpha_n\,\mathrm{sh}\alpha_n y + B\alpha_n\,\mathrm{ch}\alpha_n y \\
&\quad + C\,\mathrm{ch}\alpha_n y + Cy\alpha_n\,\mathrm{sh}\alpha_n y + D\,\mathrm{sh}\alpha_n y + Dy\alpha_n\,\mathrm{ch}\alpha_n y) + Ey^2 + Fy + G
\end{aligned}
\right\} \tag{7.45}
$$

（2）则由边界条件确定各常数

$$(\sigma_x)_{x=0}=0,(\sigma_x)_{x=l}=0,(\sigma_y)_{y=0}=0$$

$$(\tau_{yx})_{y=0}=0,(\sigma_y)_{y=h}=-\frac{q(x)}{b},(\tau_{xy})_{y=h}=0 \tag{7.46}$$

由上述边界条件可得各常数为

$$A=0,E=0,F=0,G=0,Hy+I=0$$

$$B=-\frac{1}{b}\times\frac{\mathrm{sh}\alpha_n h+\alpha_n h\,\mathrm{ch}\alpha_n h}{\mathrm{sh}^2\alpha_n h-\alpha_n^2 h^2},C=-B\alpha_n,D=-\frac{\alpha_n^2 h\,\mathrm{sh}\alpha_n c}{h(\mathrm{sh}^2\alpha_n c-\alpha_n^2 c^2)} \tag{7.47}$$

将以上各常数代入应力分量的表达式，则

$$
\begin{cases}
\sigma_x=\dfrac{q_n}{b}\times\dfrac{\sin\alpha_n x}{\mathrm{sh}^2\alpha_n h-\alpha_n^2 h^2}[\alpha_n h\,\mathrm{sh}\alpha_n y(2\mathrm{ch}\alpha_n y+\alpha_n y\,\mathrm{sh}\alpha_n y) \\
\qquad -(\mathrm{sh}\alpha_n h+\alpha_n h\,\mathrm{ch}\alpha_n h)(\mathrm{sh}\alpha_n y+\alpha_n y\,\mathrm{ch}\alpha_n y)] \\[2mm]
\sigma_y=-\dfrac{q_n}{b}\times\dfrac{\sin\alpha_n x}{\mathrm{sh}^2\alpha_n h-\alpha_n^2 h^2}[\alpha_n hy\,\mathrm{sh}\alpha_n h\,\mathrm{sh}\alpha_n y \\
\qquad +(\mathrm{sh}\alpha_n h+\alpha_n h\,\mathrm{ch}\alpha_n h)(\mathrm{sh}\alpha_n y-\alpha_n y\,\mathrm{ch}\alpha_n y)] \\[2mm]
\tau_{xy}=-\dfrac{q_n}{b}\times\dfrac{\cos\alpha_n x}{\mathrm{sh}^2\alpha_n h-\alpha_n^2 h^2}[\alpha_n h\,\mathrm{sh}\alpha_n h(\mathrm{sh}\alpha_n y+\alpha_n y\,\mathrm{ch}\alpha_n y) \\
\qquad -\alpha_n y\,\mathrm{sh}\alpha_n y(\mathrm{sh}\alpha_n h+\alpha_n h\,\mathrm{ch}\alpha_n h)]
\end{cases} \tag{7.48}
$$

上述结果与文献［8］用应力函数求解的结果完全一致。

7.4 应力函数

在常体力情况下，按应力法求解平面问题，确定应力分量只涉及三个方程，即式（7.12）的平衡方程和相容方程，并在边界上满足应力边界条件，在上节已经介绍过了。为了寻求一个更为普遍的解法，为此，引入一个与应力分量有确定关系的函数，据此求得的应力分量同时应满足平衡方程和相容方程。

设

$$\sigma_x=-f_x x,\sigma_y=-f_y y,\tau_{xy}=0$$

为式（7.12）的特解，现在来寻找式（7.12）对应的齐次方程的通解。

由

$$\frac{\partial\sigma_x}{\partial x}=\frac{\partial}{\partial y}(-\tau_{xy})$$

此式是使表达式 $\sigma_x\mathrm{d}y+(-\tau_{xy})\mathrm{d}x=\mathrm{d}A$ 成为某一函数 $A(x,y)$ 全微分的充要条件。于是有

$$\sigma_x=\frac{\partial A}{\partial y},-\tau_{xy}=\frac{\partial A}{\partial x} \tag{7.49}$$

又由 $\dfrac{\partial\sigma_y}{\partial y}=\dfrac{\partial}{\partial x}(-\tau_{xy})$，同样存在一个函数 $B(x,y)$，且

$$\mathrm{d}B(x,y)=\sigma_y\mathrm{d}x+(-\tau_{xy})\mathrm{d}y$$

同样有

$$\sigma_y = \frac{\partial B}{\partial x}, \quad -\tau_{xy} = \frac{\partial B}{\partial y} \tag{7.50}$$

比较式（7.49）、式（7.50）得

$$\frac{\partial A}{\partial x} = \frac{\partial B}{\partial y} \tag{7.51}$$

由式（7.51）推断，一定存在一函数 $\varphi(x,y)$，使其成为一全微分，即

$$d\varphi(x,y) = B\,dx + A\,dy$$

于是有

$$A = \frac{\partial \varphi}{\partial y}, B = \frac{\partial \varphi}{\partial x}$$

代入式（7.49）、式（7.50）两式得

$$\sigma_x = \frac{\partial^2 \varphi}{\partial y^2}, \sigma_y = \frac{\partial^2 \varphi}{\partial x^2}, \tau_{xy} = -\frac{\partial^2 \varphi}{\partial x \partial y} \tag{7.52}$$

叠加通解和特解得应力函数与应力分量之间的关系式为

$$\left.\begin{aligned} \sigma_x &= \frac{\partial^2 \varphi}{\partial y^2} - f_x x \\ \sigma_y &= \frac{\partial^2 \varphi}{\partial x^2} - f_y y \\ \tau_{xy} &= -\frac{\partial^2 \varphi}{\partial x \partial y} \end{aligned}\right\} \tag{7.53}$$

将式（7.53）代入式（7.1），无论 $\varphi(x,y)$ 是何种函数，总能满足平衡微分方程。只要 $\varphi(x,y)$ 确定，则应力分量也就确定了。$\varphi(x,y)$ 为艾里 1862 年提出，所以称为艾里（Airy）应力函数。

用应力法求解平面问题，应力分量除满足平衡方程外，还应满足相容方程，将式（7.53）代入式（7.12）的第三式得

$$\left(\frac{\partial^2}{\partial x^2} + \frac{\partial^2}{\partial y^2}\right)\left(\frac{\partial^2 \varphi}{\partial y^2} - f_x x + \frac{\partial^2 \varphi}{\partial x^2} - f_y y\right) = 0$$

因 f_x、f_y 一般为常数，故上式为

$$\left(\frac{\partial^2}{\partial x^2} + \frac{\partial^2}{\partial y^2}\right)\left(\frac{\partial^2 \varphi}{\partial y^2} + \frac{\partial^2 \varphi}{\partial x^2}\right) = 0$$

即

$$\nabla^4 \varphi = 0 \quad \text{或} \quad \frac{\partial^4 \varphi}{\partial x^4} + 2\frac{\partial^4 \varphi}{\partial x^2 \partial y^2} + \frac{\partial^4 \varphi}{\partial y^4} = 0 \tag{7.54}$$

即用应力函数表示的相容方程，是一个双调和方程。$\varphi(x,y)$ 则为双调和函数。如果不计体力，即 $f_x = f_y = 0$，则式（7.53）简化为

$$\sigma_x = \frac{\partial^2 \varphi}{\partial y^2}, \sigma_y = \frac{\partial^2 \varphi}{\partial x^2}, \tau_{xy} = -\frac{\partial^2 \varphi}{\partial x \partial y} \tag{7.55}$$

综上所述，按应力函数法求解平面问题时，只要引入一个应力函数 $\varphi(x,y)$，即可将求解平面问题时的三个方程式（7.12）归结于解一个方程式（7.54），原来需求解三个未知数 σ_x、σ_y 和 τ_{xy}，现只需求解一个未知应力函数 $\varphi(x,y)$，因而使问题的求解得到简化。

7.5 用多项式应力函数解平面问题

求解外力作用下的应力边值问题，如体力是常数，可以归结为在应力边界条件下求解偏微分方程式（7.54），即寻求一应力函数 $\varphi(x,y)$ 在物体内处处满足双调和方程，并在边界上满足边界条件。要选择一个函数满足式（7.54）并不难，但要求由它求出的应力分量同时满足边界条件却是不易。通常采用逆解法或半逆解法求解平面问题。

所谓**逆解法**，就是先假设出满足式（7.54）的应力函数 $\varphi(x,y)$，由式（7.53）求出应力分量，并考察这些应力分量对应于什么样的面力，从而得知所设定的应力函数可以解决什么样的问题。所谓**半逆解法**，就是针对所要求解的问题，根据弹性体的边界形状和受力情况，假设出一部分或全部应力分量为某种形式的函数，从而推出应力函数 $\varphi(x,y)$，然后，将应力函数代入双调和方程式（7.54），确定出应力函数 $\varphi(x,y)$ 的具体形式，再由式（7.53）求出应力分量，并考察它们是否满足应力边界条件，如果所有的条件都能满足，自然也就得出正确的解答。否则，则需要另选应力函数重新进行考察。因此，应力函数选取什么样的函数形式一般与物体的外形和边界的荷载有关。常采用的是代数多项式、三角级数或复变函数。

在不计体力的情况下，如果物体的周界简单，边界上的荷载又可用代数整函数表示，则应力函数可用代数多项式的形式，即设应力函数为

$$\varphi(x,y)=\sum_{i=0}^{n}\sum_{j=0}^{n-i}A_{ij}x^{i}y^{j} \tag{7.56}$$

且忽略常数项和一次项，即 $i=0$ 时 $j\neq 0,1$ 和 $j=0$ 时 $i\neq 0,1$。

下面先用逆解法求出几个简单平面问题的多项式解答。

（1）$\varphi(x,y)$ 取一次多项式

$$\varphi(x,y)=a+bx+cy \tag{7.57}$$

相容方程式（7.54）总能满足，由式（7.55）得出的应力分量为

$$\sigma_{x}=\sigma_{y}=\tau_{xy}=\tau_{yx}=0$$

由此可见，线性应力函数对应于无体力、无面力、无应力的自然状态，因此在平面问题的应力函数中加上或减掉一个线性函数，并不影响应力分量。故在式（7.56）中忽略常数项和一次项。

（2）$\varphi(x,y)$ 取二次多项式

$$\varphi(x,y)=ax^{2}+bxy+cy^{2} \tag{7.58}$$

显然，相容方程式（7.54）也总能满足，由式（7.55）得出应力分量为

$$\sigma_{x}=\frac{\partial^{2}\varphi}{\partial y^{2}}=2c,\sigma_{y}=\frac{\partial^{2}\varphi}{\partial x^{2}}=2a,\tau_{xy}=-\frac{\partial^{2}\varphi}{\partial x\partial y}=-b \tag{7.59}$$

考察式（7.58）中每一项能解决什么样的问题。

对于 $\varphi=ax^{2}$，应力分量 $\sigma_{x}=0,\sigma_{y}=2a,\tau_{xy}=\tau_{yx}=0$，对应于图 7.6（a）所示矩形板在 y 方向受均布拉力（$a>0$）或均布压力（$a<0$）的问题。

对于 $\varphi=bxy$，应力分量 $\sigma_{x}=0,\sigma_{y}=0,\tau_{xy}=\tau_{yx}=-b$，对应于图 7.6（b）所示矩形板受均布剪力的问题。

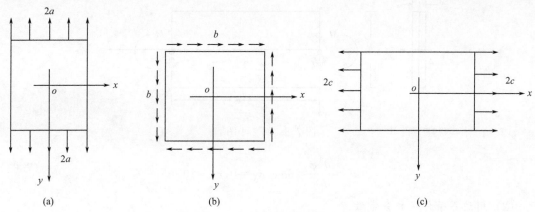

图 7.6　二次多项式对应的应力分布

对于 $\varphi = cy^2$，应力分量 $\sigma_x = 2c$，$\sigma_y = 0$，$\tau_{xy} = \tau_{yx} = 0$，对应于图 7.6（c）所示矩形板在 x 方向受均布拉力（$c > 0$）或均布压力（$c < 0$）的问题。

（3）设 φ 为纯三次多相式

$$\varphi = ax^3 + bx^2 y + cxy^2 + dy^3 \tag{7.60}$$

式（7.60）恒满足双调和方程式（7.54），相应的应力分量为

$$\left.\begin{array}{l} \sigma_x = \dfrac{\partial^2 \varphi}{\partial y^2} = 2cx + 6dy \\[3mm] \sigma_y = \dfrac{\partial^2 \varphi}{\partial x^2} = 6ax + 2by \\[3mm] \tau_{xy} = -\dfrac{\partial^2 \varphi}{\partial x \partial y} = -2bx - 2cy \end{array}\right\} \tag{7.61}$$

由式（7.61）可知，纯三次式可求解面力按直线分布的平面问题。如重力坝受水压力作用的问题。若只取其中一项，$\varphi = dy^3$，对应的应力分量为

$$\sigma_x = 6dy, \sigma_y = 0, \tau_{xy} = 0$$

不难看出，对应于图 7.7（a）所示矩形板和坐标系，应力函数 $\varphi = dy^3$ 能解决矩形梁受纯弯曲的问题。当坐标位置改变时，同一应力函数对应的应力状态和面力将随之改变，如图 7.7（b）所示，$\varphi = dy^3$ 对应于偏心受拉或受压状态。

【**例 7.4**】 如图 7.8 所示矩形截面简支梁，高度为 h，宽度为 1，在两端力偶作用下发生纯弯曲（不计体力），求梁内应力分量。

解：（1）应力函数的选取。此题为纯弯曲问题，可选应力函数为

$$\varphi = ay^3 \tag{7.62}$$

显然 φ 满足双调和方程 $\nabla^4 \varphi = 0$，相应的应力分量为

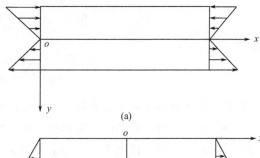

(a)

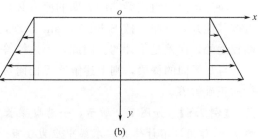

(b)

图 7.7　纯三次式对应的应力分布

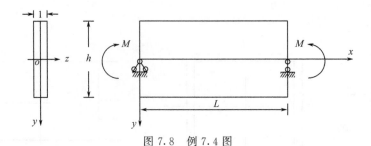

图 7.8　例 7.4 图

$$\sigma_x = \frac{\partial^2 \varphi}{\partial y^2} = 6ay, \sigma_y = 0, \tau_{xy} = 0 \tag{7.63}$$

（2）用边界条件定积分常数

① 梁的上下边界是主要边界，边界条件必须严格满足

$$(\sigma_y)_{y=\pm\frac{h}{2}} = 0, (\tau_{yx})_{y=\pm\frac{h}{2}} = 0 \tag{7.64}$$

由式（7.63）可见，式（7.64）在梁的上下边界自然成立。

同理，在梁的左端和右端，没有铅直面力，分别要求

$$(\tau_{xy})_{x=0} = (\tau_{xy})_{x=l} = 0 \tag{7.65}$$

这也能满足的，因为所有各点都有 $\tau_{xy}=0$。

② 在梁的左右两端次要边界，应用 Saint-Venant 原理（静力等效），使边界条件近似满足。即首先应满足

$$\sum X = 0, \int_{-\frac{h}{2}}^{\frac{h}{2}} \sigma_x \mathrm{d}y = 6a \int_{-\frac{h}{2}}^{\frac{h}{2}} y \mathrm{d}y = 6aS_z = 0 \tag{7.66}$$

由于 z 轴通过截面形心，上式（7.66）总能自然满足。

其次，要求水平力对 z 轴之矩为力矩 M，即

$$\int_{-\frac{h}{2}}^{\frac{h}{2}} \sigma_x y \mathrm{d}y = M \tag{7.67}$$

即

$$6a \int_{-\frac{h}{2}}^{\frac{h}{2}} y^2 \mathrm{d}y = 6a \frac{h^3}{12} = 6aI = M$$

故

$$\sigma_x = \frac{M}{I} y, \sigma_y = 0, \tau_{xy} = 0 \tag{7.68}$$

这就是矩形截面梁受纯弯曲时的应力分量，与材料力学结果完全相同。

应当指出，组成梁端的力偶的面力必须按直线分布，上述解答才完全精确。如果两端面力按其他方式分布，按 Saint-Venant 原理，上述解答在梁的两端有显著误差，而在离开梁端较远处，误差是不计的。因此，上述解答对于长度 l 远大于高度 h 的梁，才有意义。而对于 l 与 h 等同的深梁，则上述解答无任何实用意义，只有用级数、变分或有限元才能给出深梁的正确解答。

【例 7.5】　如图 7.9 所示，一悬臂梁长为 L，高为 h，厚为 1，右端固定，左端受集中力 P 的作用，不计体力，求梁中应力分布。

解：（1）采用半逆解法寻求应力函数

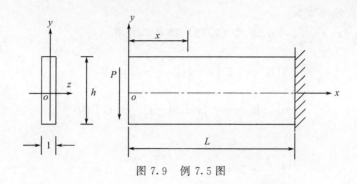

图 7.9　例 7.5 图

根据式（7.28）给出的应力分量与截面内力或边界上的外力的分布规律的关系，并结合应力函数与应力分量的关系式（7.55）可知

$$\left.\begin{array}{l} \sigma_x = M(x)f(y) = \dfrac{\partial^2 \varphi}{\partial y^2} = Axy \\[3mm] \sigma_y = q(x)f(y) = \dfrac{\partial^2 \varphi}{\partial x^2} = 0 \\[3mm] \tau_{xy} = Q(x)f(y) = -\dfrac{\partial^2 \varphi}{\partial x \partial y} = f(y) \end{array}\right\} \tag{7.69}$$

由式（7.69）的任何一个应力分量的形式可以反推出应力函数 $\varphi(x,y)$。如由式（7.69）的第一式积分二次得

$$\varphi = \frac{1}{6}Axy^3 + yf_1(x) + f_2(x) \tag{7.70}$$

将式（7.70）代入相容方程式（7.54）后有

$$y\frac{\mathrm{d}^4 f_1(x)}{\mathrm{d}x^4} + \frac{\mathrm{d}^4 f_2(x)}{\mathrm{d}x^4} = 0 \tag{7.71}$$

因此有

$$\frac{\mathrm{d}^4 f_1(x)}{\mathrm{d}x^4} = 0, \frac{\mathrm{d}^4 f_2(x)}{\mathrm{d}x^4} = 0$$

积分得

$$f_1(x) = Bx^3 + Cx^2 + Dx + E$$
$$f_2(x) = Fx^3 + Gx^2 + Hx + K$$

代入式（7.70）得应力函数为

$$\varphi = \frac{A}{6}xy^3 + y(Bx^3 + Cx^2 + Dx) + Fx^3 + Gx^2 \tag{7.72}$$

对应的应力分量为

$$\left.\begin{array}{l} \sigma_x = \dfrac{\partial^2 \varphi}{\partial y^2} = Axy \\[3mm] \sigma_y = \dfrac{\partial^2 \varphi}{\partial x^2} = 6(By + F)x + 2(Cy + G) \\[3mm] \tau_{xy} = -\dfrac{\partial^2 \varphi}{\partial x \partial y} = -\dfrac{A}{2}y^2 - 3Bx^2 - 2Cx - D \end{array}\right\} \tag{7.73}$$

（2）用边界条件定常数

① 上下边界 $(\sigma_y)_{y=\pm\frac{h}{2}}=0$，由式（7.73）的第二式有

$$6\left(B\frac{h}{2}+F\right)x+2\left(C\frac{h}{2}+G\right)=0$$

$$6\left(-B\frac{h}{2}+F\right)x+2\left(-C\frac{h}{2}+G\right)=0$$

于是有

$$\begin{cases} B\dfrac{h}{2}+F=0 \\ -B\dfrac{h}{2}+F=0 \end{cases} \text{和} \begin{cases} C\dfrac{h}{2}+G=0 \\ -C\dfrac{h}{2}+G=0 \end{cases}$$

因此，$B=F=C=G=0$，应力分量式（7.73）简化为

$$\sigma_x=Axy,\sigma_y=0,\tau_{xy}=-\frac{A}{2}y^2-D \tag{7.74}$$

又由 $(\tau_{xy})_{y=\pm\frac{h}{2}}=0$，由式（7.74）的第三式可得

$$D=-\frac{A}{8}h^2$$

② 在左端边界满足圣维南原理，即静力等效，则

$$\int_{-\frac{h}{2}}^{\frac{h}{2}}\tau_{xy}\mathrm{d}y=P$$

即

$$\frac{A}{2}\int_{-\frac{h}{2}}^{\frac{h}{2}}\left(\frac{1}{4}h^2-y^2\right)\mathrm{d}y=P$$

得

$$A=\frac{12P}{h^3}=\frac{P}{I}$$

（3）故应力分量为

$$\sigma_x=\frac{P}{I}xy,\sigma_y=0,\tau_{xy}=\frac{P}{2I}\left(\frac{h^2}{4}-y^2\right) \tag{7.75}$$

以上结果与按材料力学的平截面假设所得应力相同，且层与层之间无挤压。只有当梁在上边界无荷载的特殊情况下才有上面的结论。一般情况下，如当梁上边界有分布荷载作用时，弹性力学解与材料力学解不同。注意：根据 Saint-Venant 原理对于离梁端集中力 P 较远的区域式（7.75）才是正确的。

（4）位移分量

将式（7.75）代入几何方程和虎克定律有

$$\varepsilon_x=\frac{\partial u}{\partial x}=\frac{1}{E}(\sigma_x-\mu\sigma_y)=\frac{Pxy}{EI} \tag{7.76}$$

$$\varepsilon_y=\frac{\partial v}{\partial y}=\frac{1}{E}(\sigma_y-\mu\sigma_x)=-\frac{\mu Pxy}{EI} \tag{7.77}$$

$$\gamma_{xy}=\frac{\partial v}{\partial x}+\frac{\partial u}{\partial y}=\frac{2(1+\mu)}{E}\tau_{xy}=\frac{(1+\mu)P}{EI}\left(\frac{h^2}{4}-y^2\right) \tag{7.78}$$

积分式（7.76）和式（7.77）两式

$$u = \frac{Px^2 y}{2EI} + f(y), v = -\frac{\mu Pxy^2}{2EI} + g(x) \tag{7.79}$$

将式 (7.79) 代入式 (7.78) 整理得

$$\frac{Px^2}{2EI} + \frac{\mathrm{d}g}{\mathrm{d}x} = \frac{\mu Py^2}{2EI} + \frac{(1+\mu)P}{EI}\left(\frac{h^2}{4} - y^2\right) - \frac{\mathrm{d}f}{\mathrm{d}y} \tag{7.80}$$

上式左边为 x 的函数，右边为 y 的函数，要使等式成立，只可能是等号两边等于同一常数 C。于是有

$$\frac{Px^2}{2EI} + \frac{\mathrm{d}g}{\mathrm{d}x} = C \tag{7.81}$$

$$\frac{\mu Py^2}{2EI} + \frac{(1+\mu)P}{EI}\left(\frac{h^2}{4} - y^2\right) - \frac{\mathrm{d}f}{\mathrm{d}y} = C \tag{7.82}$$

由式 (7.81)、式 (7.82) 解得

$$g(x) = -\frac{Px^3}{6EI} + Cx + B \tag{7.83}$$

$$f(y) = \frac{\mu Py^3}{6EI} + \frac{(1+\mu)P}{3EI}\left(\frac{3}{4}h^2 y - y^3\right) - Cy + A \tag{7.84}$$

将式 (7.83)、式 (7.84) 代入式 (7.79) 得

$$\left.\begin{array}{l} u = \dfrac{Px^2 y}{2EI} + \dfrac{\mu Py^3}{6EI} + \dfrac{(1+\mu)P}{3EI}\left(\dfrac{3}{4}h^2 y - y^3\right) - Cy + A \\[3mm] v = -\dfrac{\mu Pxy^2}{2EI} - \dfrac{Px^3}{6EI} + Cx + B \end{array}\right\} \tag{7.85}$$

由位移边界条件确定常数 A、B、C，考虑固定端轴线位置不移动、不转动的条件

$$u(l,0) = v(l,0) = \left.\frac{\partial v}{\partial x}\right|_{\substack{x=l \\ y=0}} = 0 \tag{7.86}$$

说明：在梁的右端 $(x=l)$，对于 y 的任何值 $\left(-\dfrac{h}{2} \leqslant y \leqslant \dfrac{h}{2}\right)$，都要求 $u=0$ 和 $v=0$，在多项式解答中，这个条件是无法满足的。和材料力学一样，假定右端截面的中点不移动，该点的水平线段不转动。

将式 (7.85) 代入式 (7.86) 解得

$$A = 0, B = -\frac{Pl^3}{3EI}, C = \frac{Pl^2}{2EI}, v(0,0) = B = -\frac{Pl^3}{3EI}$$

其结果与材料力学或结构力学结论一致。

【例 7.6】　如图 7.10 所示简支梁受均布荷载 q 作用，求梁的应力分布（不计体力）。

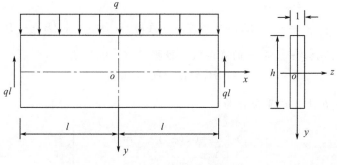

图 7.10　例 7.6 图

解：（1）采用半逆解法。设

$$\sigma_y = f(y) = \frac{\partial^2 \varphi}{\partial x^2} \tag{7.87}$$

积分二次得

$$\varphi = \frac{1}{2} x^2 f(y) + x f_1(y) + f_2(y) \tag{7.88}$$

将式（7.88）代入式（7.54），由

$$\frac{\partial^4 \varphi}{\partial x^4} + \frac{2\partial^4 \varphi}{\partial x^2 \partial y^2} + \frac{\partial^4 \varphi}{\partial y^4} = 0$$

得

$$\frac{1}{2} x^2 \frac{d^4 f(y)}{dy^4} + x \frac{d^4 f_1(y)}{dy^4} + \frac{d^4 f_2(y)}{dy^4} + \frac{2d^2 f(y)}{dy^2} = 0 \tag{7.89}$$

且

$$\frac{d^4 f(y)}{dy^4} = 0, \frac{d^4 f_1(y)}{dy^4} = 0, \frac{d^4 f_2(y)}{dy^4} + \frac{2d^2 f(y)}{dy^2} = 0 \tag{7.90}$$

积分式（7.90）前两式，则有

$$f(y) = A_1 y^3 + A_2 y^2 + A_3 y + A_4, f_1(y) = B_1 y^3 + B_2 y^2 + B_3 y \tag{7.91}$$

由式（7.90）的第三式有

$$\frac{d^4 f_2(y)}{dy^4} = -\frac{2d^2 f(y)}{dy^2} = -12 A_1 y - 4 A_2$$

得到

$$f_2(y) = -\frac{A_1}{10} y^5 - \frac{A_2}{6} y^4 + C_1 y^3 + C_2 y^2 \tag{7.92}$$

因此

$$\varphi = \frac{1}{2} x^2 (A_1 y^3 + A_2 y^2 + A_3 y + A_4) + x(B_1 y^3 + B_2 y^2 + B_3 y)$$
$$- \frac{1}{10} A_1 y^5 - \frac{1}{6} A_2 y^4 + C_1 y^3 + C_2 y^2 \tag{7.93}$$

（2）相应的应力分量为

$$\left. \begin{array}{l} \sigma_x = \dfrac{\partial^2 \varphi}{\partial y^2} = \dfrac{1}{2} x^2 (6A_1 y + 2A_2) + x(6B_1 y + 2B_2) - 2A_2 y + 6C_1 y + 2C_2 \\[2mm] \sigma_y = \dfrac{\partial^2 \varphi}{\partial x^2} = A_1 y^3 + A_2 y^2 + A_3 y + A_4 \\[2mm] \tau_{xy} = -\dfrac{\partial^2 \varphi}{\partial x \partial y} = -x(3A_1 y^2 + 2A_2 y + A_3) - (3B_1 y^2 + 2B_2 y + B_3) \end{array} \right\} \tag{7.94}$$

因为 σ_x 是 x 的偶函数，τ_{xy} 是 x 的奇函数，根据式（7.94）有

$$B_1 = B_2 = B_3 = 0$$

① 在 $y = \pm \frac{1}{2} h$ 上，边界条件为

$$\left. \begin{array}{l} (\tau_{xy})_{y=\frac{h}{2}} = 0, (\sigma_y)_{y=\frac{h}{2}} = 0 \\[2mm] (\tau_{xy})_{y=-\frac{h}{2}} = 0, (\sigma_y)_{y=-\frac{h}{2}} = -q \end{array} \right\} \tag{7.95}$$

将式（7.94）代入式（7.95）得

$$\frac{3}{4}h^2A_1-hA_2+A_3=0$$

$$\frac{3}{4}h^2A_1+hA_2+A_3=0$$

$$\frac{1}{8}h^3A_1+\frac{1}{4}h^2A_2+\frac{1}{2}hA_3+A_4=0$$

$$\frac{1}{8}h^3A_1-\frac{1}{4}h^2A_2+\frac{1}{2}hA_3-A_4=q$$

解得

$$A_1=-\frac{2q}{h^3},A_2=0,A_3=\frac{3q}{2h},A_4=-\frac{q}{2}$$

代入式（7.94）得

$$\left.\begin{aligned}\sigma_x&=-\frac{6q}{h^3}x^2y+\frac{4q}{h^3}y^3+6C_1y+2C_2\\[2mm]\sigma_y&=-\frac{2q}{h^3}y^3+\frac{3q}{2h}y-\frac{q}{2}\\[2mm]\tau_{xy}&=-\frac{6q}{h^3}\left(\frac{h^2}{4}-y^2\right)x\end{aligned}\right\}\tag{7.96}$$

② 在 $x=\pm l$ 两端边界上，根据 Saint-Venant 静力等效

$$\int_{-\frac{h}{2}}^{\frac{h}{2}}(\pm\sigma_x)_{x=\pm l}\mathrm{d}y=0,\int_{-\frac{h}{2}}^{\frac{h}{2}}(\pm\tau_{xy})_{x=\pm l}\mathrm{d}y=-ql,\int_{-\frac{h}{2}}^{\frac{h}{2}}(\pm\sigma_x)_{x=\pm l}y\mathrm{d}y=0\tag{7.97}$$

由式（7.97）的第一式

$$C_2=0$$

由式（7.97）的第三式

$$C_1=\frac{ql^2}{h^3}-\frac{q}{10h}$$

代入式（7.96）得

$$\left.\begin{aligned}\sigma_x&=\frac{6q}{h^3}(l^2-x^2)y+\frac{6q}{h^3}\left(\frac{2}{3}y^2-\frac{h^2}{10}\right)y=\frac{M(x)}{I}y+\frac{6q}{h^3}\left(\frac{2}{3}y^2-\frac{h^2}{10}\right)y\\[2mm]\sigma_y&=-\frac{q}{2}\left(1+\frac{y}{h}\right)\left(1-\frac{2y}{h}\right)^2\\[2mm]\tau_{xy}&=-\frac{6q}{h^3}\left(\frac{h^2}{4}-y^2\right)x=\frac{Q(x)S_z}{I_zb}\end{aligned}\right\}\tag{7.98}$$

由式（7.98）得出的简支梁应力分布如图 7.11 所示，σ_x 表达式中，第 1 项是主项，与材料力学解答相同，第 2 项是修正项，对于浅梁，修正项很小，对于深梁，则需注意修正项。

另外，该题也可以根据梁截面的剪力 $Q(x)=-qx$，由式（7.28）的关系 $\tau_{xy}=Q(x)f(y)$，可以假设

$$\tau_{xy}=xf_1(y)+f_2(y)=-\frac{\partial^2\varphi}{\partial x\partial y}\tag{7.99}$$

所以

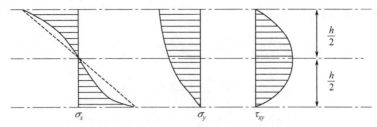

图 7.11　简支梁的应力分布

$$\frac{\partial \varphi}{\partial y} = \frac{x^2}{2} f_1(y) + x f_2(y) + f_3(y) \tag{7.100}$$

令

$$g_1'(y) = f_1(y), \quad g_2'(y) = f_2(y), \quad g_3'(y) = f_3(y)$$

则

$$\varphi = \frac{x^2}{2} g_1(y) + x g_2(y) + g_3(y) \tag{7.101}$$

这里的式（7.101）与前面的式（7.88）具有相同的形式，后面的推导过程与前述相同，同样可以导出相同的应力表达式。

7.6　楔形体受重力和液体压力

如图 7.12 所示楔形体，取厚度为 1，下端作为无限长，左面与铅直面成 β 角，在楔形体的左侧承受液体压力，液体的密度为 γ，楔形体的密度为 ρ，试求应力分布规律。

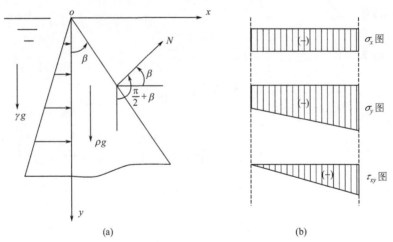

（a）　　　　　　　　　　　　　　（b）

图 7.12　楔形体受重力和液体压力

（1）根据因次分析确定应力函数的形式

取坐标如图 7.12（a）所示，在楔形体中的任意点应力分量都应与重力引起的 ρg 和液体压力引起的 γg 成正比。另外，应力分量还与 β、x、y 有关。由于应力的因次是［力］·［长度］$^{-2}$，而 ρg 和 γg 的因次是［力］·［长度］$^{-3}$，β 是无因次的量，x 和 y 的因次是［长度］。因此，如果应力分量具有多项式的解答，那么，它们的表达式只可能是 $A\rho g x$、$B\rho g y$、$C\gamma g x$、$D\gamma g y$ 四项的组合。这就是说，各应力分量的表达式只可能是 x 和 y 的纯一次式，

则应力函数应该是 x 和 y 的纯三次式，因此假设

$$\varphi = ax^3 + bx^2y + cxy^2 + dy^3 \tag{7.102}$$

（2）应力分量的表达式

$$\left.\begin{array}{l} \sigma_x = \dfrac{\partial^2 \varphi}{\partial y^2} - f_x x = 2cx + 6dy \\[2mm] \sigma_y = \dfrac{\partial^2 \varphi}{\partial x^2} - f_y y = 6ax + 2by - \rho g y \\[2mm] \tau_{xy} = -\dfrac{\partial^2 \varphi}{\partial x \partial y} = -2bx - 2cy \end{array}\right\} \tag{7.103}$$

（3）由边界条件定积分常数

① 在左面（$x = 0$）

$$(\tau_{xy})_{x=0} = 0, (\sigma_x)_{x=0} = -\gamma g y$$

将式（7.103）代入得

$$-2cy = 0, 6dy = -\gamma g y$$

即

$$c = 0, d = -\frac{1}{6}\gamma g$$

② 在左面

$x = y\tan\beta, \overline{p}_x = \overline{p}_y = 0$，应力边条为

$$\left.\begin{array}{l} \sigma_x l + \tau_{xy} m = 0 \\ \tau_{xy} l + \sigma_y m = 0 \end{array}\right\}$$

且

$$l = \cos\beta, m = -\sin\beta$$

将式（7.103）代入得

$$\left.\begin{array}{l} \cos\beta(-\gamma g y) + (-\sin\beta)(-2by\tan\beta) = 0 \\ (-\sin\beta)(6ay\tan\beta + 2by - \rho g y) + \cos\beta(-2by\tan\beta) = 0 \end{array}\right\} \tag{7.104}$$

由式（7.104）解得

$$b = \frac{\gamma g}{2}\cot^2\beta, a = \frac{\rho g}{6}\cot\beta - \frac{\gamma g}{3}\cot^3\beta$$

将这些系数代入式（7.103）得

$$\left.\begin{array}{l} \sigma_x = -\gamma g y \\ \sigma_y = (\rho g \cot\beta - 2\gamma g \cot^3\beta)x + (\gamma g \cot^2\beta - \rho g)y \\ \tau_{xy} = -\gamma g x \cot^2\beta \end{array}\right\} \tag{7.105}$$

各应力分量沿水平方向的变化如图7.12（b）所示。

实际工程中的重力坝比起以上模型要复杂得多，如坝身不可能无限长，坝顶不会为尖顶，坝高也是有限的。关于重力坝的精确计算，目前大多采用有限元来进行分析。

7.7 多跨连续深梁用和函数法的级数解答

在第5章中求解弹性力学问题时常应用位移法和应力法，无论是选择位移法还是应力法

求解均要涉及解耦联的偏微分方程组。因此，在求解具体问题时还是相当困难的，近年来我们引入应力和函数的方法，将耦联的偏微分方程解耦成非耦联的几个偏微分方程，从而降低了求解问题的难度，扩大了弹性力学解析方法用于解决工程实际问题的范围。

（1）用应力和函数法解弹性力学平面问题的控制方程

① 平衡微分方程（不计体力）

$$\frac{\partial \sigma_x}{\partial x} + \frac{\partial \tau_{xy}}{\partial y} = 0$$
$$\frac{\partial \tau_{xy}}{\partial x} + \frac{\partial \sigma_y}{\partial y} = 0$$

(7.106)

② 应力协调方程

$$\nabla^2(\sigma_x + \sigma_y) = \nabla^2 \Theta = 0$$

(7.107)

式中，$\nabla^2 = \frac{\partial}{\partial x^2} + \frac{\partial^2}{\partial y^2}$，$\Theta = \sigma_x + \sigma_y$ 称为应力和函数（应力张量的第一不变量）。

③ 补充方程，由平衡方程经简单变换得下式

$$\nabla^2 \tau_{xy} = -\frac{\partial^2}{\partial x \partial y} \Theta$$

(7.108)

解题时的具体做法是，由式（7.107）解出 Θ，代入式（7.108）得 τ_{xy}，再由式（7.106）求出 σ_x、σ_y，并在边界上满足边界条件。

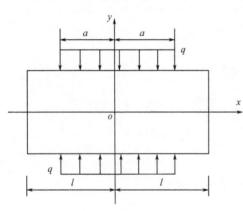

图 7.13　梁受分布荷载

（2）三角级数形式的弹性平面问题的解答

矩形截面梁，在受连续分布荷载作用的情况下，应力函数取多项式的形式解答是方便的。如果情况比较复杂，特别是荷载不连续时，则采用三角级数解答，先以图 7.13 所示的梁为例来讨论弹性平面问题的解答，为此，首先，利用傅里叶级数理论，将荷载展开成如下无穷级数形式

$$q(x) = A_0 + \sum_{n=1}^{\infty} A_n \cos\alpha x + \sum_{n=1}^{\infty} B_n \sin\alpha x$$

(7.109)

式中，$\alpha = n\pi/l (n = 1, 2, 3, \cdots)$。

其系数（Fourier 系数）为

$$\left. \begin{aligned} A_0 &= \frac{1}{2l}\int_{-l}^{l} q(x)\,\mathrm{d}x \\ A_n &= \frac{1}{l}\int_{-l}^{l} q(x)\cos\frac{n\pi x}{l}\,\mathrm{d}x \\ B_n &= \frac{1}{l}\int_{-l}^{l} q(x)\sin\frac{n\pi x}{l}\,\mathrm{d}x \end{aligned} \right\}$$

(7.110)

采用三角级数（傅里叶系数）解答弹性平面问题，实质上应用了叠加原理，即弹性体在 A_0、A_n、B_n 共同作用下的解的叠加。当图 7.13 中的上下边界有宽度为 $2a$ 的均布荷载时，傅里叶系数简化为

$$A_0 = \frac{1}{2l}\int_{-l}^{l}q(x)\mathrm{d}x = \frac{q}{2l}\int_{-a}^{a}\mathrm{d}x = \frac{qa}{l}$$

$$A_n = \frac{1}{l}\int_{-l}^{l}q(x)\cos\frac{n\pi x}{l}\mathrm{d}x = \frac{2q}{al}\sin\alpha\,a$$

$$B_n = \frac{1}{l}\int_{-l}^{l}q(x)\sin\frac{n\pi x}{l}\mathrm{d}x = \frac{q}{l}\int_{-a}^{a}\sin\alpha x\,\mathrm{d}x = 0$$

这样，对于上边界有

$$q(x) = 2q\left(\frac{a}{2l} + \sum_{n=1}^{\infty}\frac{\sin\alpha\,a}{\alpha l}\cos\alpha x\right) \tag{7.111}$$

对于下边界也有同样的表达式。

（3）用应力和函数法求解多跨连续深梁

如图 7.14 所示为多跨连续深梁在上边界受均布荷载 q 作用，由于每跨的受力情况相同，故只需研究中间某一跨的受力情况。其中支座反力为 $2ql$，支座宽度为 $2c$，假定支座反力在支座宽度上均匀分布，集度为 ql/c，并将其在 $[-l,l]$ 区间上展成周期为 $2l$ 的 Fourier 级数。

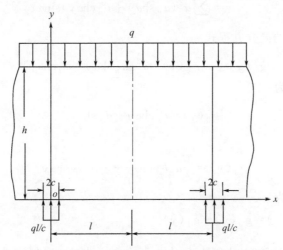

图 7.14　多跨连续深梁在上边界受均布荷载作用

$$(\sigma_y)_{y=0} = -q - \frac{2q}{c}\sum_{n=1}^{\infty}\frac{1}{\alpha}\sin\alpha c\cos\alpha x \tag{7.112}$$

式中，$\alpha = n\pi/l\,(n=1,2,3,\cdots)$，$2c$ 为支座宽度。

① 根据问题的对称性，σ_x、σ_y 应为 x 的偶函数，故和函数设为

$$\Theta = \sigma_x + \sigma_y = \sum_{n=1}^{\infty}f_n(y)\cos\alpha x \tag{7.113}$$

代入 $\nabla^2\Theta = 0$，得

$$\sum_{n=1}^{\infty}[f''_n(y) - \alpha^2 f_n(y)]\cos\alpha x = 0 \tag{7.114}$$

即

$$f''_n(y) - \alpha^2 f_n(y) = 0 \tag{7.115}$$

解式（7.115）得

$$f_n(y) = a_n \operatorname{ch}\alpha y + b_n \operatorname{sh}\alpha y \tag{7.116}$$

将式（7.116）代入式（7.113）得

$$\Theta = \sum_{n=1}^{\infty} (a_n \operatorname{ch}\alpha y + b_n \operatorname{sh}\alpha y) \cos\alpha x \tag{7.117}$$

② 切应力 τ_{xy}。将式（7.117）代入式（7.108）

$$\nabla^2 \tau_{xy} = -\frac{\partial^2}{\partial x \partial y}\Theta = \sum_{n=1}^{\infty} \alpha^2 \sin\alpha x (a_n \operatorname{sh}\alpha y + b_n \operatorname{ch}\alpha y) \tag{7.118}$$

由题意可知 τ_{xy} 为 x 的奇函数，故设为

$$\tau_{xy} = \sum_{n=1}^{\infty} g_n(y) \sin\alpha x \tag{7.119}$$

则式（7.118）成为

$$\nabla^2 \tau_{xy} = \sum_{n=1}^{\infty} \left[g''_n(y) - \alpha^2 g_n(y) \right] \sin\alpha x$$
$$= \sum_{n=1}^{\infty} \alpha^2 (a_n \operatorname{sh}\alpha y + b_n \operatorname{ch}\alpha y) \sin\alpha x \tag{7.120}$$

因此得到关于 $g_n(y)$ 的微分方程式

$$g''_n(y) - \alpha^2 g_n(y) = \alpha^2 (a_n \operatorname{sh}\alpha y + b_n \operatorname{ch}\alpha y) \tag{7.121}$$

式（7.121）的齐次解为

$$g_0(y) = c_n \operatorname{ch}\alpha y + d_n \operatorname{sh}\alpha y \tag{7.122}$$

非齐次特解为

$$g_1(y) = \frac{1}{2} a_n \alpha y \operatorname{ch}\alpha y + \frac{1}{2} b_n \alpha y \operatorname{sh}\alpha y \tag{7.123}$$

故式（7.121）的通解为

$$g_n(y) = g_0(y) + g_1(y)$$
$$= c_n \operatorname{ch}\alpha y + d_n \operatorname{sh}\alpha y + \frac{1}{2} a_n \alpha y \operatorname{ch}\alpha y + \frac{1}{2} b_n \alpha y \operatorname{sh}\alpha y \tag{7.124}$$

将式（7.124）代入式（7.119）的切应力表达式

$$\tau_{xy} = \sum_{n=1}^{\infty} \left(c_n \operatorname{ch}\alpha y + d_n \operatorname{sh}\alpha y + \frac{1}{2} a_n \alpha y \operatorname{ch}\alpha y + \frac{1}{2} b_n \alpha y \operatorname{sh}\alpha y \right) \sin\alpha x \tag{7.125}$$

③ 正应力 σ_x、σ_y。再由平衡方程（7.106）得

$$\frac{\partial \sigma_x}{\partial x} = -\frac{\partial \tau_{xy}}{\partial y} = -\sum_{n=1}^{\infty} \left(\alpha c_n \operatorname{sh}\alpha y + \alpha d_n \operatorname{ch}\alpha y + \frac{1}{2}\alpha a_n \operatorname{ch}\alpha y + \frac{1}{2}\alpha^2 a_n y \operatorname{sh}\alpha y \right.$$
$$\left. + \frac{1}{2}\alpha b_n \operatorname{sh}\alpha y + \frac{1}{2}\alpha^2 b_n y \operatorname{ch}\alpha y \right) \sin\alpha x \tag{7.126}$$

$$\frac{\partial \sigma_y}{\partial y} = -\frac{\partial \tau_{xy}}{\partial x} = -\sum_{n=1}^{\infty} \alpha \cos\alpha x \left(c_n \operatorname{ch}\alpha y + d_n \operatorname{sh}\alpha y + \frac{1}{2} a_n \alpha y \operatorname{ch}\alpha y + \frac{1}{2} b_n \alpha y \operatorname{sh}\alpha y \right) \tag{7.127}$$

积分式（7.126）、式（7.127）得

$$\begin{cases}
\sigma_x = \sum_{n=1}^{\infty} \cos\alpha x \left(c_n \operatorname{sh}\alpha y + d_n \operatorname{ch}\alpha y + \dfrac{1}{2} a_n \operatorname{ch}\alpha y + \dfrac{1}{2} a_n \alpha y \operatorname{sh}\alpha y \right. \\
\qquad \left. + \dfrac{1}{2} b_n \operatorname{sh}\alpha y + \dfrac{1}{2} b_n \alpha y \operatorname{ch}\alpha y \right) + h_1(y) \\
\sigma_y = -\sum_{n=1}^{\infty} \cos\alpha x \left(c_n \operatorname{sh}\alpha y + d_n \operatorname{ch}\alpha y - \dfrac{1}{2} a_n \operatorname{ch}\alpha y + \dfrac{1}{2} a_n \alpha y \operatorname{sh}\alpha y \right. \\
\qquad \left. - \dfrac{1}{2} b_n \operatorname{sh}\alpha y + \dfrac{1}{2} b_n \alpha y \operatorname{ch}\alpha y \right) + h_2(x) \\
\tau_{xy} = \sum_{n=1}^{\infty} \sin\alpha x \left(c_n \operatorname{ch}\alpha y + d_n \operatorname{sh}\alpha y + \dfrac{1}{2} a_n \alpha y \operatorname{ch}\alpha y + \dfrac{1}{2} b_n \alpha y \operatorname{sh}\alpha y \right)
\end{cases} \tag{7.128}$$

（4）根据边界条件和平衡条件确定积分常数

① 当 $x=0$ 和 $x=l$ 时，$\tau_{xy}=0$。

② $\displaystyle\int_0^l \sigma_y \mathrm{d}x = -ql$（平衡条件）。

③ $(\tau_{xy})_{y=0}$，$(\sigma_y)_{y=0} = -q - \dfrac{2q}{c}\displaystyle\sum_{n=1}^{\infty} \dfrac{1}{\alpha}\sin\alpha c \cos\alpha x$。

④ $(\tau_{xy})_{y=h}=0$，$(\sigma_y)_{y=h}=-q$。

⑤ $\displaystyle\int_0^h \sigma_x \mathrm{d}y = 0$（平衡条件）。

由以上边界条件和平衡条件定出积分常数和未知函数如下

$$c_n = 0,\ h_1(y)=0,\ h_2(x)=-q$$

$$a_n = \frac{-4q\sin\alpha c \operatorname{sh}^2\alpha h}{\alpha c(\operatorname{sh}^2\alpha h - \alpha^2 h^2)},\ b_n = \frac{4q\sin\alpha c(\alpha h + \operatorname{sh}\alpha h \operatorname{ch}\alpha h)}{\alpha c(\operatorname{sh}^2\alpha h - \alpha^2 h^2)}$$

$$d_n = \frac{1}{2} a_n + 2q\frac{\sin\alpha c}{\alpha c}$$

随着级数项数 n 的增加，$d_n \approx 0$，$a_n \approx b_n = -\dfrac{4q\sin\alpha c}{\alpha c}$，且注意到关系式 $\operatorname{ch}\alpha y - \operatorname{sh}\alpha y = \mathrm{e}^{-\alpha y}$，则式（7.128）成为

$$\begin{cases}
\sigma_x = -2q\displaystyle\sum_{n=1}^{\infty} \frac{\sin\alpha c}{\alpha c}\cos\alpha x (1-\alpha y)\mathrm{e}^{-\alpha y} \\
\sigma_y = -2q\displaystyle\sum_{n=1}^{\infty} \frac{\sin\alpha c}{\alpha c}\cos\alpha x (1+\alpha y)\mathrm{e}^{-\alpha y} - q \\
\tau_{xy} = -2q\displaystyle\sum_{n=1}^{\infty} \frac{\sin\alpha c}{\alpha c}\sin\alpha x (\alpha y)\mathrm{e}^{-\alpha y}
\end{cases} \tag{7.129}$$

当支座宽度 c 趋于零时，即，支座受集中荷载的情况下，又因为，$\displaystyle\lim_{\alpha c \to 0}\frac{\sin\alpha c}{\alpha c}=1$，则上式简化为

$$\begin{cases}
\sigma_x = -2q\displaystyle\sum_{n=1}^{\infty} \cos\alpha x (1-\alpha y)\mathrm{e}^{-\alpha y} \\
\sigma_y = -2q\displaystyle\sum_{n=1}^{\infty} \cos\alpha x (1+\alpha y)\mathrm{e}^{-\alpha y} - q \\
\tau_{xy} = -2q\displaystyle\sum_{n=1}^{\infty} \sin\alpha x (\alpha y)\mathrm{e}^{-\alpha y}
\end{cases} \tag{7.130}$$

上式即为文献［6］的解答，可见，本书的解答在极端情况下（支座受集中力）可以退化为文献［6］的解答。而将支座反力看成是分布在支座宽度上的均布荷载更符合实际。对图 7.14 所示多跨连续深梁进行计算，取 $h=2l=20c$，$q=1{\rm kN/m}$，$h=10$ m，$l=5$m，$c=0.5$m。将式（7.121）解答绘制成图 7.15 所示。

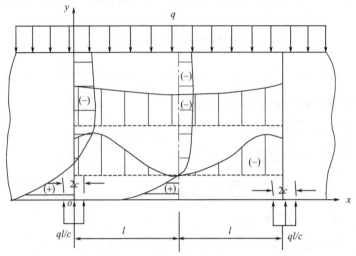

图 7.15　多跨连续深梁纵、横截面上应力变化规律

（5）结论

采用和函数法对多跨连续深梁进行了分析，给出了其级数解的表达式，其解答与文献［6］的结果完全一致。该方法不仅将求解弹性力学问题的偏微分方程组解耦，而且还不涉及 Airy 应力函数。为将传统的解析方法用于求解工程实际问题起到了示范的作用，扩大了弹性力学的工程应用范围。

7.8　利用计算机辅助求解弹性力学问题的一种新方法

7.8.1　概述

求解弹性力学问题最常用的是逆解法或半逆解法，将应力函数设为多项式从而得到多项式的解是一种最简单而且常用的方法，现行大多数教材中都是先根据边界上的荷载假设出应力分量的某种形式，根据应力分量和应力函数的关系以及双调和方程导出应力函数。然后由边界条件确定待定常数。然而这种根据物体的外形和边界上的荷载情况选择应力函数，一般都需要经过多次尝试、不断修改，才能得到满意的结果。根据边界条件确定其中的待定常数对于较复杂的问题更是烦琐复杂，且容易出错。

在此我们进行这样的推想，要是所求问题具有多项式的解，那么可以不经过分析应力来推导求应力函数，而是直接设一个多项式作为应力函数（要求多项式具有足够多的项数），然后通过边界条件和变形协调条件建立关于待定系数的方程组，借助 Matlab 编程来求解未知系数。若该问题没有多项式的解，则通过解边界条件和变形协调条件得到的方程组就会得到无解的结果。这个问题可以从弹性力学解的唯一性来说明，假如该问题有多项式的解，则一定有一个多项式的应力函数，在通常情况下我们根据双调和方程和边界条件建立的方程数是要比待定的未知数多，其中有相当一部分是线性相关的，而不会出现随着多项式次数的增加而出现方程的个数少于未知数的情况。因此，如果该问题存在多项式的解就一定会由 Matlab 解出未知系数，而且随着多项式次数的增加，结果不会改变；如果该问题不存在多项式的解，则无论多项式次数取多大，都解不出未知系数来。

该方法属按直接法求解弹性力学问题，成功地求解了具有多项式解的弹性力学平面问题，该方法超越了传统的逆解法或半逆解法求解弹性力学问题的思路。充分利用了计算机手段来辅助求解弹性力学问题，是现代计算机技术与经典的弹性力学解法相结合的成功范例。为培养学生的创新能力和计算机应用能力起到了良好示范的作用，同时也为弹性力学解析法注入了新的活力。

7.8.2　用多项式并借助计算机求解弹性力学平面问题

设应力函数为

$$\varphi(x,y) = \sum_{i=0}^{n}\sum_{j=0}^{n-i} A_{ij} x^i y^j \tag{7.131}$$

且忽略常数项和一次项，即 $i=0$ 时 $j\neq0,1$ 和 $j=0$ 时 $i\neq0,1$。此时应力函数为 n 次，只要 n 足够大，如果该问题又有多项式的解，则通过计算机编程，可以从边界条件和变形协调条件建立的关于待定系数的方程组中求出所有的待定系数 A_{ij}。现举例如下。

【例7.7】　应用多项式并借助计算机求解如图7.3所示悬臂梁受均布荷载 q 作用，试求应力分量。

解：（1）选取应力函数

在式（7.131）中取 $n=5$，即

$$\varphi(x,y) = \sum_{i=0}^{5}\sum_{j=0}^{5-i} A_{ij} x^i y^j$$

且，$i=0$ 时 $j\neq0,1$ 和 $j=0$ 时 $i\neq0,1$。即忽略常数项与一次项。

代入应力函数与应力分量的关系式有

$$\sigma_x = \frac{\partial^2\varphi}{\partial y^2} = 2A_{02} + 6A_{03}y + 12A_{04}y^2 + 20A_{05}y^3 + 2A_{12}x + 6A_{13}xy + 12A_{14}xy^2$$
$$+ 2A_{22}x^2 + 6A_{21}x^2y + 2A_{32}x^3$$

$$\sigma_y = \frac{\partial^2\varphi}{\partial x^2} = 2A_{20} + 2A_{21}y + 2A_{22}y^2 + 2A_{23}y^3 + 6A_{30}x + 6A_{31}xy + 6A_{32}xy^2$$
$$+ 12A_{40}x^2 + 12A_{41}x^2y + 20A_{50}x^3$$

$$\tau_{xy} = -\frac{\partial^2\varphi}{\partial x\partial y} = -A_{11} - 2A_{12}y - 3A_{13}y^2 - 4A_{14}y^3 - 2A_{21}x - 4A_{22}xy - 6A_{23}xy^2$$
$$- 3A_{31}x^2 - 6A_{32}x^2y - 4A_{41}x^3$$

（2）根据双调和方程和边界条件定未知常数

① 双调和方程

$$\nabla^4\varphi(x,y) = 0$$

② 边界条件

上端面：
$$\sigma_y\big|_{y=-\frac{h}{2}} = -q, \quad \tau_{xy}\big|_{y=-\frac{h}{2}} = 0$$

下端面：$\sigma_y\big|_{y=\frac{h}{2}}=0,\tau_{xy}\big|_{y=\frac{h}{2}}=0$

左端面：$\int_{-\frac{h}{2}}^{\frac{h}{2}}\sigma_x\big|_{x=0}\mathrm{d}y=0,\int_{-\frac{h}{2}}^{\frac{h}{2}}\tau_{xy}\big|_{x=0}\mathrm{d}y=0,\int_{-\frac{h}{2}}^{\frac{h}{2}}\sigma_x\big|_{x=0}y\mathrm{d}y=0$

③ 将应力函数和应力分量分别代入双调和方程和边界条件，并利用恒等式的性质得方程组如下

$$24A_{40}+24A_{04}+8A_{22}=0 \tag{7.132}$$

$$24A_{41}+24A_{23}+120A_{05}=0 \tag{7.133}$$

$$24A_{32}+24A_{14}+120A_{50}=0 \tag{7.134}$$

$$\cdots$$

$$-A_{11}h-\frac{1}{4}A_{13}h^3=0 \tag{7.135}$$

$$\frac{1}{4}A_{05}h^5+\frac{1}{2}A_{03}h=0 \tag{7.136}$$

当应力函数是 5 次时，未知系数是 18 个，方程数为 22 个，此时，用 Matlab 编程联解方程组 [式 (7.132)～式 (7.136)]，其解如下

$$A_{03}=-\frac{1}{10}\times\frac{q}{h},A_{05}=\frac{1}{5}\times\frac{q}{h^3},A_{20}=-\frac{1}{4}q,A_{21}=\frac{3}{4}\times\frac{q}{h},A_{23}=-\frac{q}{h^3}$$

其余系数为零。

代入应力函数的表达式，并求应力分量有

$$\begin{cases} \sigma_x=-\frac{q}{h^3}\left(-\frac{3}{5}h^2+4y^2-6x^2\right)y \\[2mm] \sigma_y=-\frac{q}{2}\left(1-\frac{3}{h}y+\frac{4}{h^3}y^3\right) \\[2mm] \tau_{xy}=-\frac{3q}{2h}\left(1-\frac{4}{h^2}y^2\right)x \end{cases} \tag{7.137}$$

可以验证，当 n 取 $n\geqslant5$ 的整数时得同样的应力函数和应力分量。与例 7.1 的结果相同，说明该方法的正确性和可行性。

【例 7.8】 如图 7.16 所示悬臂梁，上方所受荷载为 $q(x)=q\left(\dfrac{x}{l}\right)^5$（$q$ 为常数），端部作用有轴力 N、剪力 Q、弯矩 M，并在重力作用下，材料的密度为 ρ。试求其应力分量。

解：（1）选取应力函数

$$\varphi(x,y)=\sum_{i=0}^{n}\sum_{j=0}^{n-i}A_{ij}x^iy^j$$

且，$i=0$ 时 $j\neq0,1$ 和 $j=0$ 时 $i\neq0,1$。并求出应力分量 σ_x、σ_y、τ_{xy}，其表达式在此省略。

（2）根据双调和方程和边界条件定未知常数

① 双调和方程

$$\nabla^4\varphi(x,y)=0$$

② 边界条件

上边界：$(\sigma_y)_{y=-\frac{h}{2}}=-q\left(\dfrac{x}{l}\right)^5,(\tau_{xy})_{y=-\frac{h}{2}}=0$

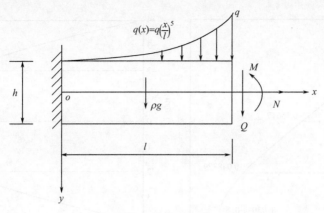

图 7.16 例 7.8 图

下边界： $(\sigma_y)_{y=\frac{h}{2}}=0,(\tau_{xy})_{y=\frac{h}{2}}=0$

右边界： $\int_{-\frac{h}{2}}^{\frac{h}{2}}(\sigma_x)_{x=l}\,\mathrm{d}y=N,\int_{-\frac{h}{2}}^{\frac{h}{2}}(\tau_{xy})_{x=l}\,\mathrm{d}y=Q,\int_{-\frac{h}{2}}^{\frac{h}{2}}(\sigma_x)_{x=l}y\,\mathrm{d}y=M$

③ 由恒等式的性质列方程并解方程

当应力函数次数 $n=8,9$ 时，无解；当应力函数次数 $n=10$ 时得 67 个方程和 63 个未知数，有解；当 $n=12$ 时得 92 个方程和 88 个未知数，也有解，其解与 $n=10$ 的相同。如下

$$\sigma_x=-\frac{2}{7}\times\frac{q}{l^5h^3}x^7y+\left(\frac{4q}{l^5h^3}y^3-\frac{3}{5}\times\frac{q}{l^5h}y\right)x^5+\left(-\frac{q}{l^5h}y^3+\frac{87}{280}\times\frac{hq}{l^5}y-\frac{6q}{l^5h^3}y^5\right.$$

$$-\frac{5}{12}\times\frac{qh^2}{l^5}+\frac{5q}{l^5}y^2\left)x^3-\frac{6\rho g}{h^2}x^2y+\left(\frac{12\rho gl}{h^2}y+\frac{5}{2}\times\frac{qh^2}{l^5}y^2+\frac{389}{4200}\times\frac{qh^3}{l^5}y\right.\right.$$

$$+\frac{12Q}{h^3}y+\frac{6}{5}\times\frac{q}{l^5h}y^5-\frac{61}{70}\times\frac{qh}{l^5}y^3+\frac{2ql}{h^3}y+\frac{8}{7}\times\frac{q}{l^5h^3}y^7-\frac{7}{48}\times\frac{qh^4}{l^5}-\frac{5q}{l^5}y^4\Big)x$$

$$-\frac{3}{5}\rho gy-\frac{6\rho gl^2}{h^2}y+\frac{12M}{h^3}y-\frac{12Ql}{h^3}y+\frac{N}{h}+\frac{4\rho g}{h^2}y^3-\frac{12}{7}\times\frac{ql^2}{h^3}y \tag{7.138}$$

在此省略应力分量 σ_y、τ_{xy} 的表达式，现给出： $l=80\mathrm{mm}$, $h=8\mathrm{mm}$, $t=1\mathrm{mm}$, $\rho g=25\times10^{-6}\mathrm{N/mm^3}$, $q=10\mathrm{N\cdot mm}$, $N=50\mathrm{N}$, $Q=50\mathrm{N}$, $M=100\mathrm{N\cdot mm}$ 时，根据式 (7.138) 用 Matlab 绘出 σ_x、σ_y、τ_{xy} 在 $x=40\mathrm{mm}$ 时的分布规律，如图 7.17～图 7.19 所示。

经验证与材料力学解答非常接近。我们将以上解题过程用 Matlab 语言编制成程序，计算习题时只需要输入几何尺寸、荷载和边界条件，就能得出包括应力函数、应力分量表达式和指定截面应力分布图。

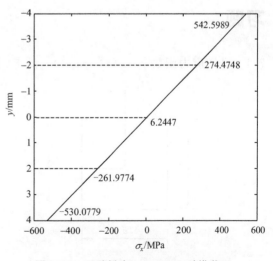

图 7.17 悬臂梁在 $x=40\mathrm{mm}$ 时横截面 σ_x 的分布规律

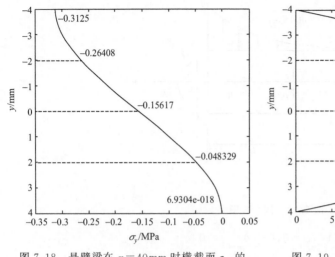

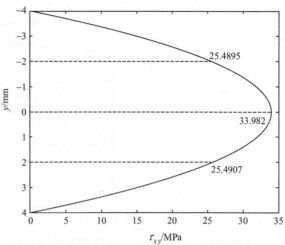

图 7.18　悬臂梁在 $x=40\,\mathrm{mm}$ 时横截面 σ_y 的
分布规律

图 7.19　悬臂梁在 $x=40\,\mathrm{mm}$ 时横截面 τ_{xy} 的
分布规律

7.8.3　结论

　　本节所介绍的利用 Matlab 编程辅助求解弹性力学问题，是一种直接解法。用该方法求解弹性力学问题，从应力函数的选取，到待定系数的确定，都具有极强的规律性，它是传统的解析法与现代计算机技术的完美结合。另外，还发现用多项式解弹性力学问题是有限的，它适用于边界形状较简单且有主次之分的细长构件，在主要边界上的荷载还必须是连续分布的。但我们可以求解一些以前用逆解法、半逆解法难以求解的比较复杂的荷载情况。通过研究发现，一些问题根本就不存在多项式的解。例如，实际的重力坝（坝顶不是尖顶，坝高也为有限值），用本节的方法，无论 n 取多大都得不到相应解答，通过本节的讨论，对用多项式求解弹性力学问题有了更加深入的认识，在弹性力学教学中对学生进行创新思维的培养起到非常好的作用。

习题

7.1　已知应力函数 $\varphi=a(x^3+xy^2)$，试求图 7.1 中所示几种薄板上的面力，不计体力。

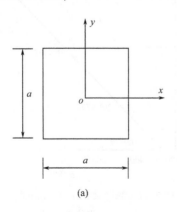

(a)

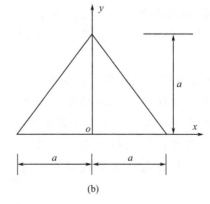

(b)

题 7.1 图

7.2 矩形截面立柱如图所示，在一侧面上受均匀剪力 q 作用，不计体力，试求应力分布。

[提示：可假设 $\sigma_x = 0$，或假设 $\tau_{xy} = f(x)$，或按材料力学的偏心受压公式假设出 σ_y 函数的形式。上端边界如不能精确满足，可应用圣维南原理]

$$\left[\text{答案：} \sigma_x = 0, \sigma_y = \frac{2q}{h}y\left(1 - \frac{3x}{h}\right), \tau_{xy} = \frac{qx}{h}\left(\frac{3x}{h} - 2\right)\right]$$

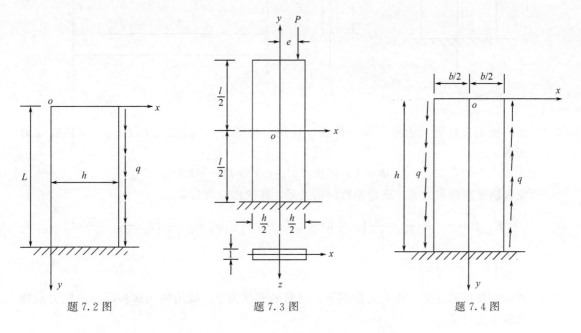

题 7.2 图　　　　　　题 7.3 图　　　　　　题 7.4 图

7.3 对于图示的偏心压缩杆件，已知压力 P 和偏心距 e。试求应力分布。

（提示：可假设 $\sigma_x = 0$）

$$\left[\text{答案：} \sigma_x = 0, \sigma_y = -\frac{12Pe}{h^3}x - \frac{P}{h}, \tau_{xy} = 0\right]$$

7.4 如图所示，高度为 h，宽度为 b，厚度为 1 的墙，满足 $h \gg b$ 的条件，在两侧面上受均布剪力 q 的作用。若不计自重，试用应力函数

$$\Phi = C_1 xy + C_2 x^3 y$$

求解应力分量。

$$\left[\text{答案：} \sigma_x = 0, \sigma_y = \frac{12q}{b^2}xy, \tau_{xy} = \frac{q}{2}\left(1 - \frac{12}{b^2}x^2\right)\right]$$

7.5 图示挡土墙的密度为 ρ，厚度为 h，水的密度为 γ，试求应力分量。

[提示：可假设 $\sigma_y = xf(y)$。上端边界如不能精确满足，可应用圣维南原理]

$$\left[\text{答案：} \sigma_x = \frac{2\gamma g}{h^3}x^3 y + \frac{3\gamma g}{5h}xy - \frac{4\gamma g}{h^3}xy^3 - \rho g x, \sigma_y = \gamma g x\left(\frac{2y^3}{h^3} - \frac{3y}{2h} - \frac{1}{2}\right), \tau_{xy} = \right.$$

$$\left. -\gamma g x^2\left(\frac{3y^2}{h^3} - \frac{3}{4h}\right) - \gamma g y\left(-\frac{y^3}{h^3} + \frac{3y}{10h} - \frac{h}{80y}\right)\right]$$

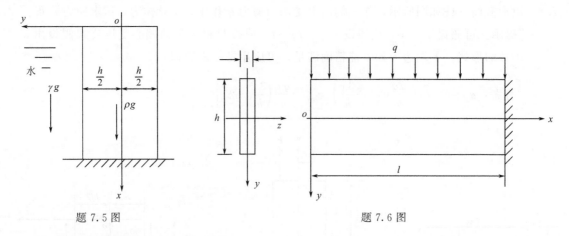

题 7.5 图　　　　　　　　　　　　　　题 7.6 图

7.6　如图所示悬臂梁上边界受均布荷载 q 作用，长度为 l，高度为 h，$l \gg h$，试检验应力函数

$$\Phi = Ay^5 + Bx^2 y^3 + Cy^3 + Dx^2 + Ex^2 y$$

能否满足双调和方程，确定系数间的关系，并求出应力分量。

$$\left[答案：B = -5A，\sigma_x = \frac{q}{h^3}\left(-\frac{3}{5}h^2 + 4y^2 - 6x^2\right)y，\sigma_y = -\frac{q}{2}\left(1 - \frac{3}{h}y + \frac{4}{h^3}y^3\right)，\tau_{xy} = -\frac{3q}{2h}\left(1 - \frac{4}{h^2}y^2\right)x \right]$$

7.7　图示三角形悬臂梁，在重力作用下，材料的密度为 γ，试用纯三次多项式的应力函数求解应力分量。

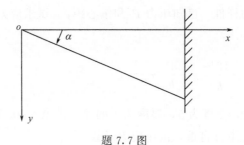

题 7.7 图

（答案：$\sigma_x = \gamma g x \cot\alpha - 2\gamma g y \cot^2\alpha，\sigma_y = -\gamma g y，\tau_{xy} = -\gamma g y \cot\alpha$）

7.8　如图所示厚度为 1 的悬臂梁，在自由端受到集中力和力矩作用，不计体力，试用应力函数

$$\Phi = C_1 xy + C_2 y^2 + C_3 y^3 + C_4 xy^3$$

求解应力分量。

$$\left[答案：\begin{cases} \sigma_x = \dfrac{N}{h} + \dfrac{12M}{h^3}y + \dfrac{12Vx}{h^3}y = \dfrac{N}{A} + \dfrac{M}{I_z}y + \dfrac{M(x)}{I_z}y \\[2mm] \sigma_y = 0 \\[2mm] \tau_{xy} = \dfrac{3V}{2h^3}(h^2 - 4y^2) = \dfrac{V}{8I_z}(h^2 - 4y^2) = \dfrac{QS_z}{I_z b} \end{cases} \right]$$

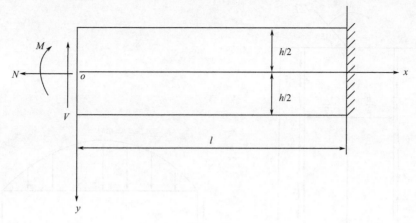

题 7.8 图

7.9　如图所示厚度为1的悬臂梁结构，在自由端作用集中力 P，不计体力，弹性模量为 E，泊松比为 μ，应力函数可取 $\varphi = Axy^3 + Bxy + Cy^2 + Dy^3$，试求应力分量。

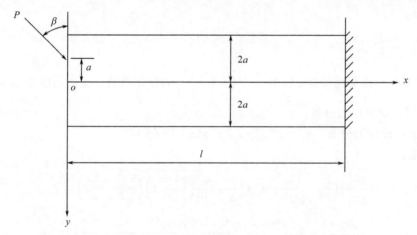

题 7.9 图

$$\left[\text{答案：} \sigma_x = -\frac{3P}{16a^3}xy\cos\beta - \frac{P}{4a}\sin\beta\left(1-\frac{3}{4a}y\right), \sigma_y = 0, \tau_{xy} = \frac{3P}{8a}\cos\beta\left(\frac{1}{4a^2}y^2 - 1\right)\right]$$

7.10　如图所示矩形截面柱体受到顶部集中力 $\sqrt{2}F$ 和力矩 M 的作用，不计体力，$h \gg b$，$\delta = 1$，试用应力函数

$$\Phi = Ay^2 + Bxy + Cxy^3 + Dy^3$$

求解应力分量。

$$\left[\text{答案：} \begin{cases} \sigma_x = -\dfrac{F}{b} + \dfrac{12}{b^2}\left(q-\dfrac{F}{b}\right)xy - \dfrac{12M}{b^3}y \\ \sigma_y = 0 \\ \tau_{xy} = \dfrac{1}{2}\left(q-\dfrac{3F}{b}\right) - \dfrac{6}{b^2}\left(q-\dfrac{F}{b}\right)y^2 \end{cases}\right]$$

113

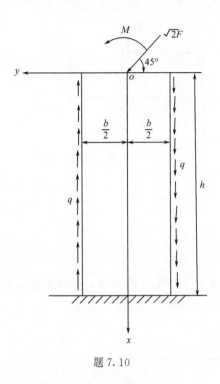

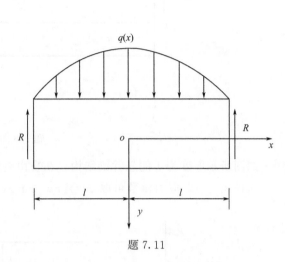

题 7.10   题 7.11

7.11   如图所示矩形截面梁受 $q(x)=q_0\left[1-\left(\dfrac{x}{l}\right)^4\right]$ 的分布荷载，梁的高度为 $2a$，宽度 b 取单位 1，试求应力分量。

[提示：设应力分量，$\sigma_y = x^4 f(y) + x^2 s(y) + c(y)$]

[答案：

$$\sigma_x = \frac{q_0 l^2}{20 a^2}\left(\frac{x^6}{l^6} - \frac{15 x^2}{l^2} + 14\right)\frac{y}{a} - \frac{q_0}{10}\left(\frac{x^4}{l^4} - 1\right)\left(\frac{5 y^2}{a^3} - \frac{3y}{a}\right)$$

$$+ \frac{3 q_0 a^2}{700 l^2} \times \frac{x^2}{l^2}\left(\frac{105 y^5}{a^5} + \frac{70 y^3}{a^3} - \frac{700 y^2}{a^2} - \frac{87 y}{a} + \frac{700}{3}\right)$$

$$- \frac{3 q_0 a^4}{525 l^4}\left(5 + \frac{y^6}{a^6} + \frac{21 y^4}{a^4} - \frac{61 y^2}{a^2} + \frac{389}{15}\right)\frac{y}{a} + \frac{q_0 a^4}{15 l^4}\left(\frac{15 y^4}{a^4} - \frac{30 y^2}{a^2} + 7\right)$$

$$\sigma_y = \frac{q_0}{4}\left(\frac{x^4}{l^4} - 1\right)\left(\frac{y}{a} - 1\right)^2\left(\frac{y}{a} + 2\right) - \frac{3 q_0 a^2}{10 l^2} \times \frac{x^2}{l^2}\left(\frac{y^2}{a^2} - 1\right)^2\frac{y}{a}$$

$$+ \frac{q_0 a^3}{700 l^2}\left(\frac{y^2}{a^2} - 1\right)^2\left(\frac{15 y^3}{a^3} + \frac{51 y}{a} - 350\right)$$

$$\tau_{xy} = -\frac{3 q_0 l}{20 a}\left(\frac{x^5}{l^5} - \frac{5x}{l}\right)\left(\frac{y^2}{a^2} - 1\right) + \frac{q_0 a}{10 l} \times \frac{x^3}{l^3}\left(\frac{y^2}{a^2} - 1\right)\left(\frac{5 y^2}{a^2} - 1\right)$$

$$- \frac{q_0 a^3}{700 l^2} \times \frac{x}{l}\left(\frac{y^2}{a^2} - 1\right)\left(\frac{105 y^4}{a^4} + \frac{210 y^2}{a^2} - \frac{1400 y}{a} - 51\right)$$

第8章 极坐标解平面问题

8.1 用极坐标表示的基本方程

在求解平面问题时，对于圆形、楔形、扇形等形状的物体，用极坐标求解比用直角坐标方便得多。在极坐标中，平面内任意一点的位置，用径向坐标 r 及环向坐标 θ 来表示，如图 8.1 所示。

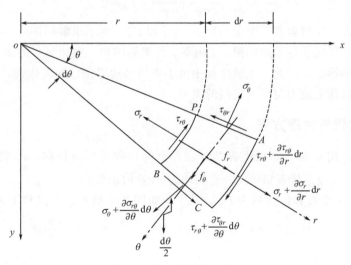

图 8.1 极坐标的应力分量

8.1.1 平衡微分方程

单元体 $PACB$ 所受的应力（图 8.1）沿 r 方向的正应力称为径向正应力，用 σ_r 代表；沿 θ 方向的正应力称为环向正应力或切向正应力，用 σ_θ 代表；切应力用 $\tau_{r\theta}$ 及 $\tau_{\theta r}(\tau_{r\theta}=\tau_{\theta r})$ 表示。各应力分量的正负号的规定和直角坐标一样，只是 r 方向代替了 x 方向，θ 方向代替了 y 方向，即正面上的应力以沿正坐标方向为正，负面上的应力以沿负坐标方向为正，反之为负。图中所示的应力分量都是正的。

取微分单元体的厚度为 1，径向及环向的体力分量用 f_r 及 f_θ 表示，以沿正坐标方向为正，反之为负。单元体 $PACB$ 的应力如图 8.1 所示，在这些力作用下处于平衡，根据平衡条件，将作用在各微面上的力沿 r 和 θ 方向投影。

由 $\sum F_r = 0$ 得

$$\left(\sigma_r + \frac{\partial \sigma_r}{\partial r}\right)(r + \mathrm{d}r)\mathrm{d}\theta - \sigma_r r \mathrm{d}\theta - \left(\sigma_\theta + \frac{\partial \sigma_\theta}{\partial \theta}\right)\mathrm{d}r \sin \frac{\mathrm{d}\theta}{2} - \sigma_\theta \mathrm{d}r \sin \frac{\mathrm{d}\theta}{2}$$

$$+ \left(\tau_{r\theta} + \frac{\partial \tau_{\theta r}}{\partial \theta}\right)\mathrm{d}r \cos \frac{\mathrm{d}\theta}{2} - \tau_{\theta r} \mathrm{d}r \cos \frac{\mathrm{d}\theta}{2} + f_r r \mathrm{d}\theta = 0$$

由 $\sum F_\theta = 0$ 得

$$\left(\sigma_\theta + \frac{\partial \sigma_\theta}{\partial \theta}\right)\mathrm{d}r \cos \frac{\mathrm{d}\theta}{2} - \sigma_\theta \mathrm{d}r \cos \frac{\mathrm{d}\theta}{2} + \left(\tau_{r\theta} + \frac{\partial \tau_{r\theta}}{\partial r}\mathrm{d}r\right)(\mathrm{d}r + r)\mathrm{d}\theta - \tau_{r\theta} r \mathrm{d}\theta$$

$$+ \left(\tau_{r\theta} + \frac{\partial \tau_{\theta r}}{\partial \theta}\mathrm{d}\theta\right)\mathrm{d}r \sin \frac{\mathrm{d}\theta}{2} + \tau_{\theta r} \mathrm{d}r \sin \frac{\mathrm{d}\theta}{2} + f_\theta r \mathrm{d}\theta \mathrm{d}r = 0$$

因 $\mathrm{d}\theta$ 是微量，所以取 $\sin \frac{\mathrm{d}\theta}{2} = \frac{\mathrm{d}\theta}{2}$，$\cos \frac{\mathrm{d}\theta}{2} = 1$，代入以上两式，且 $\tau_{r\theta}$ 代替 $\tau_{\theta r}$，简化以后，除以 $r\mathrm{d}\theta \mathrm{d}r$，再略去高阶微量后，得极坐标表示的平衡微分方程为

$$\left. \begin{array}{l} \dfrac{\partial \sigma_r}{\partial r} + \dfrac{1}{r} \times \dfrac{\partial \tau_{r\theta}}{\partial \theta} + \dfrac{\sigma_r - \sigma_\theta}{r} + f_r = 0 \\[3mm] \dfrac{1}{r} \times \dfrac{\partial \sigma_\theta}{\partial \theta} + \dfrac{\partial \tau_{r\theta}}{\partial r} + \dfrac{2\tau_{\theta r}}{r} + f_\theta = 0 \end{array} \right\} \tag{8.1}$$

这两个微分方程中包含着三个未知数 σ_r、σ_θ 和 $\tau_{r\theta}$。为了求解问题，还必须考虑形变和位移。另外，由于用极坐标求解的圆形、扇形、曲梁等结构，在边界处的单元体与内部的单元体有相同的扇形形状，因此，在极坐标中可不再另列边界条件的表达式，只需考察边界处的单元体，就可以建立应力与面力之间的关系。

8.1.2　几何方程与物理方程

在极坐标中，用 u 和 v 分别代表 $P(r, \theta)$ 点的径向及环向位移，ε_r 代表径向正应变，ε_θ 代表环向正应变，$\gamma_{r\theta}$ 代表切应变。它们均为 r、θ 的函数。

单元体 $PACB$ 变形和位移后为 $P'A'C'B'$，如图 8.2 所示。A 点移至 A' 点，其位移为 $u + \frac{\partial u}{\partial r}\mathrm{d}r$ 和 $v + \frac{\partial v}{\partial r}\mathrm{d}r$；$B$ 点移至 B' 点，其位移为 $u + \frac{\partial u}{\partial \theta}\mathrm{d}\theta$ 和 $v + \frac{\partial v}{\partial \theta}\mathrm{d}\theta$。

线段 PA 的正应变为

$$\varepsilon_r = \frac{\left(u + \frac{\partial u}{\partial r}\mathrm{d}r\right) - u}{\mathrm{d}r} = \frac{\partial u}{\partial r}$$

而圆弧 PB 的正应变 ε_θ 与 u 和 v 有关，可看作由两部分组成。

由位移 v 引起的 ε_θ' 为

$$\varepsilon_\theta' = \frac{\left(v + \frac{\partial v}{\partial \theta}\mathrm{d}\theta\right) - v}{r\mathrm{d}\theta} = \frac{1}{r} \times \frac{\partial v}{\partial \theta}$$

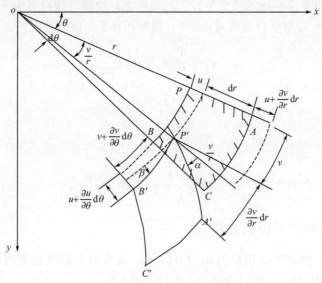

图 8.2 极坐标系下的变形与位移

由位移 u 引起的 ε_θ'' 为

$$\varepsilon_\theta'' = \frac{(r+u)\,\mathrm{d}\theta - r\,\mathrm{d}\theta}{r\,\mathrm{d}\theta} = \frac{u}{r}$$

故二者叠加的 ε_θ 为

$$\varepsilon_\theta = \varepsilon_\theta' + \varepsilon_\theta'' = \frac{1}{r} \times \frac{\partial v}{\partial \theta} + \frac{u}{r}$$

由图 8.2 所示可知切应变

$$\gamma_{r\theta} = \alpha + \beta$$

$$\alpha = \frac{\dfrac{\partial v}{\partial r}\mathrm{d}r}{\mathrm{d}r} - \frac{v}{r} = \frac{\partial v}{\partial r} - \frac{v}{r}$$

$$\beta = \frac{\dfrac{\partial u}{\partial \theta}\mathrm{d}\theta}{r\,\mathrm{d}\theta} = \frac{1}{r} \times \frac{\partial u}{\partial \theta}$$

故

$$\gamma_{r\theta} = \frac{1}{r} \times \frac{\partial u}{\partial \theta} + \frac{\partial v}{\partial r} - \frac{v}{r}$$

汇总后，即为

$$\left.\begin{aligned}
\varepsilon_r &= \frac{\partial u}{\partial r} \\[2mm]
\varepsilon_\theta &= \frac{1}{r} \times \frac{\partial v}{\partial \theta} + \frac{u}{r} \\[2mm]
\gamma_{r\theta} &= \frac{1}{r} \times \frac{\partial u}{\partial \theta} + \frac{\partial v}{\partial r} - \frac{v}{r}
\end{aligned}\right\} \tag{8.2}$$

式（8.2）就是极坐标中的几何方程。

由于极坐标和直角坐标同为正交坐标，所以极坐标物理方程与直角坐标物理方程具有相同的形式，只是下标 x 和 y 分别改为 r 和 θ。据此，在平面应力情况下，物理方程是

$$
\left.
\begin{aligned}
\varepsilon_r &= \frac{1}{E}(\sigma_r - \nu\sigma_\theta) \\
\varepsilon_\theta &= \frac{1}{E}(\sigma_\theta - \nu\sigma_r) \\
\gamma_{r\theta} &= \frac{2(1+\nu)}{E}\tau_{r\theta}
\end{aligned}
\right\}
\tag{8.3}
$$

在平面应变情况下，须将上式中的 E 换为 $\dfrac{E}{1-\nu^2}$，ν 换为 $\dfrac{\nu}{1-\nu}$。

8.1.3　应力函数和变形协调方程

极坐标情况下，同样可以用应力函数 $\varphi(r,\theta)$ 来表示平衡微分方程式的解，若不计体力，平衡微分方程式（8.1）可以写成

$$
\frac{\partial(r\sigma_r)}{\partial r} + \frac{\partial\tau_{r\theta}}{\partial\theta} - \sigma_\theta = 0
\tag{8.4}
$$

$$
\frac{\partial}{\partial r}(r^2\tau_{r\theta}) + r\frac{\partial\sigma_\theta}{\partial\theta} = 0
\tag{8.5}
$$

为了找出应力函数 φ 与应力分量之间的关系，求解式（8.4）、式（8.5）可用坐标轴旋转方法使 x 轴与矢径 r 重合，则此轴上所有点的 σ_y 与 σ_θ 相等。由式（7.55）

$$
\sigma_y = \frac{\partial^2\varphi}{\partial x^2}
$$

直接推出

$$
\sigma_\theta = \frac{\partial^2\varphi}{\partial r^2}
\tag{8.6}
$$

将式（8.6）代入式（8.5）得

$$
\frac{\partial}{\partial r}(r^2\tau_{r\theta}) = -r\frac{\partial^2\varphi}{\partial\theta\partial r^2} = \frac{\partial}{\partial r}\left(\frac{\partial\varphi}{\partial\theta} - r\frac{\partial^2\varphi}{\partial r\partial\theta}\right)
$$

对 r 积分，可得

$$
\tau_{r\theta} = \frac{1}{r^2}\times\frac{\partial\varphi}{\partial\theta} - \frac{1}{r}\times\frac{\partial^2\varphi}{\partial r\partial\theta} = -\frac{\partial}{\partial r}\left(\frac{1}{r}\times\frac{\partial\varphi}{\partial\theta}\right)
\tag{8.7}
$$

将式（8.6）和式（8.7）代入式（8.4）得

$$
\frac{\partial}{\partial r}(r\sigma_r) = \frac{\partial^2\varphi}{\partial r^2} + \frac{\partial^2}{\partial\theta\partial r}\left(\frac{1}{r}\times\frac{\partial\varphi}{\partial\theta}\right) = \frac{\partial}{\partial r}\left(\frac{\partial\varphi}{\partial r} + \frac{1}{r}\times\frac{\partial^2\varphi}{\partial\theta^2}\right)
$$

对 r 积分得

$$
\sigma_r = \frac{1}{r}\times\frac{\partial\varphi}{\partial r} + \frac{1}{r^2}\times\frac{\partial^2\varphi}{\partial\theta^2}
\tag{8.8}
$$

式（8.6）～式（8.8）为以在极坐标下应力函数表达的应力分量，为不计体力的平衡微分方程的解，将其汇总如下

$$\sigma_r = \frac{1}{r} \times \frac{\partial \varphi}{\partial r} + \frac{1}{r^2} \times \frac{\partial^2 \varphi}{\partial \theta^2}$$

$$\sigma_\theta = \frac{\partial^2 \varphi}{\partial r^2}$$

$$\tau_{r\theta} = \frac{1}{r^2} \times \frac{\partial \varphi}{\partial \theta} - \frac{1}{r} \times \frac{\partial^2 \varphi}{\partial r \partial \theta} = -\frac{\partial}{\partial r}\left(\frac{1}{r} \times \frac{\partial \varphi}{\partial \theta}\right)$$

(8.9)

式（8.9）同样应满足极坐标中的变形协调方程，它可以从直角坐标的变形协调方程式（7.54）导出，由于

$$\nabla^4 \varphi = \nabla^2 (\nabla^2 \varphi) = \nabla^2 \left(\frac{\partial^2 \varphi}{\partial x^2} + \frac{\partial^2 \varphi}{\partial y^2}\right) = 0$$

即

$$\nabla^2 (\sigma_x + \sigma_y) = 0 \tag{8.10}$$

由于应力张量的不变量不随坐标系的改变而改变，体内任意一点的应力张量的第一不变量为

$$I_1 = \sigma_x + \sigma_y + \sigma_z = \sigma_r + \sigma_\theta + \sigma_z$$

对于平面问题有

$$\sigma_x + \sigma_y = \sigma_r + \sigma_\theta$$

将式（8.9）代入上式

$$\sigma_r + \sigma_\theta = \frac{\partial^2 \varphi}{\partial r^2} + \frac{1}{r} \times \frac{\partial \varphi}{\partial r} + \frac{1}{r^2} \times \frac{\partial^2 \varphi}{\partial \theta^2}$$

再代入式（8.10）即得到

$$\left(\frac{\partial^2}{\partial r^2} + \frac{1}{r} \times \frac{\partial}{\partial r} + \frac{1}{r^2} \times \frac{\partial^2}{\partial \theta^2}\right)^2 \varphi = 0 \quad \text{或} \quad \nabla^4 \varphi(r, \theta) = 0 \tag{8.11}$$

式（8.11）是极坐标系中体力为常量时的相容方程，应力函数 $\varphi(r, \theta)$ 是满足双调和方程式（8.11）的双调和函数。

用极坐标求解平面问题时，只需从微分方程式（8.11）求解应力函数 $\varphi(r, \theta)$，然后按式（8.9）求应力分量，并在边界上满足应力边界条件，在多连体中相应的位移还须满足位移单值条件。和直角坐标一样，通常也是采用逆解法或半逆解法，结合边界上的外力或截面内力，一部分问题 $\varphi(r, \theta)$ 可以表示成 θ 函数的显式与 $f(r)$ 的乘积；另一部分问题可以表示成 r 函数的显式与 $f(\theta)$ 的乘积。

8.2　轴对称的平面问题

在平面问题中，当弹性体的形状及承受的外力都对称于 z 轴而与幅角 θ 无关，这类问题称为轴对称的平面问题。显然，由于对称性，其应力函数 $\varphi(r, \theta)$ 只是径向坐标 r 的函数，即

$$\varphi = \varphi(r) \tag{8.12}$$

应力分量表达式（8.9）简化为

$$\sigma_r = \frac{1}{r} \times \frac{\mathrm{d}\varphi}{\mathrm{d}r}, \sigma_\theta = \frac{\mathrm{d}^2 \varphi}{\mathrm{d}r^2}, \tau_{r\theta} = \tau_{\theta r} = 0 \tag{8.13}$$

相容方程式（8.11）简化为

$$\left(\frac{d^2}{dr^2}+\frac{1}{r}\times\frac{d}{dr}\right)^2\varphi=0$$

展开得

$$\frac{d^4\varphi}{dr^4}+\frac{2}{r}\times\frac{d^3\varphi}{dr^3}-\frac{1}{r^2}\times\frac{d^2\varphi}{dr^2}+\frac{1}{r^3}\times\frac{d\varphi}{dr}=0 \tag{8.14}$$

这是一变系数常微分方程（Euler 方程），可以引用变换式 $r=e^t$，将其变换为常系数的常微分方程，然后求解。

因为，$r=e^t$，所以 $t=\ln r$，且引入记号 $D=\dfrac{d}{dt}$，于是有

$$\frac{d\varphi}{dr}=\frac{d\varphi}{dt}\times\frac{dt}{dr}=\frac{1}{r}\times\frac{d\varphi}{dt} \quad \text{或} \quad r\frac{d\varphi}{dr}=D\varphi$$

$$\frac{d^2\varphi}{dr^2}=\frac{1}{r^2}\left(\frac{d^2\varphi}{dt^2}-\frac{d\varphi}{dt}\right) \quad \text{或} \quad r^2\frac{d^2\varphi}{dr^2}=D(D-1)\varphi$$

$$\frac{d^3\varphi}{dr^3}=\frac{1}{r^3}\left(\frac{d^3\varphi}{dt^3}-\frac{3d^2\varphi}{dt^2}+\frac{2d\varphi}{dt}\right) \quad \text{或} \quad r^3\frac{d^3\varphi}{dr^3}=D(D-1)(D-2)\varphi$$

$$\frac{d^4\varphi}{dr^4}=\frac{1}{r^4}\left(\frac{d^4\varphi}{dt^4}-\frac{6d^3\varphi}{dt^3}+\frac{11d^2\varphi}{dt^2}-\frac{6d\varphi}{dt}\right) \quad \text{或} \quad r^4\frac{d^4\varphi}{dr^4}=D(D-1)(D-2)(D-3)\varphi$$

将以上四式代入式（8.14），得常系数常微分方程

$$\frac{d^4\varphi}{dt^4}-\frac{4d^3\varphi}{dt^3}+\frac{4d^2\varphi}{dt^2}=0 \tag{8.15}$$

对应的特征方程为 $\lambda^4-4\lambda^3+4\lambda^2=0$，有两对重根，$\lambda_1=\lambda_2=0$，及 $\lambda_3=\lambda_4=2$，于是式（8.15）的通解为

$$\varphi=At+Bte^{2t}+Ce^{2t}+D$$

将 $t=\ln r$ 代入，即得式（8.14）的通解为

$$\varphi=A\ln r+Br^2\ln r+Cr^2+D \tag{8.16}$$

将式（8.16）代入式（8.13），得应力分量的表达式

$$\left.\begin{aligned}\sigma_r&=\frac{A}{r^2}+B(1+2\ln r)+2C\\[2mm]\sigma_\theta&=-\frac{A}{r^2}+B(3+2\ln r)+2C\\[2mm]\tau_{r\theta}&=\tau_{\theta r}=0\end{aligned}\right\} \tag{8.17}$$

可见正应力分量也只是 r 的函数，不随 θ 而变，而剪应力分量不存在，所以应力状态是对称于通过 z 轴的任意平面，即所谓绕 z 轴对称，称为轴对称应力。

对于平面应力问题，将式（8.17）代入式（8.3）得三个应变分量

$$\left.\begin{aligned}\varepsilon_r&=\frac{1}{E}\left\{(1+\mu)\frac{A}{r^2}+B[(1-3\mu)+2(1-\mu)\ln r]+2(1-\mu)C\right\}\\[2mm]\varepsilon_\theta&=\frac{1}{E}\left\{-(1+\mu)\frac{A}{r^2}+B[(3-\mu)+2(1-\mu)\ln r]+2(1-\mu)C\right\}\\[2mm]\gamma_{r\theta}&=0\end{aligned}\right\} \tag{8.18}$$

为了求解位移分量，将式（8.18）代入式（8.2），得两个位移分量所应满足的三个偏微

分方程

$$\frac{\partial u}{\partial r}=\frac{1}{E}\left\{(1+\mu)\frac{A}{r^2}+B[(1-3\mu)+2(1-\mu)\ln r]+2(1-\mu)C\right\}$$

$$\frac{u}{r}+\frac{1}{r}\times\frac{\partial v}{\partial \theta}=\frac{1}{E}\left\{-(1+\mu)\frac{A}{r^2}+B[(3-\mu)+2(1-\mu)\ln r]+2(1-\mu)C\right\} \qquad (8.19)$$

$$\gamma_{r\theta}=\frac{1}{r}\times\frac{\partial u}{\partial \theta}+\frac{\partial v}{\partial r}-\frac{v}{r}=0$$

积分式（8.19）的第一式，得

$$u=\frac{1}{E}\left\{-(1+\mu)\frac{A}{r}+B[(1-3\mu)r+2(1-\mu)r(\ln r-1)]+2(1-\mu)Cr\right\}+f_1(\theta)$$

$$(8.20)$$

式中，$f_1(\theta)$ 是 θ 的任意函数。

将式（8.20）代入式（8.19）的第二式，得

$$\frac{\partial v}{\partial \theta}=\frac{4Br}{E}-f_1(\theta)$$

积分上式，有

$$v=\frac{4Br\theta}{E}-\int f_1(\theta)\mathrm{d}\theta+f_2(r) \qquad (8.21)$$

式中，$f_2(r)$ 是 r 的任意函数。

再将式（8.21）和式（8.20）代入式（8.19）的第三式，得到关于待定函数 f_1、f_2 应满足的条件

$$f_2(r)-r\frac{\mathrm{d}f_2(r)}{\mathrm{d}r}=\frac{\mathrm{d}f_1(\theta)}{\mathrm{d}\theta}+\int f_1(\theta)\mathrm{d}\theta$$

上式等号左边是 r 的函数，右边是 θ 的函数，只可能等于同一常数 F，即

$$f_2(r)-r\frac{\mathrm{d}f_2(r)}{\mathrm{d}r}=F \qquad (8.22)$$

$$\frac{\mathrm{d}f_1(\theta)}{\mathrm{d}\theta}+\int f_1(\theta)\mathrm{d}\theta=F \qquad (8.23)$$

由式（8.22）解得

$$f_2(r)=Hr+F \qquad (8.24)$$

式（8.23）再对 θ 求一次偏导数

$$\frac{\mathrm{d}^2 f_1(\theta)}{\mathrm{d}\theta^2}+f_1(\theta)=0$$

该二阶常微分方程的通解为

$$f_1(\theta)=K\sin\theta+I\cos\theta \qquad (8.25)$$

将式（8.25）代入式（8.23），解得

$$\int f_1(\theta)\mathrm{d}\theta=F+I\sin\theta-K\cos\theta \qquad (8.26)$$

至此，得到位移分量的完整表达式

$$u = \frac{1}{E}\left\{-(1+\mu)\frac{A}{r} + B[(1-3\mu)r + 2(1-\mu)r(\ln r - 1)] + 2(1-\mu)Cr\right\} + I\cos\theta + K\sin\theta$$

$$v = \frac{4Br\theta}{E} + Hr - I\sin\theta + K\cos\theta$$

可以证明，H、I、K 项为刚体位移（零应变），可略去

$$u = \frac{1}{E}\left\{-(1+\mu)\frac{A}{r} + B[(1-3\mu)r + 2(1-\mu)r(\ln r - 1)] + 2(1-\mu)Cr\right\} \tag{8.27}$$

$$v = \frac{4Br\theta}{E} \tag{8.28}$$

8.3 厚壁筒受均匀压力

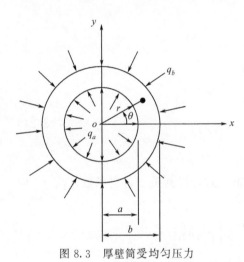

图 8.3　厚壁筒受均匀压力

设等厚度圆环的内半径为 a，外半径为 b，承受均匀的内压力 q_a 和外压力 q_b，如图 8.3 所示。显然应力分布应当是轴对称的，因此，取应力表达式，可以利用应力边界条件和位移单值条件求出其中的任意常数 A、B、C。

边界条件要求

$$\left.\begin{aligned}(\tau_{r\theta})_{r=a} = 0, \quad (\tau_{r\theta})_{r=b} = 0 \\ (\sigma_r)_{r=a} = -q_a, \quad (\sigma_r)_{r=b} = -q_b\end{aligned}\right\} \tag{8.29}$$

由式（8.17）可知，前两个条件自然满足，而后两个条件要求

$$\left.\begin{aligned}\frac{A}{a^2} + B(1+2\ln a) + 2C = -q_a \\ \frac{A}{b^2} + B(1+2\ln b) + 2C = -q_b\end{aligned}\right\} \tag{8.30}$$

现在边界条件都已用完，但两个方程不能决定三个常数 A、B、C。因为圆环是多连体，所以我们来考察位移单值条件。由位移表达式（8.28）可见，环向位移 v 的表达式中，$4Br\theta/E$ 一项是多值的。这是因为对于同一个 r 值，例如，$r = r_1$，在 $\theta = \theta_1$ 时与 $\theta = \theta_1 + 2\pi$ 时，环向位移相差 $8\pi Br_1/E$，在环向中这是不可能的，因此需取 $B = 0$，则由式（8.30）求得

$$A = \frac{a^2b^2(q_a - q_b)}{b^2 - a^2}, \quad 2C = \frac{q_a a^2 - q_b b^2}{b^2 - a^2} \tag{8.31}$$

代入式（8.17）可得

$$\left.\begin{aligned}\sigma_r = -\frac{\dfrac{b^2}{r^2} - 1}{\dfrac{b^2}{a^2} - 1}q_a - \frac{1 - \dfrac{a^2}{r^2}}{1 - \dfrac{a^2}{b^2}}q_b \\[4mm] \sigma_\theta = \frac{\dfrac{b^2}{r^2} + 1}{\dfrac{b^2}{a^2} - 1}q_a - \frac{1 + \dfrac{a^2}{r^2}}{1 - \dfrac{a^2}{b^2}}q_b\end{aligned}\right\} \tag{8.32}$$

注意：$\sigma_r + \sigma_\theta = \dfrac{2(a^2 q_a - b^2 q_b)}{b^2 - a^2}$ 为常数项，即沿筒壁厚度上 $\sigma_z = \nu(\sigma_r + \sigma_\theta)$ 处处相等，整个圆筒横截面将沿筒轴方向发生均匀伸长或缩短，从而使横截面变形后保持为平面。

将式（8.31）代入式（8.28）并略去刚性位移，得厚壁筒的位移表达式

$$\left.\begin{aligned} u &= \frac{1-\nu}{E} \times \frac{a^2 q_a - b^2 q_b}{b^2 - a^2} r - \frac{1-\nu}{E} \times \frac{q_b - q_a}{b^2 - a^2} \times \frac{a^2 b^2}{r} \\ v &= 0 \end{aligned}\right\} \tag{8.33}$$

现讨论圆筒仅受外压和内压作用时的情况。

① 如果只受外压 q_b，而内压 $q_a = 0$，则式（8.32）简化为

$$\sigma_r = -\frac{1 - \dfrac{a^2}{r^2}}{1 - \dfrac{a^2}{b^2}} q_b, \quad \sigma_\theta = -\frac{1 + \dfrac{a^2}{r^2}}{1 - \dfrac{a^2}{b^2}} q_b \tag{8.34}$$

可见，σ_r 和 σ_θ 是压应力，其分布情况见图 8.4(a)。最大压应力是内壁处的环向应力，即

$$\sigma_{\theta(r=a)} = -\frac{2b^2}{b^2 - a^2} q_b$$

由式（8.33）得

$$\left.\begin{aligned} u &= -\frac{b^2 q_b}{E(b^2 - a^2)r} \big[(r^2 + a^2) - \nu(r^2 - a^2) \big] \\ v &= 0 \end{aligned}\right\} \tag{8.35}$$

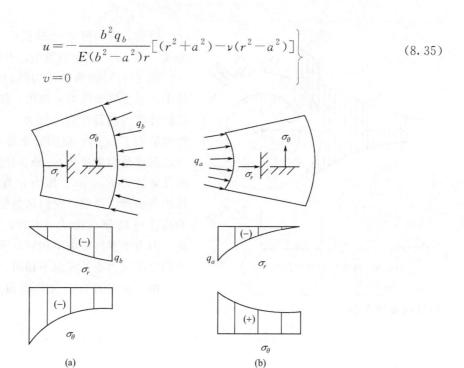

图 8.4 σ_r 和 σ_θ 沿壁厚的分布

② 如果只有内压 q_a 作用，而外压 $q_b = 0$，则式（8.32）简化为

$$\sigma_r = -\frac{\dfrac{b^2}{r^2} - 1}{\dfrac{b^2}{a^2} - 1} q_a, \quad \sigma_\theta = \frac{\dfrac{b^2}{r^2} + 1}{\dfrac{b^2}{a^2} - 1} q_a \tag{8.36}$$

可见，σ_r 总为压应力，σ_θ 总为拉应力，分布见图 8.4（b），最大拉应力、压应力均发生在内壁处，其值分别为

$$(\sigma_\theta)_{r=a}=\frac{b^2+a^2}{b^2-a^2}q_a ,(\sigma_r)_{r=a}=-q_a$$

其位移由式（8.33）简化可得

$$\left.\begin{aligned} u&=\frac{a^2 q_a}{E(b^2-a^2)r}\left[(b^2+r^2)+\nu(b^2-r^2)\right] \\ v&=0 \end{aligned}\right\} \tag{8.37}$$

③ 在只有内压时，且圆筒的外半径趋于无限大$(b\to\infty)$ 时，成为圆形孔道的无限大弹性体（如无衬砌的压力隧洞），式（8.36）成为

$$\sigma_r=\frac{a^2 q_a}{b^2-a^2}\left(1-\frac{b^2}{r^2}\right)=\frac{a^2 q_a}{1-a^2/b^2}\left(\frac{1}{b^2}-\frac{1}{r^2}\right)$$

$$\sigma_\theta=\frac{a^2 q_a}{b^2-a^2}\left(1+\frac{b^2}{r^2}\right)=\frac{a^2 q_a}{1-a^2/b^2}\left(\frac{1}{b^2}+\frac{1}{r^2}\right)$$

所以有

$$\sigma_r=-\frac{a^2}{r^2}q_a ,\sigma_\theta=\frac{a^2}{r^2}q_a \tag{8.38}$$

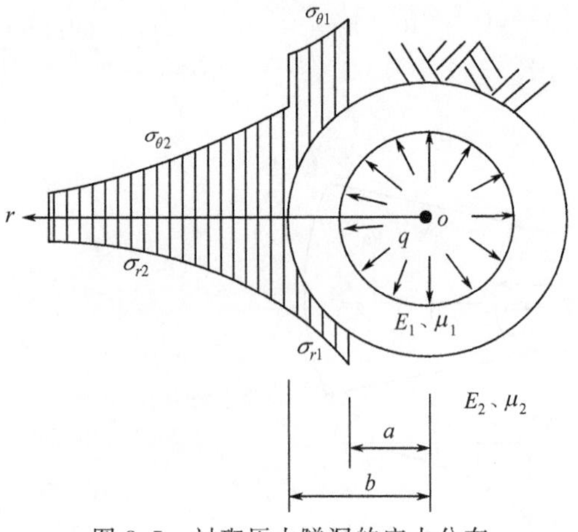

图 8.5 衬砌压力隧洞的应力分布

可见，应力值与 r^2 成反比，在 $r\to\infty$ 处应力为零。在 $r\gg a$ 处应力很小，可略去。

④ 设有衬砌后的压力隧洞埋在无限大弹性体中，承受均布压力 q 作用，如图 8.5 所示，衬砌筒体作为内筒，内半径为 a，外半径为 b，弹性常数为 E_1、μ_1；周围岩土形成无限大弹性体，可以看成是内半径为 b、外半径为无穷大的圆筒，弹性常数为 E_2、μ_2。压力 q 直接作用在衬砌筒体的内表面，显然，它们都是轴对称问题，应力和位移可以分别由式（8.17）和式（8.27）确定。但由于弹性常数不相同，所以衬砌部分和岩土部分的应力表达式也不相同。

由于是多连体，位移单值条件要求 $B=0$，所以内筒应力为

$$\sigma_{r1}=\frac{A}{r^2}+2C_1 ,\sigma_{\theta1}=-\frac{A}{r^2}+2C_1 \tag{8.39}$$

无限大弹性体的应力为

$$\sigma_{r2}=\frac{A}{r^2}+2C_2 ,\sigma_{\theta2}=-\frac{A}{r^2}+2C_2 \tag{8.40}$$

问题的边界条件如下。

首先，在内筒表面上，有

$$(\sigma_{r1})_{r=a}=-q: \frac{A_1}{a^2}+2C_1=-q \tag{8.41}$$

其次，在圆筒和无限大弹性体的接触面上

$$(\sigma_{r1})_{r=b}=(\sigma_{r2})_{r=b}:\frac{A_1}{b^2}+2C_1=\frac{A_2}{b^2}+2C_2 \tag{8.42}$$

再其次，在远离圆筒处，按照圣维南原理，应当几乎没有应力，于是有

$$(\sigma_{r2})_{r\to\infty}=(\sigma_{\theta2})_{r\to\infty}=0:2C_2=0 \tag{8.43}$$

三个条件不足以确定四个常数。

该问题属于平面应变问题，衬砌筒体内任意一点的径向位移为

$$u_{r1}=\frac{1-\mu_1^{\ 2}}{E_1}\left[-\left(1+\frac{\mu_1}{1-\mu_1}\right)\frac{A_1}{r}+2\left(1-\frac{\mu_1}{1-\mu_1}\right)C_1r\right]$$

$$=\frac{1+\mu_1}{E_1}\left[2(1-2\mu_1)C_1r-\frac{A_1}{r}\right]$$

同理，无限大弹性体内任意一点的径向位移为

$$u_{r2}=\frac{1+\mu_2}{E_2}\left[2(1-2\mu_2)C_2r-\frac{A_2}{r}\right]$$

考虑完全接触，即衬砌筒体与周围岩土在接触处的径向位移相等，即

$$(u_{r1})_{r=b}=(u_{r2})_{r=b}:\frac{1+\mu_1}{E_1}\left[2(1-2\mu_1)C_1b-\frac{A_1}{b}\right]=\frac{1+\mu_2}{E_2}\left[2(1-2\mu_2)C_2b-\frac{A_2}{b}\right]$$

令 $n=\dfrac{E_2(1+\mu_1)}{E_1(1+\mu_2)}$，则有

$$n\left[2(1-2\mu_1)C_1-\frac{A_1}{b^2}\right]-2(1-2\mu_2)C_2+\frac{A_2}{b^2}=0 \tag{8.44}$$

联立求解式（8.41）～式（8.44），得常数

$$A_1=-q\,\frac{[1+(1-2\mu_1)n]b^2}{[1+(1-2\mu_1)n]\dfrac{b^2}{a^2}-(1-n)}$$

$$2C_1=q\,\frac{1-n}{[1+(1-2\mu_1)n]\dfrac{b^2}{a^2}-(1-n)}$$

$$A_2=-q\,\frac{2(1-\mu_1)nb^2}{[1+(1-2\mu_1)n]\dfrac{b^2}{a^2}-(1-n)}$$

$$2C_2=0$$

衬砌筒体内的应力分量为

$$\sigma_{r1}=-q\,\frac{[1+(1-2\mu_1)n]\dfrac{b^2}{r^2}-(1-n)}{[1+(1-2\mu_1)n]\dfrac{b^2}{a^2}-(1-n)}$$

$$\sigma_{\theta 1}=q\,\frac{[1+(1-2\mu_1)n]\dfrac{b^2}{r^2}+(1-n)}{[1+(1-2\mu_1)n]\dfrac{b^2}{a^2}-(1-n)}$$

周围岩土内的应力分量为

$$\sigma_{r2}=-\sigma_{\theta 2}=-q\,\frac{2(1-\mu_1)n\dfrac{b^2}{r^2}}{[1+(1-2\mu_1)n]\dfrac{b^2}{a^2}-(1-n)}$$

当 $n<1$ 时的应力分布如图 8.5 所示。径向应力连续分布，且在内筒内壁处最大，向外逐渐减小，环向正应力不连续，在衬砌部分与岩土部分的交界处发生突变。最大值也出现在内壁处。无穷远处，径向和环向应力均趋近于零。

【例 8.1】 有一内半径 $a=0.1\text{m}$、外半径 $b=0.2\text{m}$ 的圆筒承受内压 $q_a=210\text{MPa}$，试确定此圆筒的内外表面上和壁厚中间处的环向应力。

解： 由式（8.26）可得

$$\sigma_{\theta(r=0.1)}=\frac{0.2^2+0.1^2}{0.2^2-0.1^2}\times210=350\,(\text{MPa})$$

$$\sigma_{\theta(r=0.2)}=\frac{2\times0.1^2}{0.2^2-0.1^2}\times210=140\,(\text{MPa})$$

$$\sigma_{\theta(r=0.15)}=\frac{\left(\dfrac{0.2}{0.15}\right)^2+1}{\left(\dfrac{0.2}{0.15}\right)^2-1}\times210=194.44\,(\text{MPa})$$

如图 8.6 中虚线所示，由此可见，内壁处的环向应力过大。通常采用组合筒来改善其应力分布。

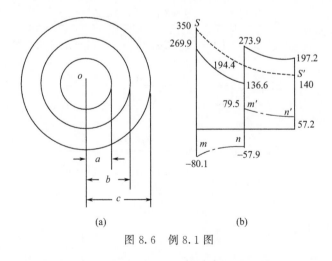

图 8.6 例 8.1 图

⑤ 组合筒由内外筒两部分组成（图 8.6），外筒的内半径略小于内筒的外半径，并预先将外筒加热使其膨胀，然后装配而成，冷却后在内外筒之间产生了接触压力，称为冷缩配合应力。此压力和组合筒内由此产生的预应力可由有关方程算出。

126

设内圆筒的外半径受力前比外圆筒的内半径大 δ，于是装配后产生了接触压力 q，q 的大小可由外圆筒内半径的增量与内圆筒外半径的减量之和等于 δ 这一条件，因此，由式（8.25）和式（8.27）得

$$\frac{bq}{E(c^2-b^2)}\left[(c^2+b^2)+\nu(c^2-b^2)\right]+\frac{bq}{E(b^2-a^2)}\left[(b^2+a^2)-\nu(b^2-a^2)\right]=\delta$$

从而得

$$q=\frac{E\delta}{b}\times\frac{(b^2-a^2)(c^2-b^2)}{2b^2(c^2-a^2)} \tag{8.45}$$

【例 8.2】 图 8.6 所示组合筒的钢材料的弹性模量 $E=206\times10^3\mathrm{MPa}$，$a=0.1\mathrm{m}$，$b=0.15\mathrm{m}$，$c=0.2\mathrm{m}$，$\delta=0.0001\mathrm{m}$，内压 $q_a=210\mathrm{MPa}$，试确定筒内的环向应力。

解： 内外圆筒之间的接触应力可由式（8.45）得

$$q=\frac{206\times10^3\times0.0001(0.15^2-0.1^2)\times(0.2^2-0.15^2)}{0.15\times2\times0.15^2(0.2^2-0.1^2)}=22.25(\mathrm{MPa})$$

由式（8.34）可得内圆筒由此压力引起的环向预应力

$$\sigma_{\theta(r=0.1)}=-80.1\mathrm{MPa},\sigma_{\theta(r=0.15)}=-57.85\mathrm{MPa}$$

由式（8.36）可得外圆筒中的环向预应力

$$\sigma_{\theta(r=0.15)}=79.46\mathrm{MPa},\sigma_{\theta(r=0.2)}=57.21\mathrm{MPa}$$

环向预应力沿筒壁厚度的分布，在图 8.6（b）中用虚线 mn 和 $m'n'$ 表示，内压 q_a 产生的应力与例 8.1 相同，在图 8.6（b）中用虚线 SS' 表示。实际的环向应力由上两部分叠加而成，在图 8.6（b）中用实线表示。由图可知，装配预应力的存在使圆筒承受内压时，最大应力由 350MPa 降至 273.9MPa，因此冷缩配合装配的组合筒与整体筒相比，应力分布较为有利。这种两层或多层组合筒可以用于内压非常高的场合，例如炮筒。

8.4 非轴对称的平面问题

物体几何形状无对称轴，或虽然几何形状对称于 z 轴，但外荷载并不对称于 z 轴，这样的问题就是非轴对称问题。对于非轴对称问题，一般采用分离变量法求解。

图 8.7 所示为平面半圆弧形曲梁。假设其截面为矩形，且垂直于纸面的厚度为 h，半圆弧曲梁的内半径为 a，外半径为 b。将极坐标的原点定在相对中心位置处，极轴与 x 轴重合，设顺时针转向为 θ 正方向，r 绝对值增大方向为 r 的正方向。

曲梁任意截面上的弯矩 $M=Px=Pr\cos\theta$。由纯弯梁正应力公式可知 σ_θ 与弯矩 M 成正比，则 σ_θ 是 (r,θ) 的函数。故可设

$$\varphi(r,\theta)=f(r)\cos\theta \tag{8.46}$$

代入相容方程，在消去 $\cos\theta$ 后得

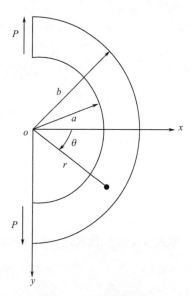

图 8.7　半圆弧曲梁

$$\left(\frac{\partial^2}{\partial r^2}+\frac{1}{r}\times\frac{\partial}{\partial r}+\frac{1}{r^2}\times\frac{\partial^2}{\partial\theta^2}\right)\left[\frac{\mathrm{d}^2f(r)}{\mathrm{d}r^2}+\frac{1}{r}\times\frac{\mathrm{d}f(r)}{\mathrm{d}r}-\frac{f(r)}{r^2}\right]=0 \tag{8.47}$$

展开上式得下列变系数四阶微分方程为

$$\frac{\mathrm{d}^4f}{\mathrm{d}r^4}+\frac{2}{r}\times\frac{\mathrm{d}^3f}{\mathrm{d}r^3}-\frac{3}{r^2}\times\frac{\mathrm{d}^2f}{\mathrm{d}r^2}+\frac{3}{r^3}\times\frac{\mathrm{d}f}{\mathrm{d}r}-\frac{3f}{r^4}=0 \tag{8.48}$$

求解式（8.48），仍利用变换 $r=\mathrm{e}^t$，将式（8.48）作变换后得常系数四阶微分方程为

$$\frac{\mathrm{d}^4f}{\mathrm{d}t^4}-\frac{4\mathrm{d}^3f}{\mathrm{d}t^3}+\frac{2\mathrm{d}^2f}{\mathrm{d}t^2}+\frac{4\mathrm{d}f}{\mathrm{d}t}-3f=0 \tag{8.49}$$

其特征方程为

$$k^4-4k^3+2k^2+4k-3=0$$

其特征根为 $k=3,-1,1,1$，式（8.48）通解为

$$f(r)=A\mathrm{e}^{3t}+B\mathrm{e}^{-t}+C\mathrm{e}^t+Dt\mathrm{e}^t=Ar^3+B\frac{1}{r}+Cr+Dr\ln r \tag{8.50}$$

将式（8.50）代入式（8.46）得应力函数的表达式为

$$\varphi(r,\theta)=\left(Ar^3+B\frac{1}{r}+Cr+Dr\ln r\right)\cos\theta \tag{8.51}$$

则应力分量为

$$\left.\begin{array}{l}\sigma_r=\dfrac{1}{r}\times\dfrac{\partial\varphi}{\partial r}+\dfrac{1}{r^2}\times\dfrac{\partial^2\varphi}{\partial\theta^2}=\left(2Ar-\dfrac{2B}{r^3}+\dfrac{D}{r}\right)\cos\theta\\[3mm]\sigma_\theta=\dfrac{\partial^2\varphi}{\partial r^2}=\left(6Ar+\dfrac{2B}{r^3}+\dfrac{D}{r}\right)\cos\theta\\[3mm]\tau_{r\theta}=-\dfrac{\partial}{\partial r}\left(\dfrac{1}{r}\times\dfrac{\partial\varphi}{\partial\theta}\right)=\left(2Ar-\dfrac{2B}{r^3}+\dfrac{D}{r}\right)\sin\theta\end{array}\right\} \tag{8.52}$$

然后，由下列边界条件确定积分常数。对于图 8.7 所示平面半圆弧形曲梁，边界条件确定如下

$$\left.\begin{array}{l}(\sigma_r)_{r=a}=(\tau_{r\theta})_{r=a}=0\\(\sigma_r)_{r=b}=(\tau_{r\theta})_{r=b}=0\end{array}\right\} \tag{8.53}$$

$$\left.\begin{array}{l}(\sigma_\theta)_{\theta=-\pi/2}=0,\displaystyle\int_a^b h(\tau_{\theta r})_{\theta=-\pi/2}\mathrm{d}r=-P\\[3mm](\sigma_\theta)_{\theta=\pi/2}=0,\displaystyle\int_a^b h(\tau_{\theta r})_{\theta=\pi/2}\mathrm{d}r=P\end{array}\right\} \tag{8.54}$$

即式（8.52）代入式（8.53）得

$$\left\{\begin{array}{l}2aA-\dfrac{2}{a^3}B+\dfrac{1}{a}D=0\\[3mm]2bA-\dfrac{2}{b^3}B+\dfrac{1}{b}D=0\end{array}\right. \tag{8.55}$$

即式（8.52）代入式（8.54）的第二式得

$$h\left[Ar^2+\frac{B}{r^2}+D\ln r\right]_a^b=P$$

或

$$h\left[A(b^2-a^2)-B\frac{b^2-a^2}{a^2b^2}+D\ln\frac{b}{a}\right]=P \tag{8.56}$$

由式（8.55）和式（8.56）解得

$$A=-\frac{P}{2hN},B=\frac{Pa^2b^2}{2hN},D=\frac{(a^2+b^2)P}{hN}$$

式中

$$N=(a^2-b^2)+(a^2+b^2)\ln\frac{b}{a}$$

将代入式（8.52）得应力分量为

$$\begin{cases} \sigma_r=-\dfrac{P}{hN}\left(r+\dfrac{a^2b^2}{r^3}-\dfrac{a^2+b^2}{r}\right)\cos\theta \\[3mm] \sigma_\theta=-\dfrac{P}{hN}\left(3r-\dfrac{a^2b^2}{r^3}-\dfrac{a^2+b^2}{r}\right)\cos\theta \\[3mm] \tau_{r\theta}=-\dfrac{P}{hN}\left(r+\dfrac{a^2b^2}{r^3}-\dfrac{a^2+b^2}{r}\right)\sin\theta \end{cases} \tag{8.57}$$

由式（8.57）可见，最大正应力发生在 $\theta=0$ 的横截面的内侧处（$r=a$），其值为

$$(\sigma_\theta)_{\max}=\frac{2P}{hNa}(b^2-a^2)$$

8.5 圆孔孔边的应力集中

设受力的弹性体具有小孔，则孔边的应力将远大于无孔时的应力以及距孔边较远处的应力，这种现象称为孔边应力集中。孔边应力集中是**局部现象**。在几倍于孔径以外，应力几乎不受孔的影响，应力的分布情况以及数值的大小都几乎与无孔时相同。一般来说，应力集中的程度越高，集中的现象越是局部性的，也就是，应力随着距孔的距离增大而更快地趋于无孔时的应力。另外，应力集中的程度与孔的形状有关。一般来说，圆孔孔边的应力集中程度最低。因此，如果有必要在构件中挖孔或留孔，也应尽可能留圆孔。

图 8.8 所示一矩形薄板受均匀拉伸作用，板中有一圆孔，孔径为 $2a$，板厚为 1。坐标原点取在圆孔中心，坐标平行于边界。

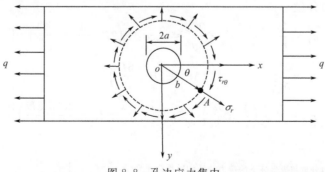

图 8.8 孔边应力集中

由于本问题主要讨论孔边的应力集中问题，宜采用极坐标。首先将外部直边界变换为圆边界。为此作如下等代变换，以圆点 o 为圆心，以远大于 a 的某一长度 b 为半径作一大圆。

根据应力集中的局部性，在大圆的周边上任意一点 A 处的应力与无孔时相同，即，$\sigma_x = q$，$\sigma_y = \tau_{xy} = 0$，应用坐标变换公式$\bullet$，可得 A 点的极坐标分量

$$\left.\begin{array}{l} (\sigma_r)_{r=b} = q\cos^2\theta = \dfrac{q}{2}(1+\cos2\theta) \\[3mm] (\tau_{r\theta})_{r=b} = -q\cos\theta\sin\theta = -\dfrac{q}{2}\sin2\theta \end{array}\right\} \tag{8.58}$$

于是矩形板变成了内半径为 a、外半径为 b 的厚壁圆筒的一个截面，式（8.58）正好是厚壁圆筒的外边界条件。用叠加法可将外力分为两部分处理：第一部分是外壁受均匀拉力 $q/2$，其解答由式（8.34）确定；第二部分是外壁上法向应力 $\dfrac{1}{2}q\cos2\theta$ 和切向应力 $-\dfrac{1}{2}q\sin2\theta$。现对第二部分受力情况确定应力函数。

（1）用半逆解法

可以假设 σ_r 为 r 的某一函数乘以 $\cos2\theta$，而 $\tau_{r\theta}$ 为 r 的另一函数乘以 $\sin2\theta$。且因

$$\sigma_r = \frac{1}{r}\times\frac{\partial\varphi}{\partial r} + \frac{1}{r^2}\times\frac{\partial^2\varphi}{\partial\theta^2}, \tau_{r\theta} = -\frac{\partial}{\partial r}\left(\frac{1}{r}\times\frac{\partial\varphi}{\partial\theta}\right)$$

因此可以推设

$$\varphi = f(r)\cos2\theta \tag{8.59}$$

代入相容方程式（8.11）得

$$\cos2\theta\left[\frac{\mathrm{d}^4 f}{\mathrm{d}r^4} + \frac{2}{r}\times\frac{\mathrm{d}^3 f}{\mathrm{d}r^3} - \frac{9}{r^2}\times\frac{\mathrm{d}^2 f(r)}{\mathrm{d}r^2} + \frac{9}{r^3}\times\frac{\mathrm{d}f}{\mathrm{d}r}\right] = 0$$

删去因子 $\cos2\theta$ 以后，利用变换 $r = e^t$ 将其化为常微分方程，即

$$\frac{\mathrm{d}^4 f}{\mathrm{d}t^4} - \frac{4\mathrm{d}^3 f}{\mathrm{d}t^3} - \frac{4\mathrm{d}^2 f}{\mathrm{d}t^2} + \frac{16\mathrm{d}f}{\mathrm{d}t} = 0$$

其特征方程的根为 $k = 4, 2, 0, -2$。故

$$f(r) = Ar^4 + Br^2 + C + D\frac{1}{r^2}$$

A、B、C、D 为任意常数，上式代入式（8.59）得应力函数

$$\varphi = \cos2\theta\left(Ar^4 + Br^2 + C + D\frac{1}{r^2}\right) \tag{8.60}$$

由式（8.9）得应力分量

$$\left.\begin{array}{l} \sigma_r = \dfrac{1}{r}\times\dfrac{\partial\varphi}{\partial r} + \dfrac{1}{r^2}\times\dfrac{\partial^2\varphi}{\partial\theta^2} = -\cos2\theta\left(2B + \dfrac{4C}{r^2} + \dfrac{6D}{r^4}\right) \\[3mm] \sigma_\theta = \dfrac{\partial^2\varphi}{\partial r^2} = \cos2\theta\left(12Ar^2 + 2B + \dfrac{6D}{r^4}\right) \\[3mm] \tau_{r\theta} = -\dfrac{\partial}{\partial r}\left(\dfrac{1}{r}\times\dfrac{\partial\varphi}{\partial\theta}\right) = \sin2\theta\left(6Ar^2 + 2B - \dfrac{2C}{r^2} - \dfrac{6D}{r^4}\right) \end{array}\right\} \tag{8.61}$$

$\bullet$ 直角坐标下的应力分量与极坐标下的应力分量的转换公式为

$$\begin{cases} \sigma_r = \sigma_x\cos^2\theta + \sigma_y\sin^2\theta + 2\tau_{xy}\sin\theta\cos\theta \\ \sigma_\theta = \sigma_x\sin^2\theta + \sigma_y\cos^2\theta - 2\tau_{xy}\sin\theta\cos\theta \\ \tau_{r\theta} = (\sigma_y - \sigma_x)\sin\theta\cos\theta + \tau_{xy}(\cos^2\theta - \sin^2\theta) \end{cases}$$

（2）由边界条件确定积分常数

在外壁上有 $\left. (\sigma_r)_{r=b}=\dfrac{q}{2}\cos 2\theta,(\tau_{r\theta})_{r=b}=-\dfrac{q}{2}\sin 2\theta \right\}$

在内壁上有 $(\sigma_r)_{r=a}=0,(\tau_{r\theta})_{r=a}=0$

$$\hspace{10cm}(8.62)$$

即，将式（8.61）代入式（8.62）得

$$2B+\frac{4C}{b^2}+\frac{6D}{b^4}=-\frac{q}{2} \hspace{4cm}(8.63)$$

$$-6Ab^2-2B+\frac{2C}{b^2}+\frac{6D}{b^4}=\frac{q}{2} \hspace{3cm}(8.64)$$

$$2B+\frac{4C}{a^2}+\frac{6D}{a^4}=0 \hspace{4cm}(8.65)$$

$$6Aa^2+2B-\frac{2C}{a^2}-\frac{6D}{a^4}=0 \hspace{3cm}(8.66)$$

由式（8.63）两端乘以 a^4 得

$$a^4\left(2B+\frac{4C}{b^2}+\frac{6D}{b^4}\right)=a^4\left(-\frac{q}{2}\right)$$

由于圆孔相对于板宽较小，所以令 $a/b\to 0$，则上式简化为

$$2Ba^4=a^4\left(-\frac{q}{2}\right)$$

由此得

$$B=-\frac{1}{4}q$$

式（8.64）两端乘以 a^4 并将 B 的值代入

$$a^4\left(-6Ab^2+\frac{1}{2}q+\frac{2C}{b^2}+\frac{6D}{b^4}\right)=a^4\,\frac{q}{2}$$

$$-6Ab^2+\frac{1}{2}q=\frac{q}{2}$$

由此得

$$A=0$$

于是式（8.65）、式（8.66）简化为

$$\left.\begin{array}{c}\dfrac{4C}{a^2}+\dfrac{6D}{a^4}=\dfrac{1}{2}q \\[3mm] \dfrac{2C}{a^2}+\dfrac{6D}{a^4}=-\dfrac{1}{2}q\end{array}\right\}$$

解得

$$C=\frac{1}{2}qa^2,D=-\frac{1}{4}qa^4$$

将常数代入式（8.61），再加上第一部分 $q/2$，由式（8.34）求得的应力，得总应力为

$$\sigma_r = \frac{q}{2}\left(1 - \frac{a^2}{r^2}\right) + \frac{q}{2}\left(1 - \frac{4a^2}{r^2} + \frac{3a^4}{r^4}\right)\cos 2\theta$$

$$\sigma_\theta = \frac{q}{2}\left(1 + \frac{a^2}{r^2}\right) - \frac{q}{2}\left(1 + \frac{3a^4}{r^4}\right)\cos 2\theta \qquad (8.67)$$

$$\tau_{r\theta} = -\frac{q}{2}\left(1 + \frac{2a^2}{r^2} - \frac{3a^4}{r^4}\right)\sin 2\theta$$

（3）讨论

① 沿孔边（$r = a$）的环向应力为

$$\sigma_\theta = q(1 - 2\cos 2\theta)$$

而径向应力 $\sigma_r = 0$，其分布如图 8.9（b）所示。

② 沿 y 轴 $\left(\theta = \pm\dfrac{\pi}{2}\right)$ 横向截面上的环向应力为

$$\sigma_\theta = q\left(1 + \frac{1}{2} \times \frac{a^2}{r^2} + \frac{3a^4}{2r^4}\right)$$

其分布规律如图 8.9（a）所示。

③ 沿 x 轴（$\theta = 0, \pi$）纵向截面上的环向应力为

$$\sigma_\theta = -\frac{qa^2}{2r^2}\left(\frac{3a^2}{r^2} - 1\right)$$

其分布规律也如图 8.9（a）所示。

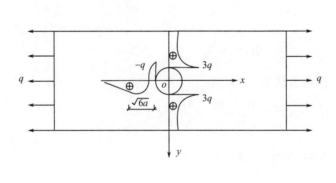
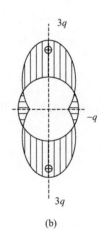

（a） （b）

图 8.9　孔边应力分布

④ 孔边最大应力出现在 $\theta = \pm\dfrac{\pi}{2}$ 处，即

$$\sigma_{\max} = \sigma_\theta \bigg|_{\substack{r=a \\ \theta=\pm\frac{\pi}{2}}} = 3q$$

最小应力出现在 $\theta = 0, \pi$ 处，即

$$\sigma_{\min} = \sigma_\theta \bigg|_{\substack{r=a \\ \theta=0,\pi}} = -q$$

小圆孔的应力集中系数为

$$K = \frac{\sigma_{\max}}{\sigma_\infty} = \frac{3q}{q} = 3$$

132

8.6　楔形体在顶端承受集中荷载

设单位厚度楔形体的顶角为 2α，其下端无限长，作用在楔顶的集中力 P 与中心线成 β，如图 8.10 所示。

采用因次分析确定应力函数 φ 的形式。显然，楔形体内一点的应力分量取决于 P、γ、β、α、θ，而 β、α、θ 为无因次量，用 N 统一表示。并令单位宽度上所受的力为 P，其因次是 $[力][长度]^{-1}$，r 的因次是 $[长度]$。由于应力的因次是 $[力][长度]^{-2}$。所以，各应力分量的表达式只可能是 NP/r 的形式。这就是说，在各应力分量的表达式中，r 只可能以负一次幂出现。

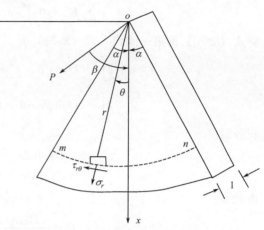

图 8.10　楔形体顶端受集中荷载

由式（8.9）可以看出，应力函数 φ 中的 r 的幂次应当比各应力分量中的 r 的幂次高出两次。因此，可以假设应力函数为

$$\varphi = rf(\theta) \tag{8.68}$$

代入变形协调方程式（8.10）得

$$\frac{1}{r^3}\left[\frac{\mathrm{d}^4 f(\theta)}{\mathrm{d}\theta^4} + \frac{2\mathrm{d}^2 f(\theta)}{\mathrm{d}\theta^2} + f(\theta)\right] = 0$$

特征方程为 $(k^2+1)^2 = 0$，特征根为 $k = i, -i, i, -i$，即通解为

$$f(\theta) = A\cos\theta + B\sin\theta + \theta(C\cos\theta + D\sin\theta)$$

代入式（8.65）得

$$\varphi = Ar\cos\theta + Br\sin\theta + r\theta(C\cos\theta + D\sin\theta)$$

式中的前两项 $Ar\cos\theta + Br\sin\theta = Ax + By$ 不影响应力，可以删去。

因此，可取

$$\varphi = r\theta(C\cos\theta + D\sin\theta) \tag{8.69}$$

由式（8.9）可得

$$\left.\begin{aligned}
\sigma_r &= \frac{1}{r}\times\frac{\partial\varphi}{\partial r} + \frac{1}{r^2}\times\frac{\partial^2\varphi}{\partial\theta^2} = \frac{2}{r}(D\cos\theta - C\sin\theta) \\
\sigma_\theta &= \frac{\partial^2\varphi}{\partial r^2} = 0 \\
\tau_{r\theta} &= \tau_{\theta r} = -\frac{\partial}{\partial\theta}\left(\frac{1}{r}\times\frac{\partial\varphi}{\partial r}\right) = 0
\end{aligned}\right\} \tag{8.70}$$

楔形体两侧边界上无外力作用，其边界条件为

$$\sigma_\theta\Big|_{\theta=\pm\alpha} = \tau_{r\theta}\Big|_{\theta=\pm\alpha} = 0$$

由式（8.70）的后两式可见，能自然满足。此外，为了求出常数 C、D 还有一个由边界条件变来的平衡方程可以利用，即取图 8.10 中半径为 r 的圆柱面 m—n 以上部分的平衡条

件来考察。

$$\sum F_x = 0: \int_{-\alpha}^{\alpha} \sigma_r r \mathrm{d}\theta \cos\theta + P\cos\beta = 0 \qquad (8.71)$$

$$\sum F_y = 0: \int_{-\alpha}^{\alpha} \sigma_r r \mathrm{d}\theta \sin\theta + P\sin\beta = 0$$

将式（8.70）的第一式代入式（8.71）有

$$2\int_{-\alpha}^{\alpha}(D\cos^2\theta - C\sin\theta\cos\theta)\mathrm{d}\theta + P\cos\beta = 0$$

$$2\int_{-\alpha}^{\alpha}(D\sin\theta\cos\theta - C\sin^2\theta)\mathrm{d}\theta + P\sin\beta = 0$$

积分后得

$$D(\sin2\alpha + 2\alpha) + P\cos\beta = 0$$

$$C(\sin2\alpha - 2\alpha) + P\sin\beta = 0$$

由此得

$$C = \frac{P\sin\beta}{2\alpha - \sin2\alpha}, D = \frac{-P\cos\beta}{2\alpha + \sin2\alpha}$$

代入式（8.70）得楔形体内任意一点处的应力分量表达式

$$\sigma_r = -\frac{2P}{r}\left(\frac{\cos\beta\cos\theta}{2\alpha + \sin2\alpha} + \frac{\sin\beta\sin\theta}{2\alpha - \sin2\alpha}\right), \sigma_\theta = 0, \tau_{r\theta} = 0 \qquad (8.72)$$

将式（8.72）变换成用直角坐标表示的应力分量，则

$$\left.\begin{array}{l} \sigma_x = \sigma_r\cos^2\theta = -2P\left[\dfrac{\cos\beta}{2\alpha + \sin2\alpha} \times \dfrac{x^3}{(x^2+y^2)^2} + \dfrac{\sin\beta}{2\alpha - \sin2\alpha} \times \dfrac{x^2 y}{(x^2+y^2)^2}\right] \\[4mm] \sigma_y = \sigma_r\sin^2\theta = -2P\left[\dfrac{\cos\beta}{2\alpha + \sin2\alpha} \times \dfrac{xy^2}{(x^2+y^2)^2} + \dfrac{\sin\beta}{2\alpha - \sin2\alpha} \times \dfrac{y^3}{(x^2+y^2)^2}\right] \\[4mm] \tau_{xy} = \sigma_r\sin\theta\cos\theta = -2P\left[\dfrac{\cos\beta}{2\alpha + \sin2\alpha} \times \dfrac{x^2 y}{(x^2+y^2)^2} + \dfrac{\sin\beta}{2\alpha - \sin2\alpha} \times \dfrac{xy^2}{(x^2+y^2)^2}\right] \end{array}\right\} \qquad (8.73)$$

考察两种特殊情况。

① 楔顶受垂直集中力 P，此时，$\beta = 0$，由式（8.73）确定其水平截面（$x =$ 常数）ab 上的应力分布。如图 8.11（a）所示，σ_x 不是均匀分布的，另外，用材料力学也求不出 σ_y、τ_{xy}。

② 楔顶受水平集中力 P，此时，$\beta = \pi/2$，由图 8.11（b）可见，σ_x 不是按直线规律分布，最大切应力发生在截面外边缘处，而在 $y = 0$ 处切应力却为零，与材料力学结论正好相反。

由此可见，对于变截面杆，用材料力学中等截面杆的公式计算存在一定误差。若中心角较小，其误差方可忽略。

【例 8.3】 如图 8.12 所示，半平面体在直角边界上受有一集中力偶作用，其单位宽度上的力偶矩为 M，试求应力分量。

解：（1）确定应力函数

根据因次分析确定应力函数，单位宽度上力偶的因次是 [力]，应力分量的因次是 [力][长度]$^{-2}$，故为 $N\dfrac{M}{r^2}$ 的形式。因此，应力函数可以推设为

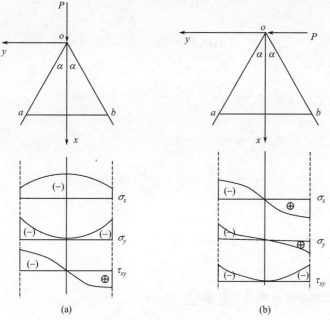

图 8.11　楔顶的应力分布

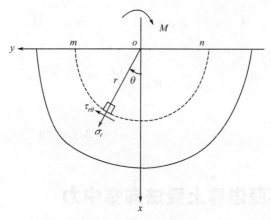

图 8.12　例 8.3 图

$$\varphi(r,\theta)=f(\theta) \tag{8.74}$$

代入变形协调方程式（8.10）得

$$\frac{1}{r^4}\left[\frac{\mathrm{d}^4 f(\theta)}{\mathrm{d}\theta^4}+\frac{4\mathrm{d}^2 f(\theta)}{\mathrm{d}\theta^2}\right]=0$$

特征方程和特征根为

$$k^4+4k^2=0 \to k^2(k^2+4)=0 \to k=0,0,\pm 2i$$

故

$$f(\theta)=A\cos 2\theta+B\sin 2\theta+C\theta+D$$

所以

$$\varphi(r,\theta)=f(\theta)=A\cos 2\theta+B\sin 2\theta+C\theta+D \tag{8.75}$$

由于受力的反对称性

$$A=0, D=0$$

故所以

$$\varphi(r,\theta)=B\sin2\theta+C\theta \tag{8.76}$$

（2）确定应力分量

$$\left.\begin{array}{l}\sigma_r=\dfrac{1}{r}\times\dfrac{\partial\varphi}{\partial r}+\dfrac{1}{r^2}\times\dfrac{\partial^2\varphi}{\partial\theta^2}=-\dfrac{4}{r^2}B\sin2\theta\\[3mm]\sigma_\theta=\dfrac{\partial^2\varphi}{\partial r^2}=0\\[3mm]\tau_{r\theta}=-\dfrac{\partial}{\partial r}\left(\dfrac{1}{r}\times\dfrac{\partial\varphi}{\partial\theta}\right)=\dfrac{1}{r^2}(2B\cos2\theta+C)\end{array}\right\} \tag{8.77}$$

（3）边界条件定常数

① $(\tau_{r\theta})_{\theta=\pm\frac{\pi}{2}}=0:\dfrac{1}{r^2}(-2B+C)=0$，则

$$C=2B \tag{8.78}$$

② 取 mn 以上部分作为脱离体，由 $\sum M_0=0$

$$\int_{-\frac{\pi}{2}}^{\frac{\pi}{2}}(\tau_{r\theta}r\mathrm{d}\theta)r=-M$$

即

$$\int_{-\frac{\pi}{2}}^{\frac{\pi}{2}}\left[\dfrac{1}{r^2}(2B\cos2\theta+C)r^2\right]\mathrm{d}\theta=-M$$

将式（8.75）代入上式得

$$B=-\dfrac{M}{2\pi} \tag{8.79}$$

故应力分量为

$$\sigma_r=\dfrac{2M\sin2\theta}{\pi r^2},\sigma_\theta=0,\tau_{r\theta}=-\dfrac{M(\cos2\theta+1)}{\pi r^2}$$

8.7　半无限平面边界上受法向集中力

当楔形体的中心角等于平面角时，其侧面成为直线，楔形体成为半无限平面。如图

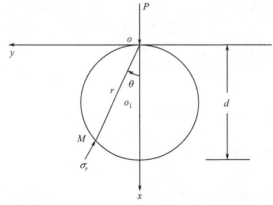

图 8.13　等应力圆

8.13 所示，其边界上受集中力 P 作用时，它的应力分量在式（8.72）中令 $\alpha=\dfrac{\pi}{2}$、$\beta=0$ 即可求得

$$\left.\begin{array}{l}\sigma_r=-\dfrac{2P}{\pi}\times\dfrac{\cos\theta}{r}\\[3mm]\sigma_\theta=0,\tau_{r\theta}=0\end{array}\right\} \tag{8.80}$$

由此可见，任何点与矢径 r 垂直的微面均为**主平面**，因为在此面上的切应力等于零，另外，式（8.80）在集中力作用点附近不适合，此时，$r\to0,\sigma_r\to\infty$。

为了更明确半无限体内的应力变化规律，再考察经过 o 点并与 y 轴相切的圆，如图 8.13 所示，圆周上任意点 M 的矢径为 r，幅角为 θ，它们与该圆的直径 d 有如下关系

$$r = d\cos\theta$$

代入式（8.80）得

$$\sigma_r = -\frac{2P}{\pi d} \tag{8.81}$$

它与 θ 无关，因此在圆周上的任意一点处，除荷载作用点 o 以外，径向应力 σ_r 相同。同样地，任何经过力 P 作用点 o 并与 y 轴相切的圆，其圆周上各点的 σ_r 都相等，因此称此圆为**等应力圆**。对于不同的圆周上，应力分量 σ_r 随直径 d 增大而减小。

进一步考察如图 8.14 所示距边界为 x 的水平截面 ab 上的应力分布。用应力坐标变换，可由式（8.80）得出直角坐标中的应力分量。亦可将 $\alpha = \dfrac{\pi}{2}$、$\beta = 0$ 代入式（8.73）得

$$\left.\begin{aligned}
\sigma_x &= -\frac{2P}{\pi} \times \frac{\cos^3\theta}{r} = -\frac{2P}{\pi} \times \frac{x^3}{(x^2+y^2)^2} \\
\sigma_y &= -\frac{2P}{\pi} \times \frac{\sin^2\theta\cos\theta}{r} = -\frac{2P}{\pi} \times \frac{xy^2}{(x^2+y^2)^2} \\
\tau_{xy} &= -\frac{2P}{\pi} \times \frac{\sin\theta\cos^2\theta}{r} = -\frac{2P}{\pi} \times \frac{x^2 y}{(x^2+y^2)^2}
\end{aligned}\right\} \tag{8.82}$$

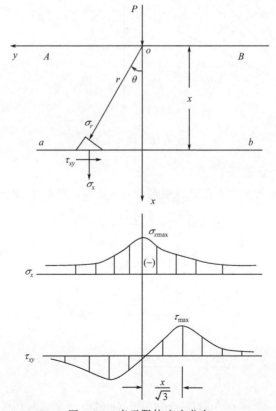

图 8.14 半无限体应力分布

最大的 σ_x 发生在 $\theta=0$ 处，即，$(\sigma_x)_{\max} = -\dfrac{2P}{\pi x}$，最大切应力 $\tau_{\max}$ 发生在 $y=\pm\dfrac{x}{\sqrt{3}}$ 处，

即，$\tau_{\max} = \dfrac{2P}{\pi x} \times \dfrac{9}{16\sqrt{3}}$，其应力分布规律如图 8.14 所示。

说明：如有均布荷载 q 作用在边界 AB 上，则将 $\mathrm{d}y$ 段上的荷载 $q\mathrm{d}y$ 视为集中力，并考虑作用点在横坐标上的流动性，代入式（8.82）积分，即可得解答。

【例 8.4】 半平面上在其一段边界上（长 $2a$）受均布法向荷载 q，如图 8.15 所示。试证，体内应力分量为

$$\sigma_x = -\frac{q}{2\pi}[2(\theta_2-\theta_1)+(\sin 2\theta_2-\sin 2\theta_1)]$$

$$\sigma_y = -\frac{q}{2\pi}[2(\theta_2-\theta_1)-(\sin 2\theta_2-\sin 2\theta_1)] \qquad (8.83)$$

$$\tau_{xy} = -\frac{q}{2\pi}(\cos 2\theta_1-\cos 2\theta_2)$$

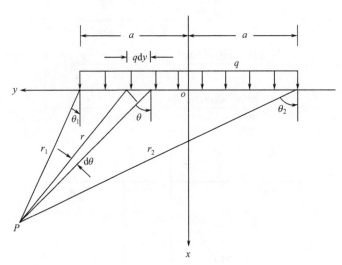

图 8.15 例 8.4 图

解：求 P 点的应力分量

将其视为无数个 $q\mathrm{d}y$ 的集中力在 P 点引起的应力叠加，即由（8.82）的第一式，积分可得

$$\sigma_x = \int_{-a}^{a} -\frac{2(q\mathrm{d}y)}{\pi}\times\frac{\cos^3\theta}{r} \qquad (8.84)$$

且注意关系 $r\mathrm{d}\theta=\mathrm{d}y\cos\theta$，即 $\mathrm{d}y=\dfrac{r\mathrm{d}\theta}{\cos\theta}$，将其代入上式得

$$\sigma_x = -\frac{2q}{\pi}\int_{\theta_1}^{\theta_2}\frac{\cos^3\theta}{r}\times\frac{r}{\cos\theta}\mathrm{d}\theta \qquad (8.85)$$

积分上式得

$$\sigma_x = -\frac{2q}{\pi}\int_{\theta_1}^{\theta_2}\frac{1+\cos 2\theta}{2}\mathrm{d}\theta$$

$$= -\frac{q}{2\pi}[2(\theta_2-\theta_1)+(\sin 2\theta_2-\sin 2\theta_1)]$$

故得证式 (8.83) 中的第一式，其余两式用同样的方法可以得出。

为了求得位移分量的表达式，假定为平面应力问题，将应力分量式 (8.80) 代入物理方程，得应变分量

$$
\left.
\begin{aligned}
\varepsilon_r &= \frac{1}{E}(\sigma_r - \nu\sigma_\theta) = -\frac{2P}{\pi E} \times \frac{\cos\theta}{r} \\
\varepsilon_\theta &= \frac{1}{E}(\sigma_\theta - \nu\sigma_r) = \frac{2\nu P}{\pi E} \times \frac{\cos\theta}{r} \\
\gamma_{r\theta} &= \frac{2(1+\nu)}{E}\tau_{r\theta} = 0
\end{aligned}
\right\}
\tag{8.86}
$$

再将式 (8.86) 代入几何方程式 (8.2) 有

$$
\varepsilon_r = \frac{\partial u}{\partial r} = -\frac{2P}{\pi E} \times \frac{\cos\theta}{r}
\tag{8.87}
$$

$$
\varepsilon_\theta = \frac{u}{r} + \frac{1}{r} \times \frac{\partial v}{\partial \theta} = \frac{2\nu P}{\pi E} \times \frac{\cos\theta}{r}
\tag{8.88}
$$

$$
\gamma_{r\theta} = \frac{1}{r} \times \frac{\partial u}{\partial \theta} + \frac{\partial v}{\partial r} - \frac{v}{r} = 0
\tag{8.89}
$$

由式 (8.87) 得

$$
u = -\frac{2P}{\pi E}\ln r\cos\theta + f(\theta)
\tag{8.90}
$$

将式 (8.90) 代入式 (8.88)

$$
\frac{\partial v}{\partial \theta} = \frac{2P}{\pi E}\cos\theta(\nu + \ln r) - f(\theta)
$$

积分得

$$
v = \frac{2P}{\pi E}(\nu + \ln r)\sin\theta - \int f(\theta)\mathrm{d}\theta + g(r)
\tag{8.91}
$$

将式 (8.90)、式 (8.91) 代入式 (8.89)，并且两边乘以 r，则

$$
\left[\frac{2P}{\pi E}\ln r\sin\theta + \frac{\mathrm{d}f(\theta)}{\mathrm{d}\theta}\right] + \left[\frac{2P}{\pi E} \times \frac{\sin\theta}{r} + \frac{\mathrm{d}g(r)}{\mathrm{d}r}\right]r
$$

$$
= \frac{2P}{\pi E}(\nu + \ln r)\sin\theta - \int f(\theta)\mathrm{d}\theta + g(r)
$$

移项化简得

$$
\frac{\mathrm{d}f(\theta)}{\mathrm{d}\theta} + \frac{2P}{\pi E}(1-\nu)\sin\theta + \int f(\theta)\mathrm{d}\theta = g(r) - r\frac{\mathrm{d}g(r)}{\mathrm{d}r}
\tag{8.92}
$$

式 (8.92) 左边只是 θ 的函数，右边只是 r 的函数，因此，方程两边都等于同一常数 F，即

$$
\frac{\mathrm{d}f(\theta)}{\mathrm{d}\theta} + \frac{2P}{\pi E}(1-\nu)\sin\theta + \int f(\theta)\mathrm{d}\theta = F
\tag{8.93}
$$

$$
g(r) - r\frac{\mathrm{d}g(r)}{\mathrm{d}r} = F
\tag{8.94}
$$

式 (8.93)、式 (8.94) 两边分别对 θ 和 r 求导，则

$$
\frac{\mathrm{d}^2 f(\theta)}{\mathrm{d}\theta^2} + f(\theta) + \frac{2P}{\pi E}(1-\nu)\cos\theta = 0
\tag{8.95}
$$

$$
g''(r) = 0
\tag{8.96}
$$

解得

$$f(\theta)=-\frac{P(1-\nu)}{\pi E}\theta\sin\theta+I\cos\theta+K\sin\theta \qquad (8.97)$$

$$g(r)=Hr+J \qquad (8.98)$$

将式（8.97）代入式（8.90），式（8.97）和式（8.98）代入式（8.91）得位移分量

$$\left.\begin{array}{l} u=-\dfrac{2P}{\pi E}\cos\theta\ln r-\dfrac{1-\nu}{\pi E}P\theta\sin\theta+I\cos\theta+K\sin\theta \\[3mm] v=\dfrac{2P}{\pi E}\sin\theta\ln r+\dfrac{1+\nu}{\pi E}\sin\theta-\dfrac{1-\nu}{\pi E}P\theta\cos\theta+Hr-I\sin\theta+K\cos\theta+J \end{array}\right\} \qquad (8.99)$$

① 由于问题的对称性，x 轴上各点无环向位移，即

$$(v)_\theta=0$$

则

$$H=K=J=0$$

② 为了确定 I，假定在 x 轴上相当深处的竖向位移略去不计，即

$$u\Big|_{\substack{r=d\\\theta=0}}=0$$

得

$$I=\frac{2P}{\pi E}\ln d$$

因此，位移分量为

$$\left.\begin{array}{l} u=\dfrac{2P}{\pi E}\cos\theta\ln\dfrac{d}{r}-\dfrac{P}{\pi E}(1-\nu)\theta\sin\theta \\[3mm] v=-\dfrac{2P}{\pi E}\sin\theta\ln\dfrac{d}{r}-\dfrac{P}{\pi E}(1-\nu)\theta\cos\theta+\dfrac{P}{\pi E}(1+\nu)\sin\theta \end{array}\right\} \qquad (8.100)$$

③ 工程上最关心的是边界上的竖向位移——称为沉陷，即

$$\left.\begin{array}{l} v\Big|_{\theta=\frac{\pi}{2}}=-\dfrac{2P}{\pi E}\ln\dfrac{d}{r}+\dfrac{P}{\pi E}(1+\nu) \\[3mm] v\Big|_{\theta=-\frac{\pi}{2}}=\dfrac{2P}{\pi E}\ln\dfrac{d}{r}-\dfrac{P}{\pi E}(1+\nu) \end{array}\right\} \qquad (8.101)$$

注意以下两点。

a. $v\Big|_{\theta=\frac{\pi}{2}}<0$，表示下沉，而 $v\Big|_{\theta=-\frac{\pi}{2}}>0$ 时，才表示下沉，如图 8.16 所示。

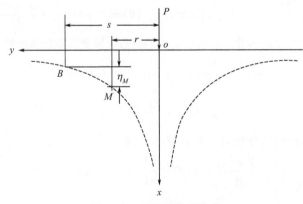

图 8.16　半无限体的位移

140

b. M 点相对于基点 B 点的相对沉陷为 η_M，由式（8.99）

$$\eta_M = \left(-v\,\Big|_{\substack{r=r \\ \theta=\frac{\pi}{2}}}\right) - \left(-v\,\Big|_{\substack{r=s \\ \theta=\frac{\pi}{2}}}\right)$$

$$\eta_M = \left(-\frac{2P}{\pi E}\ln r - \frac{1+\nu}{\pi E}P + I\right) - \left(-\frac{2P}{\pi E}\ln s - \frac{1+\nu}{\pi E}P + I\right) \tag{8.102}$$

$$= \frac{2P}{\pi E}\ln\frac{s}{r}$$

因此，式（8.102）为边界各点对基点 B 的相对沉陷。

8.8　关于弹性力学问题解法的讨论

在第 7 章和本章中讨论了弹性力学平面问题的解法、求解过程及边界条件的处理等问题。在一般弹性力学教材中介绍求解弹性力学平面问题时均采用的是应力函数法。在第 7 章中，我们同时介绍了用应力法和应力函数法解弹性力学平面问题，而在第 8 章中，只介绍了应力函数的解法，主要是由于应力法在极坐标中的应用不如应力函数方便。无论是用应力法还是应用应力函数解弹性力学平面问题，最一般的做法就是根据所求解问题的性质、受力及边界形状，对应力或应力函数进行分离变量，将求解偏微分方程的问题转化为求解常微分方程的问题，现归纳如下。

（1）用应力法解平面直角坐标问题的控制方程

$$\left.\begin{aligned}
\frac{\partial \sigma_x}{\partial x} + \frac{\partial \tau_{xy}}{\partial y} + f_x &= 0 \\
\frac{\partial \tau_{yx}}{\partial x} + \frac{\partial \sigma_y}{\partial y} + f_y &= 0 \\
\nabla^2(\sigma_x + \sigma_y) &= 0
\end{aligned}\right\} \tag{8.103}$$

并且在边界上满足应力边界条件，在多连体中上述应力分量还应满足位移单值条件。对于细长矩形截面梁，根据梁主要边界上的外力或截面内力，可以推设应力分量有如下形式

$$\sigma_x = M(x)f(y), \quad \sigma_y = q(x)f(y), \quad \tau_{xy} = Q(x)f(y) \tag{8.104}$$

当已知方程式（8.104）中的任意一个应力分量的形式，将其代入方程式（8.103）中的平衡方程得出另外两个应力分量的表达式，再代入协调方程式，定出应力的形式，并用边界条件确定常数，最后各应力分量被完全确定。这是按应力法求解平面问题的原理和方法，该方法不涉及 Airy 应力函数，并能求解 Airy 应力函数难以解决的问题。

（2）用应力函数求解弹性力学平面问题

用应力函数求解弹性力学平面问题归结为寻求一个应力函数满足以下双调和方程

$$\nabla \varphi^4 = \frac{\partial^4 \varphi}{\partial x^4} + 2\frac{\partial^4 \varphi}{\partial x^2 \partial y^2} + \frac{\partial^4 \varphi}{\partial y^4} = 0 \tag{8.105}$$

其应力分量（不计体力）为

$$\sigma_x = \frac{\partial^2 \varphi}{\partial y^2}, \quad \sigma_y = \frac{\partial^2 \varphi}{\partial x^2}, \quad \tau_{xy} = -\frac{\partial^2 \varphi}{\partial x \partial y} \tag{8.106}$$

选择一个应力函数既能满足双调和方程式（8.105）和由此求出的应力分量又能满足应力边界条件，这对于初学者来说感到十分困难，并且盲目性很大。为此对于细长矩形截面

梁，根据梁主要边界上所受荷载或截面内力情况，可以由式（8.104）并结合式（8.106）得

$$
\left.\begin{array}{l}
\sigma_x = M(x)f(y) = \dfrac{\partial^2 \varphi}{\partial y^2} \\[3mm]
\sigma_y = q(x)f(y) = \dfrac{\partial^2 \varphi}{\partial x^2} \\[3mm]
\tau_{xy} = Q(x)f(y) = -\dfrac{\partial^2 \varphi}{\partial x \partial y}
\end{array}\right\} \tag{8.107}
$$

通过式（8.107）中的任何一式，可以积分二次得出应力函数 $\varphi(x,y)$。这样根据梁主要边界上的受力或截面内力的情况推设出应力分量的形式，再根据应力分量和应力函数之间的关系定出 $\varphi(x,y)$。该方法具有简单、实用的优点，让学生学会自己把一些简单的问题的应力函数推导出来，并领会弹性力学逆解法与半逆解法的思想方法。

对于平面极坐标问题，求解归结为

$$
\nabla^4 \varphi = \left(\frac{\partial^2}{\partial r^2} + \frac{1}{r} \times \frac{\partial}{\partial r} + \frac{1}{r^2} \times \frac{\partial^2}{\partial \theta^2}\right)^2 \varphi = 0 \tag{8.108}
$$

其应力分量为

$$
\left.\begin{array}{l}
\sigma_r = \dfrac{1}{r} \times \dfrac{\partial \varphi}{\partial r} + \dfrac{1}{r^2} \times \dfrac{\partial^2 \varphi}{\partial \theta^2} \\[3mm]
\sigma_\theta = \dfrac{\partial^2 \varphi}{\partial r^2} \\[3mm]
\tau_{r\theta} = \dfrac{1}{r^2} \times \dfrac{\partial \varphi}{\partial \theta} - \dfrac{1}{r} \times \dfrac{\partial^2 \varphi}{\partial r \partial \theta} = -\dfrac{\partial}{\partial r}\left(\dfrac{1}{r} \times \dfrac{\partial \varphi}{\partial \theta}\right)
\end{array}\right\} \tag{8.109}
$$

其中应力函数 $\varphi(r,\theta)$ 若能做到分离变量，即 $\varphi(r,\theta) = f(r)f(\theta)$，则求解方程式（8.108）的问题转化为求解常微分方程（欧拉方程）。第一类情况是 $f(\theta)$ 成为显函数，如轴对称问题与 θ 无关，$\varphi(r,\theta) = f(r)$。又如圆孔问题，经等代变换后，根据边界上的受力，推设 $\varphi(r,\theta) = \cos2\theta f(r)$，对于四分之一圆环上端受水平集中力的问题，其截面同弯矩相应的应力 σ_θ 与 $\sin\theta$ 成正比，故设 $\varphi(r,\theta) = f(r)\sin\theta$，而二分之一圆环上、下端受竖向集中力的问题，同理可设 $\varphi(r,\theta) = f(r)\cos\theta$ 等。第二类情况是 $f(r)$ 成为显函数，对于楔形体和半无限体问题，其应力函数 $\varphi(r,\theta)$ 的选取一般是通过因次分析确定。现归纳为下面的表达式

$$
\varphi(r,\theta) = r^{n+2} f(\theta) \tag{8.110}
$$

① $n = -2$，对应于边界或楔顶受集中力偶作用，$\varphi(r,\theta) = f(\theta)$。
② $n = -1$，对应于边界或楔顶受集中力作用，$\varphi(r,\theta) = rf(\theta)$。
③ $n = 0$，对应于边界或楔顶受均布荷载作用，$\varphi(r,\theta) = r^2 f(\theta)$。
④ $n = 1$，对应于边界或楔顶受线性分布荷载作用，$\varphi(r,\theta) = r^3 f(\theta)$。
⑤ $n = 2$，对应于边界或楔顶受抛物线分布荷载作用，$\varphi(r,\theta) = r^4 f(\theta)$。

（3）用应力和函数解弹性力学问题

在第 5 章中无论是使用应力法还是位移法解弹性力学问题，都会遇到求解耦联的偏微分方程组，这一个问题一直是影响弹性力学发展的一个瓶颈。为此，近年来对这个问题进行了研究，引入应力和函数的方法，将耦联的偏微分方程组解耦成非耦联的几个偏微分方程，从而降低了求解问题的难度，应用该方法成功地解决了多跨连续深梁的计算，其解答与采用应

力函数（三角级数加多项式）的解答完全一致。该方法对于今后求解应力函数难以解决的问题有启示的作用，为扩大弹性力学的应用范围开辟了新的途径。

习题

8.1 如图考察函数 $\varphi = \dfrac{M}{2\pi}\theta$ 可否作为极坐标的应力函数（M 为常量）。若可以则在 $a \leqslant r \leqslant b$ 的边界上对应着怎样的面力？

$$\left(\text{答案：} \sigma_r = \sigma_\theta = 0, \tau_{r\theta} = \frac{M}{2\pi r^2}, \text{主矢为零，主矩为 } M\right)$$

8.2 求图中给出的圆弧曲梁内的应力分布。

　　［提示：设应力函数 $\varphi = f(r)\sin\theta$］

$$\left[\text{答案：} \sigma_r = \frac{F}{N}\left(r + \frac{a^2 b^2}{r^3} - \frac{a^2 + b^2}{r}\right)\sin\theta, \sigma_\theta = \frac{F}{N}\left(3r - \frac{a^2 b^2}{r^3} - \frac{a^2 + b^2}{r}\right)\sin\theta, \right.$$

$$\left. \tau_{r\theta} = -\frac{F}{N}\left(r + \frac{a^2 b^2}{r^3} - \frac{a^2 + b^2}{r}\right)\cos\theta, N = a^2 - b^2 + (a^2 + b^2)\ln\frac{a}{b}\right]$$

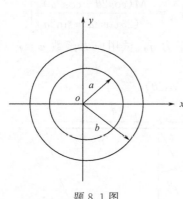

題 8.1 图

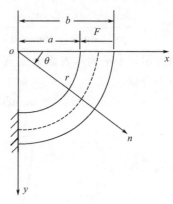

題 8.2 图

8.3 如图所示矩形薄板受纯剪，剪力集度 $\tau = q$，设中部有一个小圆孔，半径为 a，取应力函数

$$\Phi = (C_1 r^4 + C_2 r^2 + C_3 + C_4 r^{-2})\sin 2\theta$$

求解应力分量，并求圆孔边缘处的最大正应力、最小正应力。

$$\left(\text{答案：} \sigma_\theta\Big|_{\substack{r=a \\ \theta=\frac{\pi}{4}}} = -4q, \sigma_\theta\Big|_{\substack{r=a \\ \theta=-\frac{\pi}{4}}} = 4q\right)$$

8.4 图示楔形体在两侧上受有均布剪力 q，试求应力分量。

　　［提示：设应力函数 $\varphi = r^2 f(\theta)$］

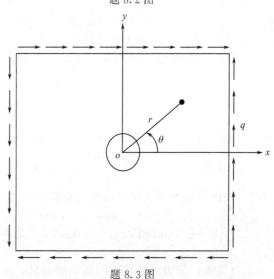

題 8.3 图

$$\left[\text{答案：} \sigma_r = -q\left(\frac{\cos2\theta}{\sin\alpha} + \cot\alpha\right), \sigma_\theta = q\left(\frac{\cos2\theta}{\sin\alpha} - \cot\alpha\right), \tau_{r\theta} = q\,\frac{\sin2\theta}{\sin\alpha}\right]$$

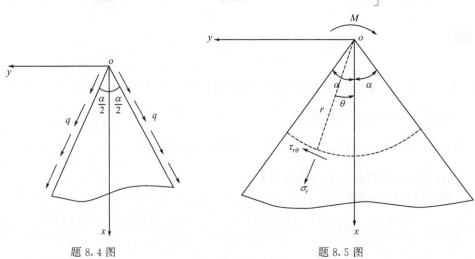

题 8.4 图　　　　　　　　　　题 8.5 图

8.5　图示楔形体在顶端作用有一集中力偶，其单位宽度上的力偶矩为 M，试求应力分量。

　　〔提示：设应力函数 $\varphi = f(\theta)$〕

$$\left[\text{答案：} \sigma_r = \frac{2M\sin2\theta}{r^2(\sin2\alpha - 2\alpha\cos2\alpha)}, \sigma_\theta = 0, \tau_{r\theta} = \frac{M(\cos2\theta - \cos2\alpha)}{r^2(2\alpha\cos2\alpha - \sin2\alpha)}\right]$$

8.6　如图所示，半平面体表面上受有均布水平力 q，试用应力函数 $\varphi = r^2(B\sin2\theta + C\theta)$，求应力分量。

　　（答案：$\sigma_r = q\sin2\theta, \sigma_\theta = -q\sin2\theta, \tau_{r\theta} = q\cos2\theta$）

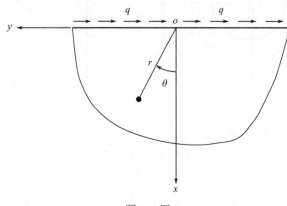

题 8.6 图

8.7　如图所示，在半平面上作用有一水平集中力 F，试求平面内任意一点的应力分量。

$$\left(\text{答案：} \sigma_r = -\frac{2F}{\pi} \times \frac{\cos\theta}{r}, \sigma_\theta = \tau_{r\theta} = 0\right)$$

8.8　如图所示的半无限平面受均布荷载 q 作用，证明应力分量 $\sigma_r = A\left(\theta + \frac{1}{2}B\sin2\theta\right)$，$\sigma_\theta = A\left(\theta - \frac{1}{2}B\sin2\theta\right)$，$\tau_{r\theta} = -A\sin^2\theta$，为本问题的解答，并求出待定系数 A、B。

$$\left(\text{答案：应力分量是本问题的解，且，} A = -\frac{q}{\pi}, B = 1\right)$$

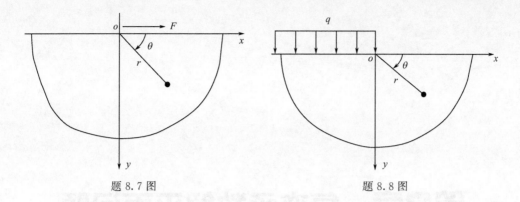

题 8.7 图　　　　　　　　　　　　题 8.8 图

8.9　带斜度的薄板如图所示，两端做成圆弧形，厚度为 t，若两端作用合力矩为 M，试求应力分量。

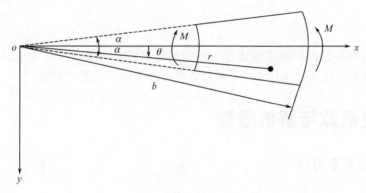

题 8.9 图

$$\left[答案： \sigma_r = \frac{2M\sin2\theta}{(\sin2\alpha - 2\alpha\cos2\alpha)tr^2}, \sigma_\theta - 0, \tau_{r\theta} = \frac{M(-\cos2\theta + \cos2\alpha)}{(\sin2\alpha - 2\alpha\cos2\alpha)tr^2} \right]$$

8.10　如图所示，设有无限大薄板，在板内小孔中受集中力 F，试用如下的应力函数求解：
$\varphi = Ar\ln r\cos\theta + Br\theta\sin\theta$。

（提示：需要考虑位移单值条件）

$$\left[答案： \sigma_r = -\frac{(3+\nu)F}{4\pi} \times \frac{\cos\theta}{r}, \sigma_\theta = \frac{(1-\nu)P}{4\pi} \times \frac{\cos\theta}{r}, \tau_{r\theta} = \frac{(1-\nu)F}{4\pi} \times \frac{\sin\theta}{r} \right]$$

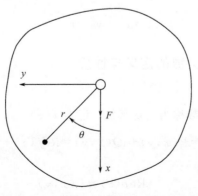

题 8.10 图

第9章 复变函数解平面问题

弹性力学的许多平面问题是最适合于复变函数求解，由 Kolosoff-Muskhelishvli 发展的复变函数法使得不少复杂的弹性力学、断裂力学问题得到了完美的解答。

9.1 复变函数与解析函数

9.1.1 复数的表示方法

$z = x + \mathrm{i}y$ 称为复数，$\mathrm{i} = \sqrt{-1}$ 称为虚单位，$x = \mathrm{Re}z$、$y = \mathrm{Im}z$ 分别称为复数的实部和虚部。显然 z 可用直角坐标上的一点表示，x 轴称为实轴，y 轴称为虚轴，图 9.1 称为复平面。其上任一点 A 记为

$$
\begin{aligned}
z &= x + \mathrm{i}y \\
  &= r(\cos\theta + \mathrm{i}\sin\theta) \\
  &= r\mathrm{e}^{\mathrm{i}\theta}
\end{aligned} \tag{9.1}
$$

式中，r 为复数的模；θ 为幅角。

$\bar{z} = x - \mathrm{i}y$ 称为 z 的共轭复数。

$$
x = \frac{1}{2}(z + \bar{z}), \quad y = \frac{1}{2\mathrm{i}}(z - \bar{z}), \quad z\bar{z} = x^2 + y^2 = r^2
$$

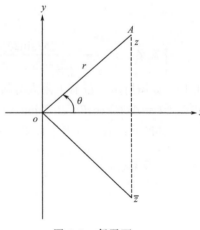

图 9.1 复平面

9.1.2 复变函数与解析函数的定义与性质

（1）复变函数

以复数 z 为自变量的函数称为复变函数，记为 $f(z)$

$$
f(z) = P(x, y) + \mathrm{i}Q(x, y) = \mathrm{Re}f(z) + \mathrm{i}\mathrm{Im}f(z) \tag{9.2}
$$

式中，实部为

$$
\mathrm{Re}f(z) = P(x, y)
$$

虚部为

$$\mathrm{Im}f(z)=Q(x,y)$$

共轭复变函数为

$$\overline{f}(z)=P(x,y)-\mathrm{i}Q(x,y)=\mathrm{Re}f(z)-\mathrm{i}\mathrm{Im}f(z) \tag{9.3}$$

（2）解析函数

定义：如复变函数在域 D 内每一点都有导数 $f'(z)$ 存在，则称 $f(z)$ 为域 D 内的解析函数，复变函数成为解析函数必须满足 Cauchy-Rieman 条件，即

$$\left.\begin{array}{l}\dfrac{\partial \mathrm{Re}f(z)}{\partial x}=\dfrac{\partial \mathrm{Im}f(z)}{\partial y}\\[3mm]\dfrac{\partial \mathrm{Re}f(z)}{\partial y}=-\dfrac{\partial \mathrm{Im}f(z)}{\partial x}\end{array}\right\} \tag{9.4}$$

（3）解析函数的重要性质和重要关系

① 解析函数的实部和虚部都满足调和方程

$$\nabla^2\mathrm{Re}f(z)=0,\nabla^2\mathrm{Im}f(z)=0 \tag{9.5}$$

② 解析函数的导数或积分仍为解析函数，它们的实部和虚部都满足 Cauchy-Rieman 条件，即

$$f'(z)=\frac{\mathrm{d}f(z)}{\mathrm{d}z}=\mathrm{Re}f'(z)+\mathrm{i}\mathrm{Im}f'(z)$$

有

$$\left.\begin{array}{l}\dfrac{\partial \mathrm{Re}f'(z)}{\partial x}=\dfrac{\partial \mathrm{Im}f'(z)}{\partial y}\\[3mm]\dfrac{\partial \mathrm{Re}f'(z)}{\partial y}=-\dfrac{\partial \mathrm{Im}f'(z)}{\partial x}\end{array}\right\} \tag{9.6}$$

或

$$\widetilde{f}(z)=\int f(z)\mathrm{d}z=\mathrm{Re}\widetilde{f}(z)+\mathrm{i}\mathrm{Im}\widetilde{f}(z)$$

也有

$$\left.\begin{array}{l}\mathrm{Re}f(z)=\dfrac{\partial \mathrm{Re}\widetilde{f}(z)}{\partial x}=\dfrac{\partial \mathrm{Im}\widetilde{f}(z)}{\partial y}\\[3mm]\mathrm{Im}f(z)=\dfrac{\partial \mathrm{Re}\widetilde{f}(z)}{\partial y}=-\dfrac{\partial \mathrm{Im}\widetilde{f}(z)}{\partial x}\end{array}\right\} \tag{9.7}$$

③ 解析函数的实部和虚部对复数 z 的导数与对 x、y 的偏导数之间存在如下重要关系

$$\left.\begin{array}{l}\mathrm{Re}f'(z)=\dfrac{\partial \mathrm{Re}f(z)}{\partial x}=\dfrac{\partial \mathrm{Im}f(z)}{\partial y}\\[3mm]\mathrm{Im}f'(z)=\dfrac{\partial \mathrm{Im}f(z)}{\partial x}=-\dfrac{\partial \mathrm{Re}f(z)}{\partial y}\end{array}\right\} \tag{9.8}$$

类似有

$$\left.\begin{array}{l}\mathrm{Re}\widetilde{f}(z)=\dfrac{\partial \mathrm{Re}\widetilde{\widetilde{f}}(z)}{\partial x}=\dfrac{\partial \mathrm{Im}\widetilde{\widetilde{f}}(z)}{\partial y}\\[3mm]\mathrm{Im}\widetilde{f}(z)=\dfrac{\partial \mathrm{Im}\widetilde{\widetilde{f}}(z)}{\partial x}=-\dfrac{\partial \mathrm{Re}\widetilde{\widetilde{f}}(z)}{\partial y}\end{array}\right\} \tag{9.9}$$

9.2 复变应力函数及应力分量和位移分量的表达式

在一般情况下，为能解决复杂的孔洞应力集中和裂纹问题，常采用以两个解析函数来表示的应力函数。首先推导这种应力函数的表达式，然后给出应力分量和位移分量的表达式。

9.2.1 复变应力函数

作为平面问题的应力函数 Φ 必须满足双调和方程，即 $\nabla^2\nabla^2\Phi=0$。令 $\nabla^2\Phi=P$，则前式为 $\nabla^2 P=0$，P 为调和函数，又令函数 Q 是 P 的共轭调和函数。由解析函数的性质，构成解析函数的实部和虚部为共轭的调和函数，则由 P 和 Q 分别作为实部和虚部的函数为

$$f(z)=P+\mathrm{i}Q$$

必为解析函数。另取一解析函数

$$\chi(z)=p+\mathrm{i}q=\frac{1}{4}\int f(z)\mathrm{d}z \tag{9.10}$$

将式（9.10）对 z 求导，有

$$\chi'(z)=\frac{\mathrm{d}\chi(z)}{\mathrm{d}z}=\frac{\mathrm{d}p}{\mathrm{d}z}+\mathrm{i}\frac{\mathrm{d}q}{\mathrm{d}z}$$

注意到式（9.8）有

$$\frac{\mathrm{d}p}{\mathrm{d}z}=\frac{\partial p}{\partial x},\frac{\mathrm{d}q}{\mathrm{d}z}=\frac{\partial q}{\partial x}$$

所以

$$\chi'(z)=\frac{\partial p}{\partial x}+\mathrm{i}\frac{\partial q}{\partial x}=\frac{1}{4}(P+\mathrm{i}Q) \tag{9.11}$$

根据 Cauchy-Rieman 关系，有

$$\frac{\partial p}{\partial x}=\frac{\partial q}{\partial y} \tag{9.12}$$

由式（9.11）等式两边实部相等，并考虑式（9.12）得

$$\frac{1}{4}P=\frac{\partial p}{\partial x}=\frac{\partial q}{\partial y} \quad 或 \quad P=\frac{4\partial p}{\partial x}=\frac{4\partial q}{\partial y} \tag{9.13}$$

再对式（9.10）中的 p、q 的 xp 和 yq 作拉普拉斯运算得

$$\nabla^2(xp)=\left(\frac{\partial^2}{\partial x^2}+\frac{\partial^2}{\partial y^2}\right)(xp)=\frac{2\partial p}{\partial x} \tag{9.14}$$

$$\nabla^2(yq)=\left(\frac{\partial^2}{\partial x^2}+\frac{\partial^2}{\partial y^2}\right)(yq)=\frac{2\partial q}{\partial y} \tag{9.15}$$

说明式（9.14）的推导过程

$$\frac{\partial^2}{\partial x^2}(xp)=\frac{\partial}{\partial x}\left[\frac{\partial}{\partial x}(xp)\right]=\frac{\partial}{\partial x}\left(1\times p+x\frac{\partial p}{\partial x}\right)=\left(\frac{\partial p}{\partial x}+\frac{1\partial p}{\partial x}+x\frac{\partial^2 p}{\partial x^2}\right)$$

$$\frac{\partial^2}{\partial y^2}(xp)=\frac{\partial}{\partial y}\left[\frac{\partial}{\partial y}(xp)\right]=\frac{\partial}{\partial y}\left(0\times p+x\frac{\partial p}{\partial y}\right)=x\frac{\partial^2 p}{\partial y^2}$$

将以上两式相加，并注意 p、q 是调和函数

$$\nabla^2(xp)=\frac{\partial^2}{\partial x^2}(xp)+\frac{\partial^2}{\partial y^2}(xp)=\left[x\left(\frac{\partial^2 p}{\partial x^2}+\frac{\partial^2 p}{\partial y^2}\right)+\frac{2\partial p}{\partial x}\right]=\frac{2\partial p}{\partial x}$$

将式（9.14）、式（9.15）代入下面运算中，有

$$\nabla^2(xp+yq)=\frac{2\partial p}{\partial x}+\frac{2\partial q}{\partial y}=\frac{4\partial p}{\partial x}=\frac{4\partial q}{\partial y} \tag{9.16}$$

比较式（9.13）和式（9.16）两式，可见

$$P-\nabla^2(xp+yq)=0 \tag{9.17}$$

因为 $\nabla^2\Phi=P$，代入式（9.17）得

$$\nabla^2\Phi-\nabla^2(xp+yq)=0 \quad \text{或} \quad \nabla^2(\Phi-xp-yq)=0$$

可见 $(\Phi-xp-yq)$ 是一个调和函数，令其为某一解析函数 $\psi(z)$ 的实部，即

$$(\Phi-xp-yq)=\text{Re}[\psi(z)] \tag{9.18}$$

同时注意到

$$\bar{z}\chi(z)=(x-\text{i}y)(p+\text{i}q)=xp+\text{i}xq-\text{i}yp+yq$$

所以

$$\text{Re}\,\bar{z}\chi(z)=xp+yq \tag{9.19}$$

将式（9.19）代入式（9.18），得到

$$\Phi=\text{Re}[\psi(z)+\bar{z}\chi(z)] \tag{9.20}$$

可见，应力函数 Φ 已有两个解析函数 $\chi(z)$ 和 $\psi(z)$ 所表示，这就是著名的 Coursat（古尔萨）公式，解析函数 $\chi(z)$ 和 $\psi(z)$ 称为 Kolosoff-Muskhelishvli 应力函数，简称 K-M 函数。如果所选的解析函数 $\chi(z)$ 和 $\psi(z)$ 满足具体问题的边界条件，则由它们组成的应力函数就是问题的解。

9.2.2 应力与位移的复变函数表示

下面用复变应力函数 Φ（K-M 函数）来表示各应力分量。

根据共轭复变函数的性质，式（9.20）可写为

$$\Phi=\text{Re}[\psi(z)+\bar{z}\chi(z)]=\frac{1}{2}[\bar{z}\chi(z)+z\bar{\chi}(z)+\psi(z)+\bar{\psi}(z)]$$

将上式的 Φ 分别对 x、y 求偏导数，可得

$$\left.\begin{array}{l}\dfrac{\partial\Phi}{\partial x}=\dfrac{\partial\Phi}{\partial z}\times\dfrac{\partial z}{\partial x}+\dfrac{\partial\Phi}{\partial\bar{z}}\times\dfrac{\partial\bar{z}}{\partial x}=\dfrac{\partial\Phi}{\partial z}+\dfrac{\partial\Phi}{\partial\bar{z}}\\[3mm]\quad=\dfrac{1}{2}[\chi(z)+\bar{z}\chi'(z)+\bar{\chi}(z)+z\bar{\chi}'(z)+\psi'(z)+\bar{\psi}'(z)]\\[3mm]\dfrac{\partial\Phi}{\partial y}=\dfrac{\partial\Phi}{\partial z}\times\dfrac{\partial z}{\partial y}+\dfrac{\partial\Phi}{\partial\bar{z}}\times\dfrac{\partial\bar{z}}{\partial y}=\text{i}\left(\dfrac{\partial\Phi}{\partial z}-\dfrac{\partial\Phi}{\partial\bar{z}}\right)\\[3mm]\quad=\dfrac{\text{i}}{2}[-\chi(z)+\bar{z}\chi'(z)+\bar{\chi}(z)-z\bar{\chi}'(z)+\psi'(z)-\bar{\psi}'(z)]\end{array}\right\} \tag{9.21}$$

进而可求得

$$\sigma_x = \frac{\partial^2 \Phi}{\partial y^2} = i\left[\frac{\partial}{\partial z}\left(\frac{\partial \Phi}{\partial y}\right) - \frac{\partial}{\partial \bar{z}}\left(\frac{\partial \Phi}{\partial y}\right)\right]$$

$$= \frac{1}{2}\left[2\chi'(z) + 2\bar{\chi}'(z) - z\bar{\chi}''(z) - \bar{z}\chi''(z) - \psi''(z) - \bar{\psi}''(z)\right]$$

$$\sigma_y = \frac{\partial^2 \Phi}{\partial x^2} = \left[\frac{\partial}{\partial z}\left(\frac{\partial \Phi}{\partial x}\right) + \frac{\partial}{\partial \bar{z}}\left(\frac{\partial \Phi}{\partial x}\right)\right]$$

$$= \frac{1}{2}\left[2\chi'(z) + 2\bar{\chi}'(z) + z\bar{\chi}''(z) + \bar{z}\chi''(z) + \psi''(z) + \bar{\psi}''(z)\right] \tag{9.22}$$

$$\tau_{xy} = -\frac{\partial^2 \Phi}{\partial x \partial y} = -\frac{\partial}{\partial y}\left(\frac{\partial \Phi}{\partial x}\right) = -\left[\frac{\partial}{\partial z}\left(\frac{\partial \Phi}{\partial x}\right)\frac{\partial z}{\partial y} + \frac{\partial}{\partial \bar{z}}\left(\frac{\partial \Phi}{\partial x}\right)\frac{\partial \bar{z}}{\partial y}\right]$$

$$= -i\left[\frac{\partial}{\partial z}\left(\frac{\partial \Phi}{\partial x}\right) - \frac{\partial}{\partial \bar{z}}\left(\frac{\partial \Phi}{\partial x}\right)\right]$$

$$= \frac{i}{2}\left[\bar{z}\chi''(z) - z\bar{\chi}''(z) + \psi''(z) - \bar{\psi}''(z)\right]$$

由式（9.22）的结果，可以得出应力分量的表达式

$$\sigma_x + \sigma_y = 2[\chi'(z) + \bar{\chi}'(z)] = 4\text{Re}[\chi'(z)]$$
$$\sigma_y - \sigma_x + 2i\tau_{xy} = 2[\psi''(z) + \bar{z}\chi''(z)] \tag{9.23}$$

这一工作是由克罗索夫完成的，如果已知复变函数 $\psi(z)$ 和 $\chi(z)$，则将式（9.23）的第二式的实部和虚部分开，得到 $\sigma_y - \sigma_x$ 的表达式和 τ_{xy} 的值，再与式（9.23）的第一式联立求解，求得 σ_x 和 σ_y 的值。

根据应力分量的坐标变换公式可得

$$\sigma_r + \sigma_\theta = \sigma_x + \sigma_y$$
$$\sigma_\theta - \sigma_r + 2i\tau_{r\theta} = (\sigma_y - \sigma_x + 2i\tau_{xy})e^{i2\theta} \tag{9.24}$$

将式（9.23）代入式（9.24）可得

$$\sigma_r + \sigma_\theta = 2[\chi'(z) + \bar{\chi}'(z)] = 4\text{Re}[\chi'(z)]$$
$$\sigma_\theta - \sigma_r + 2i\tau_{r\theta} = 2[\psi''(z) + \bar{z}\chi''(z)]e^{i2\theta} \tag{9.25}$$

用复变函数表示的复位移 U 为（推导略）

$$U = u + iv = \frac{1}{2G}[K\chi(z) - z\bar{\chi}'(z) - \bar{\psi}'(z)] \tag{9.26}$$

式中，$K = \frac{3-\nu}{1+\nu}, G = \frac{E}{2(1+\nu)}$。

【例9.1】 如图9.2所示，平面曲杆两端受大小相等、方向相反的力偶 M 作用。其内半径为 a，外半径为 b，中心角为 β，横截面为矩形，厚度为1。试用复变函数法求应力分量。

设取复变函数

$$\psi(z) = C\ln z$$
$$\chi(z) = Az\ln z + Bz$$

式中，A、B、C 为复常数。

解：（1）准备工作

因设

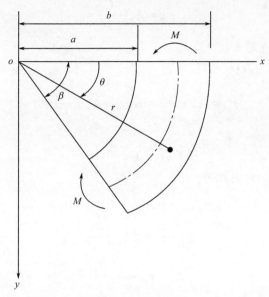

图 9.2 例 9.1 图

$$\psi(z) = C\ln z$$

故有

$$\psi'(z) = \frac{C}{z} = (C_1 + iC_2)r^{-1}e^{-i\theta}$$

$$\psi''(z) = -\frac{C}{z^2} = -(C_1 + iC_2)r^{-2}e^{-i2\theta}$$

又因

$$\chi(z) = Az\ln z + Bz$$
$$= Are^{i\theta}(\ln r + i\theta) + Bre^{i\theta}$$

故有

$$\chi'(z) = A\ln z + A + B = (A_1 + iA_2)(\ln r + i\theta) + (A_1 + iA_2) + (B_1 + iB_2)$$

$$\chi''(z) = \frac{A}{z} = (A_1 + iA_2)r^{-1}e^{-i\theta}$$

$$\bar{z}\chi''(z) = re^{-i\theta}(A_1 + iA_2)r^{-1}e^{-i\theta} = (A_1 + iA_2)e^{-i2\theta}$$

（2）求应力分量

由式（9.25）得

$$\sigma_r + \sigma_\theta = 4\mathrm{Re}[\chi'(z)] = 4(A_1\ln r + A_1 + B_1 - A_2\theta) \tag{1}$$

$$\sigma_\theta - \sigma_r + 2i\tau_{r\theta} = 2[\psi''(z) + \bar{z}\chi''(z)]e^{i2\theta}$$
$$= 2[-(C_1 + iC_2)r^{-2}e^{-i2\theta} + (A_1 + iA_2)e^{-i2\theta}]e^{i2\theta} \tag{2}$$
$$= 2(A_1 + iA_2) - 2(C_1 + iC_2)r^{-2}$$

故由式（2）可得

$$\sigma_\theta - \sigma_r = 2A_1 - \frac{2C_1}{r^2} \tag{3}$$

$$\tau_{r\theta} = A_2 - \frac{C_2}{r^2} \tag{4}$$

（3）由边界条件定待定系数

① $(\tau_{r\theta})_{r=a} = (\tau_{r\theta})_{r=b} = 0$ 可得

$$\tau_{r\theta} = A_2 - \frac{C_2}{a^2} = 0, \tau_{r\theta} = A_2 - \frac{C_2}{b^2} = 0 \tag{5}$$

解得

$$A_2 = C_2 = 0$$

故式（1）、式（2）、式（4）简化为

$$\sigma_r + \sigma_\theta = 4(A_1 \ln r + A_1 + B_1) \tag{6}$$

$$\sigma_\theta - \sigma_r = 2A_1 - \frac{2C_1}{r^2} \tag{7}$$

$$\tau_{r\theta} = 0 \tag{8}$$

联立式（6）、式（7）两式得

$$\left. \begin{aligned} \sigma_r &= A_1(1 + 2\ln r) + 2B_1 + \frac{C_1}{r^2} \\ \sigma_\theta &= A_1(3 + 2\ln r) + 2B_1 - \frac{C_1}{r^2} \end{aligned} \right\} \tag{9}$$

② 再由 $(\sigma_r)_{r=a} = (\sigma_r)_{r=b} = 0$ 得

$$\left. \begin{aligned} A_1(1 + 2\ln a) + 2B_1 + \frac{C_1}{a^2} &= 0 \\ A_1(1 + 2\ln b) + 2B_1 + \frac{C_1}{b^2} &= 0 \end{aligned} \right\} \tag{10}$$

③ 在端面，静力等效

$$\int_a^b \sigma_\theta r \, dr = M$$

将式（9）代入得

$$\int_a^b \left[A_1(3 + 2\ln r) + 2B_1 - \frac{C_1}{r^2} \right] r \, dr = M$$

积分上式有 $\left\{ 注意：\int r^n \ln r \, dr = r^{n+1} \left[\frac{\ln r}{n+1} - \frac{1}{(1+n)^2} \right] \right\}$

$$A_1(b^2 - a^2) + B_1(b^2 - a^2) - C_1 \ln \frac{b}{a} + A_1(b^2 \ln b - a \ln a) = M \tag{11}$$

又由式（10）化简得

$$A_1(b^2 - a^2) = -2B_1(b^2 - a^2) - 2A_1(b^2 \ln b - a^2 \ln a) \tag{12}$$

将式（12）代入式（11）得

$$C_1 \ln \frac{b}{a} + A_1(b^2 \ln b - a^2 \ln a) + B_1(b^2 - a^2) = -M \tag{13}$$

联解式（10）、式（13）可得常数 A_1、B_1 和 C_1 为

$$A_1 = \frac{2M}{N}(b^2 - a^2)$$

$$B_1 = -\frac{M}{N}[(b^2 - a^2) + 2(b^2\ln b - a^2\ln a)] \qquad (14)$$

$$C_1 = \frac{4M}{N}a^2b^2\ln\frac{b}{a}$$

式中，$N = (b^2 - a^2)^2 - 4a^2b^2\left(\ln\frac{b}{a}\right)^2$。

将各待定系数代入式（9），得应力分量如下

$$\sigma_r = -\frac{4M}{N}\left(b^2\ln\frac{b}{r} + a^2\ln\frac{r}{a}\right) - \frac{a^2b^2}{r^2}\ln\frac{b}{a}$$

$$\sigma_\theta = \frac{4M}{N}\left(b^2 - a^2 - b^2\ln\frac{b}{r} - a^2\frac{r}{a} - \frac{a^2b^2}{r^2}\ln\frac{b}{a}\right) \qquad (15)$$

$$\tau_{r\theta} = 0$$

9.3 无限大板内含椭圆孔承受单向拉伸的应力集中问题

现在研究具有椭圆孔的无限大板承受单向拉伸的应力分析。如图 9.3 所示，设椭圆孔的长、短半径分别为 a、b，在无穷远处受有拉应力 σ 作用，其方向与 x 轴成 β。求孔边的应力分布。

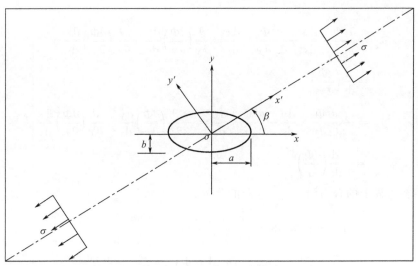

图 9.3 无限大板内含椭圆孔

9.3.1 问题的边界条件

在无穷远处在新坐标系 $x'oy'$ 中的应力为

$$\sigma'_x = \sigma, \sigma'_y = \tau'_{xy} = 0 \qquad (9.27)$$

在坐标系 xoy 中的应力 σ_x、σ_y、τ_{xy} 与在新坐标系 $x'oy'$ 中的应力 σ'_x、σ'_y、τ'_{xy} 有如下关系

$$\left.\begin{array}{l}\sigma'_x+\sigma'_y=\sigma_x+\sigma_y\\[2mm]\sigma'_y-\sigma'_x+2\mathrm{i}\tau_{x'y'}=(\sigma_y-\sigma_x+2\mathrm{i}\tau_{xy})\,\mathrm{e}^{\mathrm{i}2\beta}\end{array}\right\}\tag{9.28}$$

因此，在无穷远处，用 σ_x、σ_y、τ_{xy} 表达的边界条件为

$$\left.\begin{array}{l}\sigma_x+\sigma_y=\sigma\\[2mm]\sigma_y-\sigma_x+2\mathrm{i}\tau_{xy}=-\sigma\,\mathrm{e}^{-\mathrm{i}2\beta}\end{array}\right\}\tag{9.29}$$

再由式（9.23）可得无穷远处，用复变函数表达的边界条件

$$\left.\begin{array}{l}4\mathrm{Re}[\chi'(z)]=\sigma\\[2mm]2[\psi''(z)+\overline{z}\,\chi''(z)]=-\sigma\,\mathrm{e}^{-2\mathrm{i}\beta}\end{array}\right\}\tag{9.30}$$

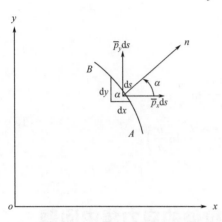

图 9.4　边界上作用表面力

至于椭圆孔边界上的边界条件，考察图 9.4 所示 AB 边界上的情况，在边界 AB 上取微段 $\mathrm{d}s$，外法线为 n，作用在 $\mathrm{d}s$ 上的面力分力为 $\overline{p}_x\mathrm{d}s$、$\overline{p}_y\mathrm{d}s$，由边界条件

$$\left.\begin{array}{l}\overline{p}_x=\sigma_x l+\tau_{xy}m\\[2mm]\overline{p}_y=\tau_{yx}l+\sigma_y m\end{array}\right\}\tag{9.31}$$

式中，$l=\cos\alpha=\dfrac{\mathrm{d}y}{\mathrm{d}s}$，$m=\sin\alpha=-\dfrac{\mathrm{d}x}{\mathrm{d}s}$。

将应力分量

$$\sigma_x=\frac{\partial^2\Phi}{\partial y^2},\sigma_y=\frac{\partial^2\Phi}{\partial x^2},\tau_{xy}=-\frac{\partial^2\Phi}{\partial x\partial y}$$

代入式（9.31）

$$\left.\begin{array}{l}\overline{p}_x=\dfrac{\partial^2\Phi}{\partial y^2}\times\dfrac{\mathrm{d}y}{\mathrm{d}s}+\dfrac{\partial^2\Phi}{\partial x\partial y}\times\dfrac{\mathrm{d}x}{\mathrm{d}s}=\dfrac{\partial}{\partial y}\Big(\dfrac{\partial\Phi}{\partial y}\Big)\dfrac{\mathrm{d}y}{\mathrm{d}s}+\dfrac{\partial}{\partial x}\Big(\dfrac{\partial\Phi}{\partial y}\Big)\dfrac{\mathrm{d}x}{\mathrm{d}s}\\[4mm]
\quad=\dfrac{\mathrm{d}}{\mathrm{d}s}\Big(\dfrac{\partial\Phi}{\partial y}\Big)\\[4mm]
\overline{p}_y=-\dfrac{\partial^2\Phi}{\partial x\partial y}\times\dfrac{\mathrm{d}y}{\mathrm{d}s}-\dfrac{\partial^2\Phi}{\partial x^2}\times\dfrac{\mathrm{d}x}{\mathrm{d}s}=-\dfrac{\partial}{\partial y}\Big(\dfrac{\partial\Phi}{\partial x}\Big)\dfrac{\mathrm{d}y}{\mathrm{d}s}-\dfrac{\partial}{\partial x}\Big(\dfrac{\partial\Phi}{\partial x}\Big)\dfrac{\mathrm{d}x}{\mathrm{d}s}\\[4mm]
\quad=-\dfrac{\mathrm{d}}{\mathrm{d}s}\Big(\dfrac{\partial\Phi}{\partial x}\Big)\end{array}\right\}\tag{9.32}$$

所以，作用在边界上的合力沿 x、y 方向的分量为

$$\left.\begin{array}{l}F_x=\displaystyle\int_A^B\overline{p}_x\mathrm{d}s=\int_A^B\frac{\mathrm{d}}{\mathrm{d}s}\Big(\frac{\partial\Phi}{\partial y}\Big)\mathrm{d}s=\Big[\frac{\partial\Phi}{\partial y}\Big]_A^B\\[4mm]
F_y=\displaystyle\int_A^B\overline{p}_y\mathrm{d}s=-\int_A^B\frac{\mathrm{d}}{\mathrm{d}s}\Big(\frac{\partial\Phi}{\partial x}\Big)\mathrm{d}s=-\Big[\frac{\partial\Phi}{\partial x}\Big]_A^B\end{array}\right\}\tag{9.33}$$

椭圆孔边界上没有外力作用，则在边界上任一点处外力的合力必须等于零，即

$$F_x+\mathrm{i}F_y=0\tag{9.34}$$

将式（9.33）代入式（9.34）得

$$\frac{\partial\Phi}{\partial y}-\mathrm{i}\frac{\partial\Phi}{\partial x}=0\quad\text{或}\quad\frac{\partial\Phi}{\partial x}+\mathrm{i}\frac{\partial\Phi}{\partial y}=0\tag{9.35}$$

于是，将式（9.21）代入式（9.35）得用复变函数表达的椭圆孔边界条件为

$$\chi(z) + \psi'(z) + z\,\overline{\chi}'(z) = 0 \tag{9.36}$$

在一般情况下，边界的受力不等于零，复变函数表达的边界条件为

$$\chi(z) + \psi'(z) + z\,\overline{\chi}'(z) = i\int(\overline{p}_x + i\overline{p}_y)\mathrm{d}s \tag{9.37}$$

9.3.2 保角变换法

为了利用具有圆孔无限大板所得的结果以及便于分析和运算，故采用复变函数中的共形映射原理，即保角变换法。如图9.5所示，可以用映射函数

$$z = f(\xi) = c\left(\xi + \frac{m}{\xi}\right) \tag{9.38}$$

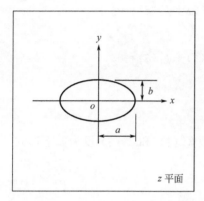
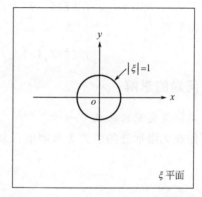

图 9.5 保角变换

将 z 平面上椭圆孔以外的区域映射成 ξ 平面上单位圆（$\xi = e^{i\theta}$）以外的区域，式中 $m = \dfrac{a-b}{a+b}$，且，$0 \leqslant m \leqslant 1$，$c = \dfrac{a+b}{2}$。注意：在 ξ 平面上单位圆以外的任一点 $\xi = |\xi|\,e^{i\theta}$。

容易证明，ξ 平面上单位圆的圆周对应于 z 平面上的椭圆边界。

借助于映射函数 $z = f(\xi)$，可将复变函数 $\chi(z)$ 和 $\psi(z)$ 用变量 ξ 表示为

$$\left.\begin{array}{l} \chi(z) = \chi[f(\xi)] = \chi_1(\xi) \\ \psi(z) = \psi[f(\xi)] = \psi_1(\xi) \end{array}\right\} \tag{9.39}$$

将式（9.39）分别求一阶和二阶导数，得

$$\left.\begin{array}{l} \chi'(z) = \dfrac{\mathrm{d}\chi}{\mathrm{d}z} = \dfrac{\mathrm{d}\chi_1}{\mathrm{d}\xi} \times \dfrac{\mathrm{d}\xi}{\mathrm{d}z} = \dfrac{\chi_1'(\xi)}{f'(\xi)} \\[3mm] \psi'(z) = \dfrac{\mathrm{d}\psi}{\mathrm{d}z} = \dfrac{\mathrm{d}\psi_1}{\mathrm{d}\xi} \times \dfrac{\mathrm{d}\xi}{\mathrm{d}z} = \dfrac{\psi_1'(\xi)}{f'(\xi)} \end{array}\right\} \tag{9.40}$$

$$\left.\begin{array}{l} \chi''(z) = \dfrac{\mathrm{d}}{\mathrm{d}\xi}\left[\dfrac{\chi_1'(\xi)}{f'(\xi)}\right]\dfrac{\mathrm{d}\xi}{\mathrm{d}z} = \dfrac{\chi_1''(\xi)f'(\xi) - \chi_1'(\xi)f''(\xi)}{[f'(\xi)]^3} \\[3mm] \psi''(z) = \dfrac{\mathrm{d}}{\mathrm{d}\xi}\left[\dfrac{\psi_1'(\xi)}{f'(\xi)}\right]\dfrac{\mathrm{d}\xi}{\mathrm{d}z} = \dfrac{\psi_1''(\xi)f'(\xi) - \chi_1'(\xi)f''(\xi)}{[f'(\xi)]^3} \end{array}\right\} \tag{9.41}$$

将式（9.39）的第一式和式（9.40）的共轭式代入式（9.26），则复位移表达式为

$$U = u + \mathrm{i}v = \frac{1}{2G} \left[K\chi_1(\xi) - f_1(\xi) \frac{\overline{\chi'_1(\xi)}_1}{\overline{f'(\xi)}} - \frac{\overline{\psi'_1(\xi)}}{\overline{f'(\xi)}} \right] \tag{9.42}$$

将式（9.40）的第一式和式（9.41）代入式（9.23），则应力分量为

$$
\left.
\begin{aligned}
&\sigma_x + \sigma_y = 4\mathrm{Re}\left[\frac{\chi'_1(\xi)}{f'(\xi)} \right] \\
&\sigma_y - \sigma_x + 2\mathrm{i}\tau_{xy} = \frac{2}{[f'(\xi)]^2} \Big[\overline{f}(\xi) \chi''_1(\xi) f'(\xi) \\
&\quad - \overline{f}(\xi) \chi'_1(\xi) f''(\xi) + \psi''_1(\xi) f'(\xi) - \psi'_1(\xi) f''(\xi) \Big]
\end{aligned}
\right\} \tag{9.43}
$$

将式（9.39）的第一式和式（9.40）的共轭式代入式（9.36），得用复变函数表示的椭圆孔边界条件如下

$$\overline{f'(\xi)} \chi_1(\xi) + f(\xi) \overline{\chi'_1(\xi)} + \overline{\psi'_1(\xi)} = 0$$

将上式共轭后得

$$f'(\xi) \overline{\chi}_1(\xi) + \overline{f}(\xi) \chi'_1(\xi) + \psi'_1(\xi) = 0 \tag{9.44}$$

9.3.3 问题的求解

（1）选取复变应力函数

为了使在无限远处的应力为有限值，复变函数 $\chi'_1(\xi)$ 和 $\psi''_1(\xi)$ 设为如下形式

$$
\left.
\begin{aligned}
\chi'_1(\xi) &= \sum_{n=0}^{\infty} A_n \xi^{-n} \\
\psi''_1(\xi) &= \sum_{n=0}^{\infty} B_n \xi^{-n}
\end{aligned}
\right\} \tag{9.45}
$$

式中，A_n、B_n 为复常数，可由边界条件确定。则可求出 $\chi'_1(\xi)$、$\psi''_1(\xi)$ 以及相应的 $\chi''_1(\xi)$、$\psi'_1(\xi)$ 等，再由式（9.43）求出应力分量。

将式（9.45）进行积分得

$$
\left.
\begin{aligned}
\chi_1(\xi) &= A_0 \xi + A_1 \ln\xi - \sum_{n=2}^{\infty} \frac{A_n \xi^{-n+1}}{n-1} + A \\
\psi'_1(\xi) &= B_0 \xi + B_1 \ln\xi - \sum_{n=2}^{\infty} \frac{B_n \xi^{-n+1}}{n-1} + B
\end{aligned}
\right\} \tag{9.46}
$$

式中，A、B 为复积分常数，不影响应力，可略去不计。

（2）根据边界条件确定待定系数

① 在内边界。即 ξ 平面上单位圆（$\xi = \mathrm{e}^{\mathrm{i}\theta}$）上，由式（9.38）$z = f(\xi) = c\left(\xi + \dfrac{m}{\xi}\right)$，故有

$$
\left.
\begin{aligned}
f'(\xi) &= c\left(1 - \frac{m}{\xi^2}\right) = c(1 - m\mathrm{e}^{-\mathrm{i}2\theta}) \\
\overline{f}(\xi) &= c\left(\overline{\xi} + \frac{m}{\xi}\right) = c(\mathrm{e}^{-\mathrm{i}\theta} + m\mathrm{e}^{\mathrm{i}\theta})
\end{aligned}
\right\} \tag{9.47}
$$

又由式（9.45）的第一式和式（9.46）可得

$$\begin{aligned}
\overline{\chi}_1(\xi) &= \overline{A}_0\overline{\xi} + \overline{A}_1\ln\overline{\xi} - \sum_{n=2}^{\infty}\frac{\overline{A}_n\overline{\xi}^{-n+1}}{n-1} \\
&= \overline{A}\mathrm{e}^{-\mathrm{i}\theta} - \overline{A}_1\mathrm{i}\theta - \sum_{n=2}^{\infty}\frac{\overline{A}_n\mathrm{e}^{\mathrm{i}(n-1)\theta}}{n-1} \\
\chi'_1(\xi) &= \sum_{n=0}^{\infty}A_n\mathrm{e}^{-\mathrm{i}n\theta} \\
\psi'(\xi) &= B_0\mathrm{e}^{\mathrm{i}\theta} + B_1\mathrm{i}\theta - \sum_{n=2}^{\infty}\frac{B_n\mathrm{e}^{-\mathrm{i}(n-1)\theta}}{n-1}
\end{aligned} \right\} \tag{9.48}$$

将式（9.47）、式（9.48）代入边界条件式（9.44）得

$$c(1 - m\mathrm{e}^{-\mathrm{i}2\theta})\left[\overline{A}_0\mathrm{e}^{-\mathrm{i}\theta} - \overline{A}_1\mathrm{i}\theta - \sum_{n=2}^{\infty}\frac{\overline{A}_n\mathrm{e}^{\mathrm{i}(n-1)\theta}}{n-1}\right] \tag{9.49}$$

$$+ c(\mathrm{e}^{-\mathrm{i}\theta} + m\mathrm{e}^{\mathrm{i}\theta})\left(\sum_{n=0}^{\infty}A_n\mathrm{e}^{-\mathrm{i}n\theta}\right) + B_0\mathrm{e}^{\mathrm{i}\theta} + B_1\mathrm{i}\theta - \sum_{n=0}^{\infty}\frac{B_n\mathrm{e}^{-\mathrm{i}(n-1)\theta}}{n-1} = 0$$

使 θ 及 $\mathrm{e}^{\mathrm{i}n\theta}$ 各项系数为零以满足上式得

$$\left. \begin{aligned}
&-c\overline{A}_1 + B_1 = 0, \overline{A}_n = 0 \ (n \geqslant 3) \\
&-c\overline{A}_2 + cmA_0 + B_n = 0 \\
&c\overline{A}_0 + cm\overline{A}_2 + cA_0 + cmA_2 - B_2 = 0 \\
&cA_1 - \frac{B_3}{2} = 0 \\
&-cm\overline{A}_0 + cA_2 - \frac{B_4}{3} = 0 \\
&B_n = 0 \ (n \geqslant 5)
\end{aligned} \right\} \tag{9.50}$$

② 在外边界，即由无穷远处的边界条件确定常数。

当 $\xi \to \infty$ 时，$\chi'_1(\xi)$ 和 $\psi''_1(\xi)$ 分别等于 A_0、B_0，即

$$\left. \begin{aligned}
\chi'_1(\xi) &= \sum_{n=0}^{\infty}A_n\xi^{-n} = A_0 + A_1\xi^{-1} + A_2\xi^{-2} + \cdots = A_0 \\
\psi''_1(\xi) &= \sum_{n=0}^{\infty}B_n\xi^{-n} = B_0 + B_1\xi^{-1} + B_2\xi^{-2} + \cdots = B_0
\end{aligned} \right\}$$

且

$$f'(\xi) = c\left(1 - \frac{m}{\xi^2}\right) = c, f''(\xi) = \frac{2m}{\xi^2} = 0, \chi''_1(\xi) = -A_1\xi^{-2} - 2A_2\xi^{-3} - \cdots = 0$$

将它们代入式（9.40）、式（9.41）得

$$\chi'(z) = A_0/c, \chi''(z) = 0, \psi''(z) = B_0/c^2$$

将其代入无穷远处的边界条件式（9.30）有

$$\begin{cases} \dfrac{4A_0}{c} = \sigma \\ 2\left(\dfrac{B_0}{c^2} + 0\right) = -\sigma\mathrm{e}^{-\mathrm{i}2\beta} \end{cases} \quad 解得 \quad \begin{cases} A_0 = \dfrac{c}{4}\sigma \\ B_0 = -\dfrac{c^2}{2}\sigma\mathrm{e}^{-\mathrm{i}2\beta} \end{cases}$$

将式（9.46）代入式（9.42），会出现 $\ln\xi=\ln|\xi|+i\theta$，此函数不是单值的，与圆孔时的情形一样，要满足位移单值条件则必须有

$$A_1=-\frac{1}{K}\overline{B}_1 \tag{9.51}$$

将 $\overline{A}_1=-\dfrac{1}{K}B_1$ 代入式（9.50）第一式解得

$$A_1=0,B_1=0$$

再解出式（9.49）中其余各常数得

$$A_2=\frac{c\sigma}{4}(m-2\mathrm{e}^{\mathrm{i}2\beta}),A_n=0\ (n\geqslant3)$$

$$B_2=\frac{c\sigma}{2}(1+m^2-2m\cos2\beta),B_3=0$$

$$B_4=-\frac{3c^2\sigma}{2}\mathrm{e}^{\mathrm{i}2\beta},B_n=0\quad(n\geqslant5)$$

$$\left.\begin{array}{l}\chi_1'(\xi)=\dfrac{c\sigma}{4}+\dfrac{c\sigma}{4}(m-2\mathrm{e}^{\mathrm{i}2\beta})\xi^{-2}\\[3mm]\psi_1''(\xi)=-\dfrac{c^2\sigma}{2}\mathrm{e}^{-2\mathrm{i}\beta}+\dfrac{c^2\sigma}{2}(1+m^2-2m\cos2\beta)\xi^2-\dfrac{3c^2\sigma}{2}\mathrm{e}^{\mathrm{i}2\beta}\xi^{-4}\end{array}\right\} \tag{9.52}$$

注意：式（9.52）中，$\xi=|\xi|\mathrm{e}^{\mathrm{i}\theta}$ 对应 ξ 平面上单位圆（含单位圆）以外的任一点。

（3）求孔边应力分量

因 $\sigma_r+\sigma_\theta=\sigma_x+\sigma_y$，在圆孔边界上 $\sigma_r=0$，由式（9.43）第一式可得

$$\sigma_\theta=4\mathrm{Re}\left[\frac{\chi_1'(\xi)}{f'(\xi)}\right]$$

或表示成

$$\sigma_\theta=\sigma\left[\frac{1-m^2-2\cos2(\beta-\theta)+2m\cos2\theta\cos2(\beta-\theta)-2m\sin2\theta\sin2(\beta-\theta)}{1+m^2-2m\cos2\theta}\right] \tag{9.53}$$

上式即为椭圆孔边的环向应力公式。

当 $\beta=\pi/2$ 时，此时无穷远处作用的应力 σ 的方向垂直于椭圆孔的长轴，孔边最大应力发生在长轴的两个端点处（$\theta=0,\pi$），此时

$$(\sigma_\theta)_{\max}=\sigma\left(\frac{1+m^2+2-2m}{1+m^2-2m}\right)=\sigma\left(\frac{3+m}{1-m}\right) \tag{9.54}$$

将 $m=(a-b)/(a+b)$ 代入上式得

$$(\sigma_\theta)_{\max}=\sigma\left(1+\frac{2a}{b}\right) \tag{9.55}$$

又如图 9.6 所示带椭圆孔板受单项拉伸应力 P（沿 y 方向）时，当板无限大（沿 x 方向无限宽），弹性力学利用复变函数理论给出了如下应力场的解析解为

$$\left.\begin{array}{l}\sigma_x+\sigma_y=\dfrac{P}{m}\left[(1+m)\mathrm{Re}\dfrac{z}{\sqrt{z^2-c^2}}-1\right]\\[4mm]\sigma_y-\sigma_x+2\mathrm{i}\tau_{xy}=\dfrac{P}{2}\left(1+\dfrac{1}{m^2}\right)+\dfrac{P}{2}\left(1-\dfrac{1}{m^2}\right)\dfrac{z}{\sqrt{z^2-c^2}}+\dfrac{Pc^2(1+m)}{2m(z^2-c^2)^{3/2}}\left(\dfrac{1+m^2}{2m}z-\overline{z}\right)\end{array}\right\} \tag{9.56}$$

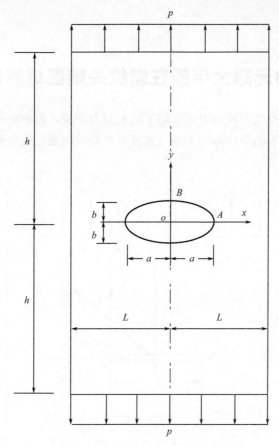

图 9.6 带椭圆孔板承受单向拉伸

式中，$m=\dfrac{a-b}{a+b}$，a 为长半轴，b 为短半轴，焦距 $c=\sqrt{a^2\ b^2}$。

沿横截面（沿 x 轴，$y=0$，$z=x$，$\bar z=x$，$a\leqslant x\leqslant\infty$），则式（9.56）简化为

$$\left.\begin{aligned}
\sigma_x+\sigma_y&=\frac{P}{m}\left[(1+m)\frac{x}{\sqrt{x^2-c^2}}-1\right]\\[2mm]
\sigma_y-\sigma_x+2\mathrm{i}\tau_{xy}&=\frac{P}{2}\left(1+\frac{1}{m^2}\right)+\frac{P}{2}\left(1-\frac{1}{m^2}\right)\frac{x}{\sqrt{x^2-c^2}}+\frac{Pc^2(1+m)}{2m(x^2-c^2)^{3/2}}\left(\frac{1+m^2}{2m}x-x\right)
\end{aligned}\right\}$$

$$(9.57)$$

由于 $x>a>c$，则式（9.57）右端各项都为实数，此时，$\tau_{xy}=0$，消去 σ_x 后得 σ_y 为

$$\sigma_y=\frac{P}{4}\left(1+\frac{1}{m^2}-\frac{2}{m}\right)+\left[\frac{P}{2m}(1+m)+\frac{P}{4}\left(1-\frac{1}{m^2}\right)\right]\frac{x}{\sqrt{x^2-c^2}}+\frac{Pc^2(1+m)}{4m(x^2-c^2)^{3/2}}\times\frac{(m-1)^2}{2m}x$$

$$(9.58)$$

式（9.58）中的 σ_y 即为图 9.6 所示无限大板内含椭圆孔承受单向拉伸时横截面的应力。最大应力发生在椭圆孔与 x 轴的交界处 A 点（$x=a$，$y=0$），将 $x=a$，$m=\dfrac{a-b}{a+b}$，$c=\sqrt{a^2-b^2}$ 代入式（9.58）得出，$\sigma_{y\max}=\left(1+\dfrac{2a}{b}\right)P$，则椭圆孔的应力集中系数为

$$K = \frac{\sigma_{y\max}}{\sigma_\infty} = 1 + \frac{2a}{b} \tag{9.59}$$

9.4 含裂纹的无限大平板在裂纹尖端区域的应力

如图 9.7 所示一承受均匀拉应力 σ 作用下的无限大平板，板中有一长 $2a$ 的贯穿性裂纹，这样的裂纹问题，在断裂力学中称为 Ⅰ 型（张开型）裂纹问题，现在要确定裂纹尖端区域的应力和位移场。

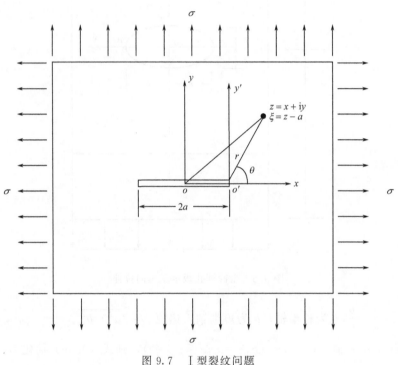

图 9.7 Ⅰ型裂纹问题

9.4.1 Westergaard 应力函数

对于含裂纹的弹性力学二维问题，用复变函数求解比较方便，设 $f(z)$ 为一解析函数，$\tilde{f}(z)$、$\tilde{\tilde{f}}(z)$ 为其一次和二次积分。Westergaard 将其线性组合选为应力函数

$$\varPhi_{\mathrm{I}} = \mathrm{Re}\tilde{\tilde{f}}_{\mathrm{I}}(z) + y\,\mathrm{Im}\tilde{f}_{\mathrm{I}}(z) \tag{9.60}$$

该函数满足双调和方程，相应于裂纹尖端区域的应力分量为

$$\sigma_x = \frac{\partial^2 \varPhi_{\mathrm{I}}}{\partial y^2} = \frac{\partial^2}{\partial y^2}[\mathrm{Re}\tilde{\tilde{f}}_{\mathrm{I}}(z)] + \frac{\partial^2}{\partial y^2}[y\,\mathrm{Im}\tilde{f}_{\mathrm{I}}(z)] \tag{9.61}$$

注意应用式（9.7）和式（9.9）中的关系，其中

$$\frac{\partial^2 \mathrm{Re}\tilde{\tilde{f}}_{\mathrm{I}}(z)}{\partial y^2} = \frac{\partial}{\partial y}\left[\frac{\partial \mathrm{Re}\tilde{\tilde{f}}_{\mathrm{I}}(z)}{\partial y}\right] = \frac{\partial}{\partial y}[-\mathrm{Im}\tilde{f}_{\mathrm{I}}(z)] = -\mathrm{Re}f_{\mathrm{I}}(z)$$

$$\frac{\partial^2[y\operatorname{Im}\widetilde{f}_{\mathrm{I}}(z)]}{\partial y^2}=\frac{\partial}{\partial y}\left\{\frac{\partial}{\partial y}[y\operatorname{Im}\widetilde{f}_{\mathrm{I}}(z)]\right\}=\frac{\partial}{\partial y}[\operatorname{Im}\widetilde{f}_{\mathrm{I}}(z)+y\operatorname{Re}f_{\mathrm{I}}(z)]$$

$$=\operatorname{Re}f_{\mathrm{I}}(z)+\operatorname{Re}f_{\mathrm{I}}(z)-y\operatorname{Im}f'_{\mathrm{I}}(z)$$

$$=2\operatorname{Re}f_{\mathrm{I}}(z)-y\operatorname{Im}f'_{\mathrm{I}}(z)$$

于是式（9.61）成为式（9.62）的第一式，同理可得出 σ_y、τ_{xy}。

$$\left.\begin{array}{l}\sigma_x=\dfrac{\partial^2\Phi_{\mathrm{I}}}{\partial y^2}=\operatorname{Re}f_{\mathrm{I}}(z)-y\operatorname{Im}f'_{\mathrm{I}}(z)\\[3mm]\sigma_y=\dfrac{\partial^2\Phi_{\mathrm{I}}}{\partial x^2}=\operatorname{Re}f_{\mathrm{I}}(z)+y\operatorname{Im}f'_{\mathrm{I}}(z)\\[3mm]\tau_{xy}=-\dfrac{\partial^2\Phi_{\mathrm{I}}}{\partial x\partial y}=-y\operatorname{Re}f'_{\mathrm{I}}(z)\end{array}\right\}\tag{9.62}$$

在应力分量确定后，由几何方程、物理方程很容易得出裂纹尖端附近区域的应变分量

$$\left.\begin{array}{l}\varepsilon_x=\dfrac{\partial u}{\partial x}=\dfrac{1}{E}(\sigma_x-\nu\sigma_y)=\dfrac{1}{E}[(1-\nu)\operatorname{Re}f(z)-y(1+\nu)\operatorname{Im}f'_{\mathrm{I}}(z)]\\[3mm]\varepsilon_y=\dfrac{\partial v}{\partial y}=\dfrac{1}{E}(\sigma_y-\nu\sigma_x)=\dfrac{1}{E}[(1-\nu)\operatorname{Re}f_{\mathrm{I}}(z)+y(1+\nu)\operatorname{Im}f'_{\mathrm{I}}(z)]\end{array}\right\}\tag{9.63}$$

积分式（9.63），并利用式（9.9）、式（9.10）的关系，得

$$\left.\begin{array}{l}u=\dfrac{1}{E}[(1-\nu)\operatorname{Re}\widetilde{f}_{\mathrm{I}}(z)-y(1+\nu)\operatorname{Im}f_{\mathrm{I}}(z)]\\[3mm]v=\dfrac{1}{E}[2\operatorname{Im}\widetilde{f}_{\mathrm{I}}(z)-y(1+\nu)\operatorname{Re}f_{\mathrm{I}}(z)]\end{array}\right\}\tag{9.64}$$

9.4.2 解析函数 $f(z)$ 的确定

根据问题的边界条件，即图 9.7 的边界条件为：外边界，$z\to\infty$，$\sigma_x=\sigma_y=\sigma$；内边界，在裂纹表面处，$y=0$，$-a<x<a$，此段无应力存在，即

$$\sigma_y=0,\tau_{xy}=0$$

为此选取解析函数

$$f_{\mathrm{I}}(z)=\frac{\sigma z}{\sqrt{z^2-a^2}}\tag{9.65}$$

现验证如下。首先，在外边界，$z\to\infty$ 时，有

$$f_{\mathrm{I}}(z)=\frac{\sigma}{\sqrt{1-\left(\dfrac{a}{z}\right)^2}}=\sigma$$

由此可知，$\operatorname{Re}f_{\mathrm{I}}(z)=\sigma$，$\operatorname{Im}f'_{\mathrm{I}}(z)=0$，由式（9.62）可得

$$\sigma_x=\sigma_y=\operatorname{Re}f_{\mathrm{I}}(z)=\sigma$$

其次，在内边界，当 $y=0$，$-a<x<a$ 时，$z=x$，$f_{\mathrm{I}}(z)$ 的分母为一虚数，即

$$f_{\mathrm{I}}(z)=\frac{\sigma x}{\sqrt{x^2-a^2}}=\frac{\sigma x}{\mathrm{i}\sqrt{a^2-x^2}}=-\mathrm{i}\frac{\sigma x}{\sqrt{a^2-x^2}}$$

所以

$$\sigma_y=\operatorname{Re}f_{\mathrm{I}}(z)=0,\tau_{xy}=-y\operatorname{Re}f'_{\mathrm{I}}(z)=0$$

由此可知，所选解析函数 $f_{\mathrm{I}}(z)$ 就是问题的解。

9.4.3　裂纹尖端区域的应力和位移

为了方便计算，采用图 9.7 所示的新坐标，$\xi = z - a$，或 $z = \xi + a$，解析函数在新坐标系写成

$$f_{\mathrm{I}}(\xi) = \frac{\sigma(\xi + a)}{\sqrt{(\xi + a)^2 - a^2}} = \frac{\sigma(\xi + a)}{\sqrt{\xi(\xi + 2a)}} \tag{9.66}$$

令

$$p_{\mathrm{I}}(\xi) = \frac{\sigma(\xi + a)}{\sqrt{\xi + 2a}} \tag{9.67}$$

则

$$f_{\mathrm{I}}(\xi) = \frac{1}{\sqrt{\xi}} p_{\mathrm{I}}(\xi) \tag{9.68}$$

断裂力学感兴趣的是裂纹尖端附近的应力场，在裂纹尖端附近，即在 $|\xi| \to 0$ 时，$p_{\mathrm{I}}(\xi)$ 为一实常数，即有

$$\lim_{|\xi| \to 0} p_{\mathrm{I}}(\xi) = \lim_{|\xi| \to 0} f_{\mathrm{I}}(\xi)\sqrt{\xi} = \frac{K_{\mathrm{I}}}{\sqrt{2\pi}} \tag{9.69}$$

或写成

$$K_{\mathrm{I}} = \lim_{|\xi| \to 0} f_{\mathrm{I}}(\xi)\sqrt{2\pi\xi} \tag{9.70}$$

常数 K_{I}，称为 I 型裂纹的应力强度因子。式（9.70）是由用解析函数确定应力强度因子 K_{I} 的定义式，这一工作是由 Irwin 完成的。

于是在裂纹尖端处，解析函数 $f_{\mathrm{I}}(\xi)$ 可写成

$$f_{\mathrm{I}}(\xi) = \lim_{|\xi| \to 0} p_{\mathrm{I}}(\xi)\frac{1}{\sqrt{\xi}} = \frac{1}{\sqrt{2\pi\xi}} K_{\mathrm{I}} \tag{9.71}$$

采用极坐标，$\xi = re^{\mathrm{i}\theta}$，且 $e^{\mathrm{i}\theta} = \cos\theta + \mathrm{i}\sin\theta$，从而式（9.71）变为

$$f_{\mathrm{I}}(\xi) = \frac{K_{\mathrm{I}}}{\sqrt{2\pi r}} \times \frac{1}{e^{\mathrm{i}\frac{\theta}{2}}} = \frac{K_{\mathrm{I}}}{\sqrt{2\pi r}}\left(\cos\frac{\theta}{2} - \mathrm{i}\sin\frac{\theta}{2}\right) \tag{9.72}$$

即有

$$\mathrm{Re}f(\xi) = \frac{K_{\mathrm{I}}}{\sqrt{2\pi r}}\cos\frac{\theta}{2}, \mathrm{Im}f(\xi) = -\frac{K_{\mathrm{I}}}{\sqrt{2\pi r}}\sin\frac{\theta}{2} \tag{9.73}$$

由

$$f_{\mathrm{I}}'(\xi) = -\frac{K_{\mathrm{I}}}{2\sqrt{2\pi}}\xi^{-\frac{3}{2}} = -\frac{K_{\mathrm{I}}}{2\sqrt{2\pi}}r^{-\frac{3}{2}}\left(\cos\frac{3\theta}{2} - \mathrm{i}\sin\frac{3\theta}{2}\right)$$

即有

$$\mathrm{Re}f'(\xi) = -\frac{K_{\mathrm{I}}}{2\sqrt{2\pi}}r^{-\frac{3}{2}}\cos\frac{3\theta}{2}, \mathrm{Im}f'(\xi) = \frac{K_{\mathrm{I}}}{2\sqrt{2\pi}}r^{-\frac{3}{2}}\sin\frac{3\theta}{2} \tag{9.74}$$

再由

$$\tilde{f}_{\mathrm{I}}(\xi) = \int f_{\mathrm{I}}(\xi)\mathrm{d}\xi = \frac{K_{\mathrm{I}}}{\sqrt{2\pi}}\int \xi^{-\frac{1}{2}}\mathrm{d}\xi$$

$$= \frac{2K_{\mathrm{I}}}{\sqrt{2\pi}}(\xi)^{\frac{1}{2}} = \frac{2K_{\mathrm{I}}}{\sqrt{2\pi}}r^{\frac{1}{2}}\left(\cos\frac{\theta}{2} + \mathrm{i}\sin\frac{\theta}{2}\right)$$

即有

$$\mathrm{Re}\tilde{f}_{\mathrm{I}}(\xi) = \frac{2K_{\mathrm{I}}}{\sqrt{2\pi}}r^{\frac{1}{2}}\cos\frac{\theta}{2}, \mathrm{Im}\tilde{f}_{\mathrm{I}}(\xi) = \frac{2K_{\mathrm{I}}}{\sqrt{2\pi}}r^{\frac{1}{2}}\sin\frac{\theta}{2} \tag{9.75}$$

且

$$y = r\sin\theta = 2r\sin\frac{\theta}{2}\cos\frac{\theta}{2} \tag{9.76}$$

将式（9.73）、式（9.74）、式（9.76）代入式（9.62）得裂纹尖端附近区域的应力分量

$$\sigma_x = \frac{K_{\mathrm{I}}}{\sqrt{2\pi r}}\cos\frac{\theta}{2}\left(1 - \sin\frac{\theta}{2}\sin\frac{3\theta}{2}\right)$$

$$\sigma_y = \frac{K_{\mathrm{I}}}{\sqrt{2\pi r}}\cos\frac{\theta}{2}\left(1 + \sin\frac{\theta}{2}\sin\frac{3\theta}{2}\right) \tag{9.77}$$

$$\tau_{xy} = \frac{K_{\mathrm{I}}}{\sqrt{2\pi r}}\sin\frac{\theta}{2}\cos\frac{\theta}{2}\cos\frac{3\theta}{2}$$

该式为裂纹尖端附近区域的应力公式，仅在裂纹尖端区域 $r \ll a$ 的区域内适用。

将式（9.75）代入式（9.64）得位移分量

$$u = \frac{K_{\mathrm{I}}}{2G}\sqrt{\frac{r}{2\pi}}\cos\frac{\theta}{2}\left(k - 1 + 2\sin^2\frac{\theta}{2}\right)$$
$$v = \frac{K_{\mathrm{I}}}{2G}\sqrt{\frac{r}{2\pi}}\sin\frac{\theta}{2}\left(k + 1 - 2\cos^2\frac{\theta}{2}\right) \tag{9.78}$$

式中，$k = 3 - 4\nu$，$G = \dfrac{E}{2(1+\nu)}$。由式（9.77）可见。

在裂纹尖端附近区域，应力强度因子 K_{I} 是表征裂纹尖端区域应力场强弱的参量。因为 $\sigma_{ij} \propto 1/\sqrt{r}$，故当 $r \to 0$ 时，$\sigma_{ij} \to \infty$，称为应力具有 $1/\sqrt{r}$ 的奇异性。也就是说在裂纹尖端，由式（9.77）得出的应力远比其他附加项大得多。式（9.77）可用张量标记缩写成

$$\sigma_{ij} = \frac{K_{\mathrm{I}}}{\sqrt{2\pi r}}f_{ij}(\theta) \tag{9.79}$$

可见裂纹尖端应力分量由两部分来描述，一部分是关于场分布来描述，它由 r 的奇异性及角分布 $f_{ij}(\theta)$ 来体现，另一部分是关于场强度的描述，通过应力强度因子 K_{I} 来表示，它与裂纹体的几何尺寸和外加荷载有关，如本节图 9.7 所示无限大平板内含裂纹的应力强度因子 $K_{\mathrm{I}} = \sigma\sqrt{\pi a}$。

习题

9.1　如图所示矩形截面梁的纯弯曲的问题，试用公式（文献 [1]）

$$\left.\begin{array}{l}\sigma_x+\sigma_y=4\mathrm{Re}[\varphi_1'(z)]\\\sigma_y-\sigma_x+2\mathrm{i}\tau_{xy}=2[\overline{z}\varphi_1''(z)+\psi_1'(z)]\end{array}\right\}$$

并选取复变应力函数

$$\varphi_1(z)=-\frac{\mathrm{i}M}{8I}z^2,\psi_1(z)=\frac{\mathrm{i}M}{8I}z^2$$

导出其应力分量的表达式。其中，I 为截面的惯性矩，M 为作用的弯矩。

$\left(答案：\sigma_x=\dfrac{My}{I},\sigma_y=0,\tau_{xy}=0\right)$

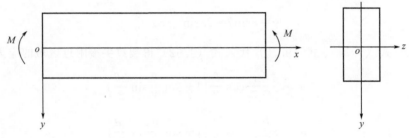

题 9.1 图

9.2 如图所示，试用公式（文献［1］）

$$\left.\begin{array}{l}\sigma_r+\sigma_\theta=4\mathrm{Re}[\varphi_1'(z)]\\\sigma_\theta-\sigma_r+2\mathrm{i}\tau_{r\theta}=2\mathrm{e}^{2\mathrm{i}\theta}[\overline{z}\varphi_1''(z)+\psi_1'(z)]\end{array}\right\}$$

并选取复变应力函数

$$\varphi_1(z)=-\frac{P}{2\pi}\ln z,\psi_1(z)=\frac{P}{2\pi}\ln z$$

导出半平面体上在受集中力作用时应力分量公式

$$\sigma_r=-\frac{2P}{\pi}\times\frac{\cos\theta}{r},\sigma_\theta=\tau_{r\theta}=0$$

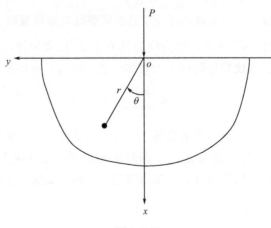

题 9.2 图

9.3 如图所示，圆环在 $r=a$ 和 $r=b$ 的边界上受到由分布剪力 q_1 和 q_2 组成的大小相等、方向相反的力矩 M 作用。试利用复变函数 $\chi(z)=0,\psi(z)=A\ln z$。求出圆环的应力。

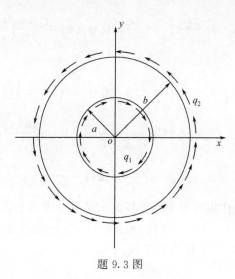

题 9.3 图

$$\left(答案：\sigma_r = \sigma_\theta = 0, \tau_{r\theta} = \frac{M}{2\pi r^2}\right)$$

9.4 如图所示一圆环，内半径为 a，外半径为 b，在内压 p_i 及外压 p_0 的作用下，试求应力分量的表达式。设选取复变应力函数 $\chi(z) = Az, \psi(z) = B\ln(z)$，其中，$A$、$B$ 为复常数。

$$\left[答案：\sigma_r = \frac{(p_0 - p_i)a^2 b^2}{b^2 - a^2} \times \frac{1}{r^2} - \frac{p_0 b^2 - p_i a^2}{b^2 - a^2}, \sigma_\theta = -\frac{(p_0 - p_i)a^2 b^2}{b^2 - a^2} \times \frac{1}{r^2} - \frac{p_0 b^2 - p_i a^2}{b^2 - a^2}\right]$$

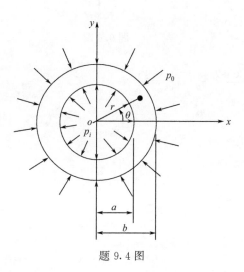

题 9.4 图

9.5 试用公式（文献 [1]）

$$\left.\begin{array}{l} \sigma_r + \sigma_\theta = 4\mathrm{Re}[\varphi_1'(z)] \\ \sigma_\theta - \sigma_r + 2\mathrm{i}\tau_{r\theta} = 2[\overline{z}\varphi_1''(z) + \psi_1'(z)]\mathrm{e}^{2\mathrm{i}\theta} \end{array}\right\}$$

由

$$\varphi_1(z) = \frac{qa}{4}\left(\frac{z}{a} + \frac{2a}{z}\right) \text{ 及 } \psi_1(z) = -\frac{qa}{2}\left(\frac{z}{a} + \frac{a}{z} - \frac{a^3}{z^3}\right)$$

导出解答

$$\sigma_r = \frac{q}{2}\left(1 - \frac{a^2}{r^2}\right) + \frac{q}{2}\cos2\theta\left(1 - \frac{a^2}{r^2}\right)\left(1 - \frac{3a^2}{r^2}\right)$$

$$\sigma_\theta = \frac{q}{2}\left(1 + \frac{a^2}{r^2}\right) - \frac{q}{2}\cos2\theta\left(1 + \frac{3a^4}{r^4}\right)$$

$$\tau_{r\theta} = \tau_{\theta r} = -\frac{q}{2}\sin2\theta\left(1 - \frac{a^2}{r^2}\right)\left(1 + \frac{3a^2}{r^2}\right)$$

9.6 如图所示，集中力作用在半无限大板的水平直线边界上，试用复变应力函数

$$\chi(z) = A\ln z, \psi(z) = Bz\ln z$$

求应力分量。其中，A、B 为复常数。

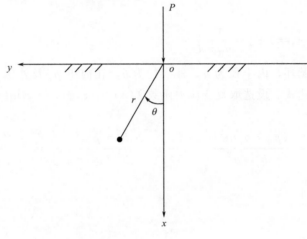

题 9.6 图

$$\left(\text{答案：} \sigma_r = -\frac{2P}{\pi} \times \frac{\cos\theta}{r}, \sigma_\theta = \tau_{r\theta} = 0\right)$$

第10章 能量原理及变分法

求解弹性力学问题，可以归结为求解偏微分方程的边值问题，对于复杂的问题，要在给定的边界上，求得微分方程的精确解，在数学上往往比较困难，有时甚至是不可能的。为此，必须寻求能提供足够精确的近似解法，其中基于能量原理的变分法以及以变分法为基础的有限单元法，才使得弹性力学在工程中获得广泛应用成为可能。

能量原理的各个判据跟能量泛函的极值相联系。泛函就是函数的函数。如应变能密度 W 是 σ_{ij} 或 ε_{ij} 的函数，而 $\sigma_{ij}(\varepsilon_{ij})$ 又是 x、y、z 的函数，所以 W 称为 σ_{ij} 或 ε_{ij} 的泛函。又例如系统的总势能是按平衡方程构造的泛函，它是以 σ_{ij}、ε_{ij}、u_i、f_i、t_i 等为自变量。求泛函极值的问题，称为变分问题，势能对位移的变分就得到最小势能原理。因此，用能量原理的一些定则或判据求解弹性力学问题的方法，称为**变分法**。

10.1 虚位移原理

现在考虑一个受一组体力 f_i 和面力 $\overline{p}_i$ 作用而处于平衡状态的物体，如图 10.1 所示，其体积为 V，表面面积为 S，则在体积内有

$$\sigma_{ij,j} + f_i = 0 \quad (i,j = x,y,z) \tag{10.1}$$

在边界上有

$$\sigma_{ij}n_j = \overline{p}_i \quad (i,j = x,y,z)（在 S_\sigma 上） \tag{10.2}$$

且 $S = S_\sigma + S_u$，S 为弹性体的整个边界，S_σ 为给定面力的边界，S_u 为给定位移的边界。

现设想一个处于平衡状态的物体，由于某种原因发生了约束所允许的任意微小的虚位移 δu_i。实际的力系在虚位移上所做的功称为虚功，即弹性体的外力在约束所允许的虚位移上所做的功为

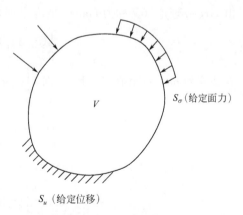

图 10.1 弹性体

$$\delta A = \iiint_V (f_x \delta u + f_y \delta v + f_z \delta w)\mathrm{d}V + \iint_{S_\sigma} (\overline{p}_x \delta u + \overline{p}_y \delta v + \overline{p}_z \delta w)\mathrm{d}s \tag{10.3}$$

或

$$\delta A = \int_V f_i \delta u_i \, dV + \int_{S_\sigma} \overline{p}_i \delta u_i \, ds \qquad (10.4)$$

在物体产生微小虚变形的过程中，该物体的总虚应变能为

$$\delta U = \iiint_V \delta W \, dV = \iiint_V (\sigma_x \delta\varepsilon_x + \sigma_y \delta\varepsilon_y + \sigma_z \delta\varepsilon_z + \tau_{xy}\delta\gamma_{xy} + \tau_{yz}\delta\gamma_{yz} + \tau_{zx}\delta\gamma_{zx}) \, dV$$

$$(10.5)$$

或

$$\delta U = \int_V \sigma_{ij} \delta\varepsilon_{ij} \, dV \qquad (10.6)$$

于是虚位移原理表达为

$$\delta U = \delta A \qquad (10.7)$$

或

$$\int_V \sigma_{ij} \delta\varepsilon_{ij} \, dV = \int_V f_i \delta u_i \, dV + \int_{S_\sigma} \overline{p}_i \delta u_i \, ds \qquad (10.8)$$

或

$$\iiint_V (\sigma_x \delta\varepsilon_x + \sigma_y \delta\varepsilon_y + \sigma_z \delta\varepsilon_z + \tau_{xy}\delta\gamma_{xy} + \tau_{yz}\delta\gamma_{yz} + \tau_{zx}\delta\gamma_{zx}) \, dV$$

$$(10.9)$$

$$= \iiint_V (f_x \delta u + f_y \delta v + f_z \delta v) \, dV + \iint_{S_\sigma} (\overline{p}_x \delta u + \overline{p}_y \delta v + \overline{p}_z \delta w) \, ds$$

虚位移原理表述为：**外力在约束所允许的虚位移上所做的虚功等于相应应力在虚应变上所产生的总虚应变能。式（10.7）～式（10.9）又称为 Lagrange 变分方程。**

现在给出式（10.7）～式（10.9）的证明

$$\delta A = \int_{S_\sigma} \overline{p}_i \delta u_i \, ds + \int_V f_i \delta u_i \, dV = \int_{S_\sigma} \sigma_{ij} n_j \delta u_i \, ds + \int_V f_i \delta u_i \, dV \qquad (10.10)$$

由 Green 理论（又称为 Gauss 散度定理），即

$$\int_V (\sigma_{ij} \delta u_i)_{,j} \, dV = \int_S \sigma_{ij} n_j \delta u_i \, ds$$

且注意到 $\delta u_i = 0$（在 S_u 上），则，$\int_S \sigma_{ij} n_j \delta u_i \, ds = \int_{S_\sigma} \sigma_{ij} n_j \delta u_i \, ds$，有

$$\int_V (\sigma_{ij} \delta u_i)_{,j} \, dV = \int_{S_\sigma} \sigma_{ij} n_j \delta u_i \, ds \qquad (10.11)$$

将式（10.11）代入式（10.10）得

$$\delta A = \int_V (\sigma_{ij} \delta u_i)_{,j} \, dV + \int_V f_i \delta u_i \, dV$$

$$= \int_V (\sigma_{ij,j} \delta u_i + \sigma_{ij} \delta u_{i,j}) \, dV + \int_V f_i \delta u_i \, dV$$

$$= \int_V (\sigma_{ij,j} + f_i) \delta u_i \, dV + \int_V \sigma_{ij} \delta u_{i,j} \, dV$$

由平衡条件

$$\sigma_{ij,j} + f_i = 0 \tag{10.12}$$

由几何方程及下标的对称性

$$\int_V \sigma_{ij}\,\delta\varepsilon_{ij}\,\mathrm{d}V = \frac{1}{2}\int_V \sigma_{ij}(\delta u_{i,j} + \delta u_{j,i})\,\mathrm{d}V \tag{10.13}$$

$$= \int_V \sigma_{ij}\,\delta u_{i,j}\,\mathrm{d}s$$

于是得到

$$\delta A = \int_V \sigma_{ij}\,\delta\varepsilon_{ij}\,\mathrm{d}V$$

故

$$\delta U = \delta A$$

式（10.7）～式（10.9）得证。

然后再来证明虚位移原理等价于平衡条件和应力边界条件。
注意式（10.13），则式（10.8）左端为

$$\int_V \sigma_{ij}\,\delta\varepsilon_{ij}\,\mathrm{d}V = \int_V \sigma_{ij}\,\delta u_{i,j}\,\mathrm{d}V \tag{10.14}$$

根据 Gauss 的分部积分公式

$$\int_V \sigma_{ij}\,\delta u_{i,j}\,\mathrm{d}V = \int_S \sigma_{ij} n_j\,\delta u_i\,\mathrm{d}s - \int_V \sigma_{ij,j}\,\delta u_i\,\mathrm{d}V \tag{10.15}$$

且注意到 $\delta u_i = 0$（在 S_u 上），$\int_S \sigma_{ij} n_j\,\delta u_i\,\mathrm{d}s = \int_{S_\sigma} \sigma_{ij} n_j\,\delta u_i\,\mathrm{d}s$，即有

$$\int_V \sigma_{ij}\,\delta u_{i,j}\,\mathrm{d}V = \int_{S_\sigma} \sigma_{ij} n_j\,\delta u_i\,\mathrm{d}s - \int_V \sigma_{ij,j}\,\delta u_i\,\mathrm{d}V \tag{10.16}$$

将式（10.16）代入式（10.14），再将式（10.14）代入式（10.8），即为

$$\int_{S_\sigma} \sigma_{ij} n_j\,\delta u_i\,\mathrm{d}s - \int_V \sigma_{ij,j}\,\delta u_i\,\mathrm{d}V = \int_V f_i\,\delta u_i\,\mathrm{d}V + \int_{S_\sigma} \overline{p}_i\,\delta u_i\,\mathrm{d}s$$

移项整理得

$$\int_V (\sigma_{ij,j} + f_i)\delta u_i\,\mathrm{d}V + \int_{S_\sigma} (\overline{p}_i - \sigma_{ij} n_j)\delta u_i\,\mathrm{d}s = 0 \tag{10.17}$$

由于 δu_i 的任意性，有物体的平衡方程

$$\sigma_{ij,j} + f_i = 0 \qquad （在 V 内）$$

和应力边界条件

$$\sigma_{ij} n_j = \overline{p}_i \qquad （在 S_\sigma 上）$$

成立。

可见虚位移原理等价于平衡条件和应力边界条件。严格说来，虚功原理可以通过加权余量法由平衡方程直接导出，即，虚功原理是平衡方程的一种弱形式。另外，应当指出，式（10.8）等号左边表示由于产生虚位移 δu_i，而引起的物体内的总虚应变能。这种虚位移实际上应理解为真实位移的变分，而不是其他随便的一种位移函数，而且式（10.9）中的 $\delta\varepsilon_x, \delta\varepsilon_y, \cdots, \delta\gamma_{xz}$，也不是别的什么虚应变，而是由于 δu、δv、δw 引起的。

10.2 最小势能原理

当存在应变能密度函数 W 时，虚功方程可写为

$$\iiint_V \delta W \mathrm{d}V - \iiint_V (f_x \delta u + f_y \delta v + f_z \delta w) \mathrm{d}V - \iint_{S_\sigma} (\overline{p}_x \delta u + \overline{p}_y \delta v + \overline{p}_z \delta w) \mathrm{d}s = 0$$

$$(10.18)$$

或

$$\int_V \sigma_{ij} \delta \varepsilon_{ij} \mathrm{d}V - \int_V f_i \delta u_i \mathrm{d}V - \int_{S_\sigma} \overline{p}_i \delta u_i \mathrm{d}s = 0 \qquad (10.19)$$

假定当物体从平衡位置有微小虚位移时，原来作用在物体上的体力 f_i，面力 $\overline{p}_i$，其大小和方向不变。将式（10.18）中的变分符号移至积分号以外。

$$\delta \left[\iiint_V W(u_i) \mathrm{d}V - \iiint_V (f_x u + f_y v + f_z w) \mathrm{d}V - \iint_{S_\sigma} (\overline{p}_x u + \overline{p}_y v + \overline{p}_z w) \mathrm{d}s \right] = 0$$

$$(10.20)$$

或

$$\delta \left(\frac{1}{2} \int_V \sigma_{ij} \varepsilon_{ij} \mathrm{d}V - \int_V f_i u_i \mathrm{d}V - \int_{S_\sigma} \overline{p}_i u_i \mathrm{d}s \right) = 0 \qquad (10.21)$$

令括号中的为系统的总势能——泛函，即

$$\Pi = \frac{1}{2} \int_V \sigma_{ij} \varepsilon_{ij} \mathrm{d}V - \int_V f_i u_i \mathrm{d}V - \int_{S_\sigma} \overline{p}_i u_i \mathrm{d}s$$

于是式（10.21）可写成为

$$\delta \Pi = \delta(U - A) = 0 \qquad (10.22)$$

式中，$U = \frac{1}{2} \int_V \sigma_{ij} \varepsilon_{ij} \mathrm{d}v$ 为弹性体的应变能，$A = \int_V f_i u_i \mathrm{d}V + \int_{S_\sigma} \overline{p}_i u_i \mathrm{d}s$ 为外力所做的功。附加强制约束条件为 $u_i - \overline{u}_i = 0$（在 S_σ 上）。

式（10.22）说明，在给定的外力作用下，弹性体实际的位移应使总势能的一阶变分为零，即使总势能取驻值。

可以证明，总势能的二阶变分恒为正，即，$\delta \Pi^2 \geqslant 0$，于是最小势能原理表述为：弹性体在所有满足给定几何边界条件的位移场中，真实的位移场使物体的总势能取最小值。

最小势能原理说明：真实的位移场除了满足几何边界条件外，还必须满足最小势能原理的变分方程。与虚功原理一样，很容易证明最小势能原理等价于平衡方程和应力边界条件。最小势能原理和虚功方程是平衡方程的积分形式或弱形式，二者之间只是形式上的不同，这种形式上的变更扩大了弹性力学的解题的范围。另外，虚功方程和最小势能原理是等价的，它们都是弹性体在实际平衡状态的位移发生虚位移时，能量原理的具体应用，只是表达方式不同而已。

10.3 位移变分法

虚位移原理和最小势能原理均属于位移变分原理。它们给求解弹性力学问题提供了以位移作为基本未知量的一种近似解法,其基本方法有两种,即 Ritz 法和 Galerkin 法。

10.3.1 Ritz 法

Ritz 是一种利用变分原理进行近似计算的著名方法。其基本思路是:设定满足位移边界条件的含有待定系数的位移分量的表达式,然后由位移变分方程式(10.7)~式(10.9)或式(10.22)得出含有待定系数的线性方程组,解方程得系数,从而得到位移分量的具体表达式。

选取几何允许的位移函数为

$$\left.\begin{array}{l} u = u_0 + \sum_{m=1}^{n} A_m u_m(x,y,z) \\[2mm] v = v_0 + \sum_{m=1}^{n} B_m v_m(x,y,z) \\[2mm] w = w_0 + \sum_{m=1}^{n} C_m w_m(x,y,z) \end{array}\right\} \tag{10.23}$$

其中 A_m、B_m、C_m 为三个待定系数,位移函数应满足下列要求。

① u_0、v_0、w_0 满足位移边界条件,即,$u_0 = u^*, v_0 = v^*, w_0 = w^*$(在 S_u 上)。

② u_m、v_m、w_m($m=1,2,\cdots,n$)为坐标 x、y、z 的线性独立的设定函数,且满足 $u_m = v_m = w_m = 0$($m=1,2,\cdots,n$)(在 S_u 上)。

对位移取变分,由于设定的函数 u_m、v_m、w_m 仅为坐标的函数,不参加变分,所以位移的变分是由对系数 A_m、B_m、C_m 的变分实现的,于是得

$$\delta u = \sum_{m=1}^{n} u_m \delta A_m, \delta v = \sum_{m=1}^{n} v_m \delta B_m, \delta w = \sum_{m=1}^{n} w_m \delta C_m \tag{10.24}$$

应变能的变分为

$$\delta U = \sum_{m=1}^{n} \left(\frac{\partial U}{\partial A_m} \delta A_m + \frac{\partial U}{\partial B_m} \delta B_m + \frac{\partial U}{\partial C_m} \delta C_m \right) \tag{10.25}$$

将式(10.24)、式(10.25)代入式(10.20)得

$$\sum_{m=1}^{n} \left(\frac{\partial U}{\partial A_m} - \iiint u_m f_x \, dV - \iint u_m \overline{p}_x \, ds \right) \delta A_m + \sum_{m=1}^{n} \left(\frac{\partial U}{\partial B_m} - \iiint v_m f_y \, dV - \iint v_m \overline{p}_y \, ds \right) \delta B_m$$

$$+ \sum_{m=1}^{n} \left(\frac{\partial U}{\partial C_m} - \iiint w_m f_z \, dV - \iint w_m \overline{p}_z \, ds \right) \delta C_m = 0 \tag{10.26}$$

由于变分 δA_m、δB_m、δC_m 的任意性,可得

$$\left.\begin{array}{l} \dfrac{\partial U}{\partial A_m} = \iiint u_m f_x \, dV - \iint u_m \overline{p}_x \, ds \\[3mm] \dfrac{\partial U}{\partial B_m} = \iiint v_m f_y \, dV - \iint v_m \overline{p}_y \, ds \\[3mm] \dfrac{\partial U}{\partial C_m} = \iiint w_m f_z \, dV - \iint w_m \overline{p}_z \, ds \end{array}\right\} \tag{10.27}$$

由式（4.63）及式（10.23）可见，应变能 U 应是系数 A_m、B_m、C_m 的二次函数，因而式（10.27）是这些系数的一次方程，方程数目为 $3n$ 个，与未知数数目相等，由式（10.27）可以确定全部系数，从而求得位移分量，这个方法称为 Ritz 法。

式（10.27）也可以采用另外的形式，总势能 Π 可以为位移分量的函数，Π 的变分可通过对位移中系数的变分来实现，因此式（10.26）等价于

$$\delta\Pi = \sum_{m=1}^{n}\left(\frac{\partial\Pi}{\partial A_m}\delta A_m + \frac{\partial\Pi}{\partial B_m}\delta B_m + \frac{\partial\Pi}{\partial C_m}\delta C_m\right) = 0$$

由于 δA_m、δB_m、δC_m 的任意性，所以得

$$\frac{\partial\Pi}{\partial A_m} = 0, \frac{\partial\Pi}{\partial B_m} = 0, \frac{\partial\Pi}{\partial C_m} = 0 \tag{10.28}$$

这是用 Ritz 法解题常用的方程形式，基于位移变分原理所选位移分量函数，只需满足位移边界条件就行了，这是 Ritz 法的特点。

必须指出，位移变分法是一种近似方法，根据求得的位移求应变，再由物理方程求应力，由于位移是近似解，求导数便降低了精度。因此，求得的应力精度较差。为了提高应力精度，选择的位移函数必须有较多的项数。如果只是求位移，取较少项便可以求得较精确的解答。

10.3.2　Galerkin 法

Galerkin 法是利用加权余量法进行近似计算的一种方法，所选取的位移函数［形式上与式（10.23）相同］，不仅要满足位移边界条件，而且还要满足应力边界条件，则变分方程式（10.7）～式（10.9）或式（10.22）为

$$\delta U = \delta A$$

或

$$\int_V \sigma_{ij}\,\delta\varepsilon_{ij}\,\mathrm{d}V = \int_V f_i\,\delta u_i\,\mathrm{d}V + \int_{S_\sigma}\overline{p}_i\,\delta u_i\,\mathrm{d}s = \int_V \sigma_{ij}\,\delta u_{i,j}\,\mathrm{d}V$$

$$= \int_S \sigma_{ij}n_j\,\delta u_i\,\mathrm{d}s - \int_V \sigma_{ij,j}\,\delta u_i\,\mathrm{d}V \tag{10.29}$$

由此得（注意应力边界条件 $\overline{p}_i = \sigma_{ij}n_j$）

$$\int_V(\sigma_{ij,j} + f_i)\delta u_i\,\mathrm{d}V = 0 \tag{10.30}$$

即

$$\iiint_V\left[\left(\frac{\partial\sigma_x}{\partial x} + \frac{\partial\tau_{xy}}{\partial y} + \frac{\partial\tau_{xz}}{\partial z} + F_{bx}\right)\delta u + (\cdots)\delta v + (\cdots)\delta w\right]\mathrm{d}v = 0 \tag{10.31}$$

注意到

$$\delta u_i = \sum_{m=1}^{n}\delta A_{im}u_{im} \quad (\delta u_i = \delta u, \delta v, \delta w)$$

即

$$\iiint_V(\sigma_{ij,j} + f_i)\sum_{m=1}^{n}\delta A_{im}u_{im}\,\mathrm{d}V = 0 \tag{10.32}$$

且

$$i = 1, 2, 3; A_{im} = A_m, B_m, C_m; u_{im} = u_m, v_m, w_m$$

此式展开为 3 个方程，且每个方程含 n 个积分，由于 δA_{im} 的任意性，若要上式成立，则只有每个积分都等于零。

将式（10.23）代入式（10.32），注意 δA_{im} 与 x、y、z 无关，可放在积分号外，故有

$$\left. \begin{aligned} \int_V \left(\frac{\partial \sigma_x}{\partial x} + \frac{\partial \tau_{xy}}{\partial y} + \frac{\partial \tau_{xz}}{\partial z} + f_x \right) u_m \mathrm{d}V = 0 \\ \int_V \left(\frac{\partial \tau_{xy}}{\partial x} + \frac{\partial \sigma_y}{\partial y} + \frac{\partial \tau_{yz}}{\partial z} + f_y \right) v_m \mathrm{d}V = 0 \\ \int_V \left(\frac{\partial \tau_{xz}}{\partial x} + \frac{\partial \tau_{yz}}{\partial y} + \frac{\partial \sigma_z}{\partial z} + f_z \right) w_m \mathrm{d}V = 0 \end{aligned} \right\} \quad (m = 1, 2, \cdots, n) \tag{10.33}$$

上式中，各应力分量可用位移分量表示，由于位移分量是近似函数，由此得到的应力分量并不能精确满足平衡方程式，而只是满足了一个加权函数 u_{im} 乘积的积分为零的条件。由于位移分量是系数 A_m、B_m、C_m 的线性函数，故式（10.33）为 $3n$ 个方程组成的线性方程组，求出系数后，代入式（10.23），便可求得各位移分量，这一方法称为 Galerkin 法。

10.4　位移变分法应用举例

将 Ritz 法或 Galerkin 法应用于一维的杆件时，式（10.23）仅保留第二式，且成为

$$v = v_0(x) + \sum_{m=1}^{n} B_m v_m(x) \tag{10.34}$$

如 Ritz 法，式（10.27）第二式在体积力等于零的情况下成为

$$\frac{\partial U}{\partial B_m} - \int v_m(x) \overline{p}_y \mathrm{d}s = 0 \tag{10.35}$$

此时梁的应变能为

$$U = \frac{1}{2} EI \int \left(\frac{\mathrm{d}^2 v}{\mathrm{d}x^2} \right)^2 \mathrm{d}x \tag{10.36}$$

或者，在有了位移函数后，进而将整个梁的应变能和外力所做的功都用参数 B_m 表示出来，并得梁的总势能 $\Pi = \Pi(B_m)$，按最小势能原理，在稳定的平衡条件下，$\Pi = \Pi(B_m)$ 应为最小值，故有

$$\delta \Pi(B_m) = 0 \quad 即 \quad \frac{\partial \Pi(B_m)}{\partial B_m} = 0 \quad (m = 1, 2, \cdots, n) \tag{10.37}$$

由式（10.37）得到 B_m 的线性代数方程组，解此线性方程组可求得位移待定系数 B_1，$B_2, \cdots, B_n$，也就确定了位移表达式。

而对 Galerkin 法，则式（10.33）的第二式为

$$\int_V \left(\frac{\partial \tau_{xy}}{\partial x} + f_y \right) v_n \mathrm{d}V = 0 \tag{10.38}$$

即在一维的情况下等价为

$$\int_l \left(\frac{\partial F_Q}{\partial x} + q \right) v_n \mathrm{d}x = 0 \tag{10.39}$$

定出系数 B_n 后，得位移表达式。

【例 10.1】　求在图 10.2 所示均布荷载 q 作用下，等截面简支梁的挠度，不计体力。

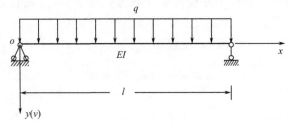

图 10.2 例 10.1 图

解：（1）Ritz 法

根据 Ritz 法的特点，位移函数应满足位移边界条件，取位移函数为以下三角函数级数

$$v = \sum_{n=1}^{\infty} B_n \sin \frac{n\pi x}{l} \tag{10.40}$$

即在 $x=0$ 和 $x=l$ 处，$v=0$。其中 B_n 为一组待定系数，式（10.40）的变分为

$$\delta v = \sum_{n=1}^{\infty} \sin \frac{n\pi x}{l} \delta B_n \tag{10.41}$$

简支梁受均布荷载作用时的应变能为

$$U = \int_0^l \frac{M^2 \mathrm{d}x}{2EI} = \frac{EI}{2} \int_0^l \left(\frac{\mathrm{d}^2 v}{\mathrm{d}x^2} \right)^2 \mathrm{d}x$$

$$= \frac{EI}{2} \int_0^l \left[\sum_{n=1}^{\infty} B_n \frac{n^2 \pi^2}{l^2} \left(-\sin \frac{n\pi x}{l} \right) \right]^2 \mathrm{d}x$$

$$= \frac{EI\pi^4}{2l^4} \left(\int_0^l \sum_n B_n^2 n^4 \sin^2 \frac{n\pi x}{l} \mathrm{d}x + 2\int_0^l \sum_n B_n n^2 \sin \frac{n\pi x}{l} \sum_{m \neq n} B_m m^2 \sin \frac{m\pi x}{l} \mathrm{d}x \right) \tag{10.42}$$

对上式积分时，注意到三角函数的正交性，即

$$\int_0^l \sin \frac{n\pi x}{l} \sin \frac{m\pi x}{l} \mathrm{d}x = \begin{cases} 0 & （当 \ m \neq n \ 时） \\ \dfrac{l}{2} & （当 \ m = n \ 时） \end{cases}$$

于是得

$$U = \frac{EI\pi^4}{2l^4} \left(\sum_n B_n^2 n^4 \frac{l}{2} + 0 \right) = \frac{EI\pi^4}{4l^3} \sum_{n=1}^{\infty} n^4 B_n^2 \tag{10.43}$$

$$\frac{\partial U}{\partial B_n} = \frac{EI\pi^4}{2l^3} \sum_{n=1}^{\infty} n^4 B_n$$

式（10.35）的第二项为

$$\int v_n \overline{p}_y \mathrm{d}s = \int_0^l q \sin \frac{n\pi x}{l} \mathrm{d}x = \frac{2ql}{\pi} \times \frac{1}{n} \qquad （当 \ n \ 为奇数时） \tag{10.44}$$

代入式（10.35），且当 n 为奇数时

$$\frac{EI\pi^4}{2l^3} n^4 B_n - \frac{2ql}{\pi} \times \frac{1}{n} = 0$$

得

$$B_n = \frac{4ql^4}{EI\pi^5} \times \frac{1}{n^5} \tag{10.45}$$

当 n 为偶数时，$B_n = 0$。将式（10.45）代入位移函数式（10.40）得

$$v = \frac{4ql^4}{EI\pi^5} \sum_{n=1,3,5,\cdots}^{\infty} \frac{1}{n^5} \sin\frac{n\pi x}{l} \tag{10.46}$$

此级数收敛很快，只取前几项就能给出足够精确的结果。

梁中点 $\left(x = \dfrac{l}{2}\right)$ 的挠度为

$$v_{\max} = \frac{4ql^4}{EI\pi^5}\left(1 - \frac{1}{3^5} + \frac{1}{5^5} + \cdots\right)$$

当只取奇数的第一项时，有

$$v_{\max} = \frac{ql^4}{76.6EI}$$

与初等理论的精确解相比，误差仅为 0.26%。

（2）用 Galerkin 法

要求所取位移函数既满足位移边界条件又满足应力边界条件，仍取式（10.40）的三角级数为位移函数

$$v = \sum_{n=1}^{\infty} B_n \sin\frac{n\pi x}{l} \tag{10.47}$$

显然此函数能满足全部边界条件［注意：$EIv'' = -M(x)$ 支座处的弯矩为零］

$$v(0) = v''(0) = v(l) = v''(l) = 0$$

此时式（10.39）为

$$\int_0^l \left(\frac{\partial F_Q}{\partial x} + q\right) v_n \, \mathrm{d}x = 0 \tag{10.48}$$

此处，$v_n = \sin\dfrac{n\pi x}{l}$，且有

$$\frac{\mathrm{d}F_Q}{\mathrm{d}x} = \frac{\mathrm{d}^2 M(x)}{\mathrm{d}x^2} = -EIv^{(4)}$$

则式（10.48）化为

$$\int_0^l -EI\left[\sum_{n=1}^{\infty} B_n \left(\frac{n\pi}{l}\right)^4 \sin\frac{n\pi x}{l}\right] \sum_{n=1}^{\infty} \sin\frac{n\pi x}{l}\mathrm{d}x + \int_0^l q \sum_{n=1}^{\infty} \sin\frac{n\pi x}{l}\mathrm{d}x = 0$$

注意到三角函数的正交性，上式化为

$$-EIB_n\left(\frac{n\pi}{l}\right)^4 \frac{l}{2} - \left(q\frac{l}{n\pi}\cos\frac{n\pi x}{l}\right)\Big|_0^l = 0$$

由此可得

$$B_n = \frac{4ql^4}{EI(n\pi)^5} \ (n \text{ 为奇数})；\ B_n = 0 \ (n \text{ 为偶数})$$

$$v = \frac{4ql^4}{EI\pi^5} \sum_{n=1,3,\cdots}^{\infty} \frac{1}{n^5} \sin\frac{n\pi x}{l} \tag{10.49}$$

结果与 Ritz 法相同。

【**例 10.2**】 求在均布荷载作用下，如图 10.3 所示等截面悬臂梁的挠度。不计体力。

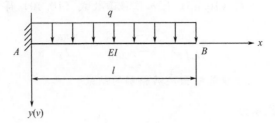

图 10.3 例 10.2 图

解： 设梁的挠曲线为 $v = a_2 x^2 + a x^3$ ，此位移函数满足 $v\big|_{x=0} = 0$、$\dfrac{\mathrm{d}v}{\mathrm{d}x}\big|_{x=0} = 0$ 的梁的固定端边界条件。计算

$$A = \sum p_i v_i = \sum q \, \mathrm{d}x_i v_i = \int_0^l (a_2 x^2 + a_3 x^3) q \, \mathrm{d}x$$

$$= q \left(a_2 \frac{l^3}{3} + a_3 \frac{l^4}{4} \right)$$

$$U = \frac{EI}{2} \int_0^l \left(\frac{\mathrm{d}^2 v}{\mathrm{d}x^2} \right)^2 \mathrm{d}x = \frac{EI}{2} \int_0^l (2a_2 + 6a_3 x)^2 \mathrm{d}x$$

因

$$\Pi = U - A = \frac{EI}{2} \int_0^l (2a_2 + 6a_3 x)^2 \mathrm{d}x - q \left(a_2 \frac{l^3}{3} + a_3 \frac{l^4}{4} \right)$$

应用式（10.37）有

$$\begin{cases} \dfrac{\partial \Pi}{\partial a_2} = \dfrac{EI}{2} \int_0^l 2(2a_2 + 6a_3 x) \times 2 \, \mathrm{d}x - \dfrac{ql^3}{3} = 0 \\[2mm] \dfrac{\partial \Pi}{\partial a_3} = \dfrac{EI}{2} \int_0^l 2(2a_2 + 6a_3 x) \times 6x \, \mathrm{d}x - \dfrac{ql^4}{4} = 0 \end{cases}$$

即

$$a_2 + \frac{3l}{2} a_3 = \frac{ql^2}{12EI}$$

$$\frac{1}{2} a_2 + l a_3 = \frac{ql^2}{48EI}$$

解得

$$a_2 = \frac{10ql^2}{48EI}, \quad a_3 = -\frac{ql}{12EI}$$

所以

$$v = \frac{ql}{12EI} \left(\frac{5}{2} l - x \right) x^2$$

自由端

$$w_{\max} = \frac{ql^4}{8EI}$$

与精确解相同。

习题

10.1　试证：

$$\iiint\limits_{V} \frac{1}{2}\sigma_{ij}(u_{i,j}+u_{j,i})\mathrm{d}V = \int\limits_{S}\sigma_{ij}n_j u_i \mathrm{d}s - \iiint\limits_{V}\sigma_{ij,j}u_i \mathrm{d}V$$

10.2　设图示悬臂梁右端受 F 作用，如取挠曲线为 $v=ax^2+bx^3$，试求 a、b 的值。

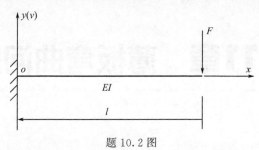

题 10.2 图

$$\left(\text{答案：} a=\frac{Fl}{2EI}, b=-\frac{F}{6EI}\right)$$

10.3　试用 Ritz 法，求图示梁的挠曲线，$EI=$ 常数，设 $v=a_1\sin\dfrac{\pi x}{l}$，且 $\lambda=\dfrac{1}{2}\displaystyle\int_0^l\left(\dfrac{\mathrm{d}v}{\mathrm{d}x}\right)^2\mathrm{d}x$。

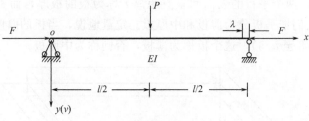

题 10.3 图

$$\left[\text{答案：} v=\frac{2Pl^3}{\pi^4 EI}\left(\frac{1}{1-\dfrac{Fl^2}{\pi^2 EI}}\right)\sin\frac{\pi x}{l}\right]$$

10.4　试用 Ritz 法求图示固端梁受均布荷载作用时，梁的最大挠度。$EI=$ 常数，设 $v=\dfrac{\delta}{2}\left(1-\cos\dfrac{2\pi x}{l}\right)$。

$$\left(\text{答案：} v_{\max}=\delta=\frac{4ql^4}{\pi^4 EI}\right)$$

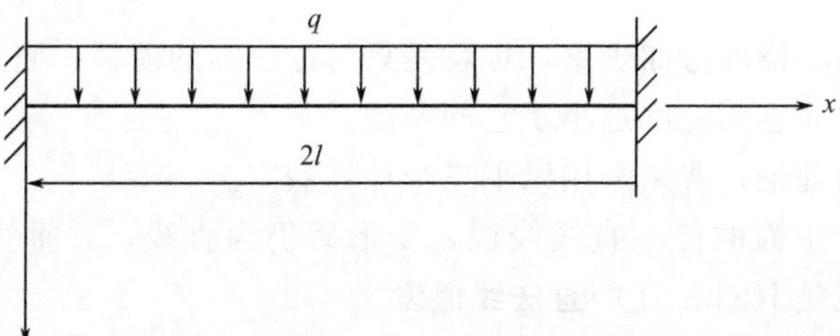

题 10.4 图

第11章 薄板弯曲问题

11.1 基本概念与基本假定

在弹性力学中，将两个平行面和垂直于该平面的柱面所围成的物体称为平板，简称为板，如图 11.1 所示。两个平行的表面间垂直距离 t 称为板的板厚，而平分厚度 t 的平面称为板的中面。通常人们把平板分为薄板和中厚板。定量地说，当板的厚度 t 远小于中面的最小尺寸 b（如小于 $b/8$ 至 $b/5$），这个板称为薄板，否则称为中厚板。

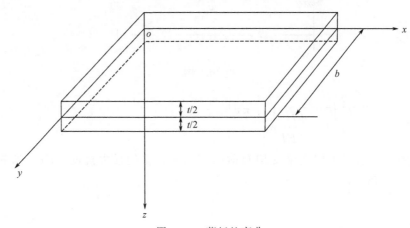

图 11.1 薄板的弯曲

本章仅讲述薄板的小挠度弯曲理论，也就是只讨论这样的薄板：它虽然很薄，但仍然具有相当的弯曲刚度，因而它的挠度远小于它的厚度。

薄板的小挠度弯曲理论，普遍采用以下三个计算假定。

（1）变形前垂直于中面的任一直线线段，变形后仍为直线，并垂直于变形后的弹性曲面，且长度不变。这就是 Kichhoff 的**直法线假设**。

（2）垂直于板中面方向的应力分量 σ_z、τ_{zx}、τ_{zy} 较小，它们引起的形变可以略去不计，但它们本身却是维持平衡所必需的，不能不计。

（3）板中面只发生弯曲变形，没有面内伸缩。

以上三项假定的核心是基尔霍夫**直法线假设**。如图 11.1 所示，作用在板上的荷载垂直于板面时，薄板发生弯曲变形，当薄板弯曲时，中面所弯成的曲面，称为弹性曲面，而中面内各点在垂直于中面方向的位移，称为挠度 w。

薄板弯曲问题采用位移法求解，基本思路是确定位移函数的形式，使其满足位移表示的平衡方程，然后再满足位移分量表示的应力边界条件即得问题解答。基于以上基本假设，可由空间问题的微分方程推导出薄板弯曲问题的基本方程。

11.2　薄板弯曲的基本方程

（1）位移函数

首先，根据直法线（1），并结合几何方程有

$$\varepsilon_z = \frac{\partial w}{\partial z} = 0$$

可知

$$w = w(x, y)$$

即中面的挠度仅为 x、y 的函数。这就是说，垂直于中面的任一根法线上各点的位移 w 均相同。

还是根据假设（1），薄板弯曲后，板的法线与弹性曲面在 x 方向和 y 方向的切线保持相互垂直，没有切应变。或者说，根据假设（2），因为不计 τ_{zx} 和 τ_{zy} 引起的形变，所以有

$$\gamma_{yz} = \frac{\partial v}{\partial z} + \frac{\partial w}{\partial y} = 0 , \gamma_{zx} = \frac{\partial w}{\partial x} + \frac{\partial u}{\partial z} = 0$$

由上式可知

$$\frac{\partial v}{\partial z} = -\frac{\partial w}{\partial y} , \frac{\partial u}{\partial z} = -\frac{\partial w}{\partial x}$$

上式对 z 积分，注意到 w 与 z 无关，得

$$v = -z \frac{\partial w}{\partial y} + f_1(x, y) , u = -z \frac{\partial w}{\partial x} + f_2(x, y)$$

根据假设（3），薄板中面内的各点都没有平行于中面的位移，即

$$u \big|_{z=0} = v \big|_{z=0} = 0$$

有 $f_1(x, y) = f_2(x, y) = 0$，从而

$$v = -z \frac{\partial w}{\partial y} , u = -z \frac{\partial w}{\partial x} \tag{11.1}$$

可见，薄板小挠度弯曲被简化为中面的弯曲问题。只要中面挠度 w 确定，任何点的位移都确定。

（2）几何方程与应变分量

根据上述分析，薄板内不等于零的应变分量有如下三个

$$\left. \begin{aligned} \varepsilon_x &= \frac{\partial u}{\partial x} = -z\,\frac{\partial^2 w}{\partial x^2} \\[2mm] \varepsilon_y &= \frac{\partial v}{\partial y} = -z\,\frac{\partial^2 w}{\partial y^2} \\[2mm] \gamma_{xy} &= \frac{\partial u}{\partial y} + \frac{\partial v}{\partial x} = -2z\,\frac{\partial^2 w}{\partial x\partial y} \end{aligned} \right\} \tag{11.2}$$

在小变形情况下，$-\dfrac{\partial^2 w}{\partial x^2}$ 和 $-\dfrac{\partial^2 w}{\partial y^2}$ 分别表示了薄板弹性曲面在 x 方向和 y 方向的曲率，而 $-\dfrac{\partial^2 w}{\partial x\partial y}$ 表示了在 x 方向和 y 方向的扭曲率。

（3）本构关系与主要应力

根据假设（2），即在本构关系中不考虑次要应力 σ_z、τ_{zx}、τ_{zy}，即薄板弯曲问题的本构方程与平面应力问题的完全相同。

$$\begin{aligned} \sigma_x &= \frac{E}{1-\nu^2}(\varepsilon_x + \nu\varepsilon_y) = -\frac{E}{1-\nu^2}\left(\frac{\partial^2 w}{\partial x^2} + \nu\,\frac{\partial^2 w}{\partial y^2}\right) \\[2mm] \sigma_y &= \frac{E}{1-\nu^2}(\varepsilon_y + \nu\varepsilon_x) = -\frac{E}{1-\nu^2}\left(\frac{\partial^2 w}{\partial y^2} + \nu\,\frac{\partial^2 w}{\partial x^2}\right) \\[2mm] \tau_{xy} &= -\frac{Ez}{1+\nu}\times\frac{\partial^2 w}{\partial x\partial y} \end{aligned} \tag{11.3}$$

（4）平衡方程与次要应力

次要应力即 σ_z、τ_{zx}、τ_{zy} 是平衡所必需的，且可根据平衡条件式（5.1）来确定。由于没有纵向荷载，$f_x = f_y = 0$，这两个方向的平衡方程为

$$\left. \begin{aligned} \frac{\partial \sigma_x}{\partial x} + \frac{\partial \tau_{xy}}{\partial y} + \frac{\partial \tau_{xz}}{\partial z} &= 0 \\[2mm] \frac{\partial \tau_{xy}}{\partial x} + \frac{\partial \sigma_y}{\partial y} + \frac{\partial \tau_{yz}}{\partial z} &= 0 \end{aligned} \right\} \tag{11.4}$$

将式（11.3）代入上式得

$$\frac{\partial \tau_{xz}}{\partial z} = \frac{Ez}{1-\nu^2}\left(\frac{\partial^3 w}{\partial x^3} + \frac{\partial^3 w}{\partial x\partial y^2}\right) = \frac{Ez}{1-\nu^2}\,\frac{\partial}{\partial x}(\nabla^2 w)$$

$$\frac{\partial \tau_{yz}}{\partial z} = \frac{Ez}{1-\nu^2}\left(\frac{\partial^3 w}{\partial y^3} + \frac{\partial^3 w}{\partial y\partial x^2}\right) = \frac{Ez}{1-\nu^2}\,\frac{\partial}{\partial y}(\nabla^2 w)$$

上式对 z 进行积分，注意到如下边界条件

$$\tau_{xz}\Big|_{z=\pm\frac{t}{2}} = 0,\;\tau_{yz}\Big|_{z=\pm\frac{t}{2}} = 0$$

可得

$$\begin{aligned} \tau_{xz} &= \frac{6D}{t^3}\times\frac{\partial}{\partial x}(\nabla^2 w)\left(z^2 - \frac{t^2}{4}\right) \\[2mm] \tau_{yz} &= \frac{6D}{t^3}\times\frac{\partial}{\partial y}(\nabla^2 w)\left(z^2 - \frac{t^2}{4}\right) \end{aligned} \tag{11.5}$$

其中，D 称为板的抗弯刚度，其表达式为

$$D = \frac{Et^3}{12(1-\nu^2)} \tag{11.6}$$

最后，次要应力分量 σ_z 可根据 z 方向的平衡方程求得。在不计体力的情况下，即 $f_z = 0$，该方程变为

$$\frac{\partial \sigma_z}{\partial z} = -\frac{\partial \tau_{xz}}{\partial x} - \frac{\partial \tau_{yz}}{\partial y}$$

将式（11.5）代入上式得

$$\frac{\partial \sigma_z}{\partial z} = \frac{6D}{t^3} \nabla^4 w \left(\frac{t^2}{4} - z^2 \right)$$

积分上式得

$$\sigma_z = \frac{6D}{t^3} \nabla^4 w \left(\frac{t^2}{4} z - \frac{z^3}{3} \right) + f_3(x,y) \tag{1}$$

在薄板的下面，有边界条件

$$\sigma_z \Big|_{z=\frac{t}{2}} = 0 \tag{2}$$

将式（1）代入式（2），求出 $f_3(x,y)$ 后再代入式（1）得

$$\sigma_z = \frac{6D}{t^3} \nabla^4 w \left[\frac{t^2}{4} \left(z - \frac{t}{2} \right) - \frac{1}{3} \left(z^3 - \frac{t^3}{8} \right) \right] \tag{11.7}$$

（5）薄板的挠曲微分方程

现在来推导求解 w 的微分方程。在薄板的上边界有

$$\sigma_z \Big|_{z=-\frac{t}{2}} = -q \tag{3}$$

将式（11.7）代入式（3）得

$$D \nabla^4 w = q \tag{11.8}$$

即

$$\frac{\partial^4 w}{\partial x^4} + \frac{2\partial^4 w}{\partial x^2 \partial y^2} + \frac{\partial^4 w}{\partial y^4} = \frac{q}{D} \tag{11.9}$$

式（11.8）、式（11.9）称为薄板的弹性曲面微分方程或挠曲微分方程。它是薄板弯曲问题的基本方程。从薄板中取出微元体进行平衡分析，同样可推导出该方程式。

综上所述，薄板弯曲问题归结为：**在给定的薄板侧面的边界条件下求解挠曲微分方程。**求得挠度 w 后，然后就可以按式（11.3）、式（11.5）和式（11.7）求应力分量。

11.3　薄板横截面上的内力和边界条件

11.3.1　薄板内力

在绝大多数的情况下，都很难使得应力分量在薄板的侧面边界上精确地满足应力边界条件，而只能应用圣维南原理，即由这些应力分量组成的内力整体地满足边界条件。另外，在土木工程中更关心的是内力分布和大小。因此，首先来考察这些应力分量与组成内力的关系。

从薄板内取出一个微小的平行六面体，如图 11.2 所示。在 x 为常数的横截面上，作用着正应力 σ_x 和剪应力 τ_{xy}、τ_{xz}，单位板宽上的正应力 σ_x 合成为弯矩 M_x、剪应力 τ_{xy} 合成

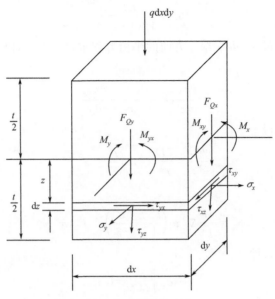

图 11.2　薄板的内力

为扭矩 M_{xy}、剪应力 τ_{xz} 合成为横向剪力 F_{Qx} 分别为

$$M_x = \int_{-t/2}^{t/2} \sigma_x z \, dz, M_{xy} = \int_{-t/2}^{t/2} \tau_{xy} z \, dz, F_{Qx} = \int_{-t/2}^{t/2} \tau_{xz} \, dz \qquad (11.10)$$

在 y 为常数的横截面上，单位板宽上的正应力 σ_y 合成为弯矩 M_y、剪应力 τ_{yx} 合成为扭矩 M_{yx}、剪应力 τ_{yz} 合成为横向剪力 F_{Qy} 分别为

$$M_y = \int_{-t/2}^{t/2} \sigma_y z \, dz, M_{yx} = \int_{-t/2}^{t/2} \tau_{yx} z \, dz, F_{Qy} = \int_{-t/2}^{t/2} \tau_{yz} \, dz \qquad (11.11)$$

根据剪应力互等定理，有 $M_{xy} = M_{yx}$。将式（11.3）和式（11.5）代入式（11.10）、式（11.11）得

$$M_x = -D\left(\frac{\partial^2 w}{\partial x^2} + \nu \frac{\partial^2 w}{\partial y^2}\right), M_y = -D\left(\frac{\partial^2 w}{\partial y^2} + \nu \frac{\partial^2 w}{\partial x^2}\right)$$

$$M_{xy} = -D(1-\nu)\frac{\partial^2 w}{\partial x \partial y} \qquad (11.12)$$

$$F_{Qx} = -D\frac{\partial}{\partial x}\left(\frac{\partial^2 w}{\partial x^2} + \frac{\partial^2 w}{\partial y^2}\right), F_{Qy} = -D\frac{\partial}{\partial y}\left(\frac{\partial^2 w}{\partial x^2} + \frac{\partial^2 w}{\partial y^2}\right)$$

将式（11.3）和式（11.5）与式（11.12）进行比较，可以得到用内力矩表示的薄板应力

$$\left. \begin{array}{l} \sigma_x = \dfrac{M_x z}{I}, \sigma_y = \dfrac{M_y z}{I}, \tau_{xy} = \dfrac{M_{xy} z}{I} \\[3mm] \tau_{xz} = \dfrac{6F_{Qx}}{t^3}\left(\dfrac{t^2}{4} - z^2\right), \tau_{yz} = \dfrac{6F_{Qy}}{t^3}\left(\dfrac{t^2}{4} - z^2\right) \\[3mm] \sigma_z = -2q\left(\dfrac{1}{2} - \dfrac{z}{t}\right)^2\left(1 + \dfrac{z}{t}\right) \end{array} \right\} \qquad (11.13)$$

由式（11.13）可知，σ_x、σ_y 和 τ_{xy} 的最大值发生在板面，τ_{xz}、τ_{yz} 的最大值发生在中面，而 σ_z 的最大值则发生在板的上面。式中，$I = t^3/12$ 即为单位中面长度的截面对中面轴线的惯性矩。注意以上内力都是作用在薄板单位宽度上的内力，所以弯矩和扭矩的因次是

［力］，横向剪力的因次是［力］［长度］$^{-1}$。

在计算薄板的内力时，主要是计算弯矩和扭矩，横向剪力一般都无须计算。因此，一般工程手册中，只是给出弯矩和扭矩的计算公式或图表。而目前在钢筋混凝土楼板的设计中，大都按照双向的弯矩来配置双向钢筋，而不考虑扭矩的作用。

11.3.2　边界条件

现以图 11.3 所示的矩形薄板为例，说明各种边界的边界条件。假定该板的 oA 边固定，oC 边简支，AB 边和 BC 边自由。

（1）固定边（几何边界条件）

沿着固定边 oA，薄板的挠度等于零，弹性曲面的斜率也等于零，即

$$w\big|_{x=0}=0,\frac{\partial w}{\partial x}\bigg|_{x=0}=0 \qquad (11.14)$$

（2）简支边（混合边界条件）

沿着简支边 oC，薄板的挠度等于零。如果有分布弯矩 $\overline{M}_y$ 作用，则

$$w\big|_{y=0}=0,M_y\big|_{y=0}=\overline{M}_y$$

注意到式（11.12），有

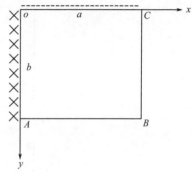

图 11.3　矩形薄板

$$w\big|_{y=0}=0,-D\left(\frac{\partial^2 w}{\partial y^2}+\nu\frac{\partial^2 w}{\partial x^2}\right)\bigg|_{y=0}=\overline{M}_y$$

挠度 w 在整个边界上都等于零，$\frac{\partial^2 w}{\partial x^2}$ 也在整个边界上等于零，故上式成为

$$w\big|_{y=0}=0,-D\frac{\partial^2 w}{\partial y^2}\bigg|_{y=0}=\overline{M}_y \qquad (11.15)$$

如果外加弯矩 $\overline{M}_y=0$，则

$$w\big|_{y=0}=0,\frac{\partial^2 w}{\partial y^2}\bigg|_{y=0}=0 \qquad (11.16)$$

（3）自由边（静力边界条件）

沿着自由边，例如 AB 边（$y=b$），薄板的弯矩 M_y、扭矩 M_{yx}、横向剪力 F_{Qy} 均应等于零，即

$$M_y\big|_{y=b}=0,M_{yx}\big|_{y=b}=0,F_{Qy}\big|_{y=b}=0$$

然而，根据微分方程理论，弹性曲面的四阶偏微分方程，在每条边界上只可能满足两个边界条件。早在 1850 年 Kichhoff 建立前述薄板弯曲的近似理论时，就通过变分法证明了每边两个边界条件足以确定式（11.8）、式（11.9）的解，而扭矩和横向剪力须合成为一个边界条件。

学者们后来的研究表明，边界上的扭矩可以变换为等效的横向剪力 $\frac{\partial M_{yx}}{\partial x}$，如图 11.4 所示，与原来的横向剪力归并为一个条件，即分布剪力为

$$V_y=F_{Qy}+\frac{\partial M_{yx}}{\partial x}$$

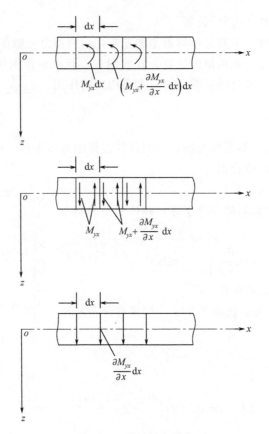

图 11.4　等效横向剪力

这样，自由边的边界条件为

$$M_y \big|_{y=b} = 0, V_y \big|_{y=b} = \left(F_{Qy} + \frac{\partial M_{yx}}{\partial x} \right) \Big|_{y=b} = 0$$

注意到式（11.12），上式成为

$$\left(\frac{\partial^2 w}{\partial y^2} + \nu \frac{\partial^2 w}{\partial x^2} \right) \Big|_{y=b} = 0, \left[\frac{\partial^3 w}{\partial y^3} + (2-\nu) \frac{\partial^3 w}{\partial x^2 \partial y} \right] \Big|_{y=b} = 0 \tag{11.17}$$

必须指出，不能精确满足每边应有的三个边界条件是薄板弯曲理论的不足之处，它与导出基本方程时引入的直法线假设有关。

此外，用等效剪力代替扭矩后，在两个自由边的交点 B 处将出现未抵消的集中剪力，即

$$F_{R_B} = F_{RBA} + F_{RBC} = (M_{yx})_B + (M_{xy})_B = 2(M_{xy})_B$$

而在 B 点并没有任何支座对薄板施以此项集中反力，则 B 点需附加角点条件 $F_{RB} = 0$，通过式（11.12），亦即

$$\frac{\partial^2 w}{\partial x \partial y} \Big|_{x=a, y=b} = 0 \tag{11.18}$$

当自由边与简支边或固定边相邻时，集中力将被反力所吸收，不需要列条件。此外，如果在 B 点有支柱阻止挠度发生，则上述条件应改为

$$w \big|_{x=a, y=b} = 0 \tag{11.19}$$

11.4 薄板弯曲应用举例

11.4.1 周边固定的椭圆板

设周边固定的椭圆板（图 11.5）受均布荷载 q 作用，其边界方程为

$$\frac{x^2}{a^2}+\frac{y^2}{b^2}=1$$

试取挠度为

$$w=m\left(\frac{x^2}{a^2}+\frac{y^2}{b^2}-1\right)^2 \qquad (11.20)$$

显然，上式满足挠度为零的边界条件。此外，在边界上，挠度的法线导数也应为零。现验证如下。

在边界上有

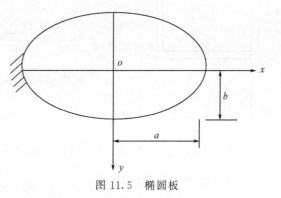

图 11.5 椭圆板

$$\frac{\partial w}{\partial x}=\frac{4mx}{a^2}\left(\frac{x^2}{a^2}+\frac{y^2}{b^2}-1\right)=0$$

$$\frac{\partial w}{\partial y}=\frac{4my}{b^2}\left(\frac{x^2}{a^2}+\frac{y^2}{b^2}-1\right)=0$$

再注意到

$$\frac{\partial w}{\partial n}=\frac{\partial w}{\partial x}\times\frac{\partial x}{\partial n}+\frac{\partial w}{\partial y}\times\frac{\partial y}{\partial n}$$

可见，挠度也满足在边界上 $\partial w/\partial n=0$ 的条件。将式（11.20）代入式（11.8）、式（11.9）得

$$D\left(\frac{24m}{a^4}+\frac{16m}{a^2b^2}+\frac{24m}{b^4}\right)=q$$

解得 m 并代入式（11.20）得

$$w=\frac{q\left(\dfrac{x^2}{a^2}+\dfrac{y^2}{b^2}-1\right)^2}{8D\left(\dfrac{3}{a^4}+\dfrac{2}{a^2b^2}+\dfrac{3}{b^4}\right)}$$

11.4.2 矩形薄板的重三角级数解

设四边简支矩形薄板（图 11.6）受横向荷载 q 作用，其边界条件为

$$w\big|_{x=0}=0,\frac{\partial^2 w}{\partial x^2}\bigg|_{x=0}=0;w\big|_{x=a}=0,\frac{\partial^2 w}{\partial x^2}\bigg|_{x=a}=0$$

$$w\big|_{y=0}=0,\frac{\partial^2 w}{\partial y^2}\bigg|_{y=0}=0;w\big|_{y=b}=0,\frac{\partial^2 w}{\partial y^2}\bigg|_{y=b}=0 \qquad (11.21)$$

Navier 取挠度表达式为重三角级数

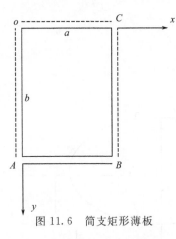

图 11.6　简支矩形薄板

$$w = \sum_{m=1}^{\infty} \sum_{n=1}^{\infty} A_{mn} \sin \frac{m\pi x}{a} \sin \frac{n\pi y}{b} \qquad (11.22)$$

其中 m 和 n 是正整数。代入式（11.21），可见全部边界条件都能满足。因而问题归结为确定其中的系数 A_{mn}。为此，将式（11.22）代入挠曲微分方程式（11.8）、式（11.9）得

$$\pi^4 D \sum_{m=1}^{\infty} \sum_{n=1}^{\infty} \left(\frac{m^2}{a^2} + \frac{n^2}{b^2} \right)^2 A_{mn} \sin \frac{m\pi x}{a} \sin \frac{n\pi y}{b} = q$$

$$(11.23)$$

现将横向荷载展成重三角级数

$$q = \sum_{m=1}^{\infty} \sum_{n=1}^{\infty} C_{mn} \sin \frac{m\pi x}{a} \sin \frac{n\pi y}{b} \qquad (11.24)$$

为了求得 C_{mn}，将式（11.24）的两边都乘以 $\sin \frac{i\pi x}{a}$，其中的 i 为任意整数，然后对 x 从 0 到 a 积分，并注意到

$$\int_0^a \sin \frac{m\pi x}{a} \sin \frac{i\pi x}{a} \mathrm{d}x = \begin{cases} 0, & i \neq m \\ a/2, & i = m \end{cases}$$

有

$$\int_0^a q \sin \frac{i\pi x}{a} \mathrm{d}x = \frac{a}{2} \sum_{n=1}^{\infty} C_{in} \sin \frac{n\pi y}{b}$$

再将上式中的两边都乘以 $\sin \frac{j\pi y}{b}$，其中 j 为任意正整数，然后对 y 从 0 到 b 积分，并注意到

$$\int_0^b \sin \frac{n\pi y}{b} \sin \frac{j\pi y}{b} \mathrm{d}y = \begin{cases} 0, & j \neq n \\ b/2, & j = n \end{cases}$$

得

$$\int_0^a \int_0^b q \sin \frac{i\pi x}{a} \sin \frac{j\pi y}{b} \mathrm{d}x\,\mathrm{d}y = \frac{ab}{4} C_{ij}$$

将上式中的任意正整数 i、j 换写成 m、n，并从中解出 C_{mn} 代回式（11.24）得

$$q = \frac{4}{ab} \sum_{m=1}^{\infty} \sum_{n=1}^{\infty} \left(\int_0^a \int_0^b q \sin \frac{m\pi x}{a} \sin \frac{n\pi y}{b} \mathrm{d}x\,\mathrm{d}y \right) \sin \frac{m\pi x}{a} \sin \frac{n\pi y}{b}$$

代回式（11.23）比较系数得

$$A_{mn} = \frac{4 \int_0^a \int_0^b q \sin \dfrac{m\pi x}{a} \sin \dfrac{n\pi y}{b} \mathrm{d}x\,\mathrm{d}y}{\pi^4 ab D \left(\dfrac{m^2}{a^2} + \dfrac{n^2}{b^2} \right)^2} \qquad (11.25)$$

当薄板受均布荷载时，$q = q_0$，式（11.25）中的积分成为

$$\int_0^a \int_0^b q_0 \sin \frac{m\pi x}{a} \sin \frac{n\pi x}{b} \mathrm{d}x\,\mathrm{d}y = q_0 \int_0^a \sin \frac{m\pi x}{a} \mathrm{d}x \int_0^b \sin \frac{n\pi y}{b} \mathrm{d}y$$

$$= \frac{q_0 ab}{\pi^2 mn} (1 - \cos m\pi)(1 - \cos n\pi)$$

于是由式（11.25）得到

$$A_{mn} = \frac{4q_0(1-\cos m\pi)(1-\cos n\pi)}{\pi^6 D mn\left(\dfrac{m^2}{a^2}+\dfrac{n^2}{b^2}\right)}$$

或

$$A_{mn} = \frac{16q_0}{\pi^6 D mn\left(\dfrac{m^2}{a^2}+\dfrac{n^2}{b^2}\right)^2} \qquad (m=1,3,5,\cdots;n=1,3,5,\cdots)$$

代入式（11.22），即得挠度的表达式

$$w = \frac{16q_0}{\pi^6 D}\sum_{m=1,3,5,\cdots}^{\infty}\sum_{n=1,3,5,\cdots}^{\infty}\frac{\sin\dfrac{m\pi x}{a}\sin\dfrac{n\pi y}{b}}{mn\left(\dfrac{m^2}{a^2}+\dfrac{n^2}{b^2}\right)^2} \tag{11.26}$$

由此可以用式（11.12）求得内力的表达式。

当薄板在任意一点(ξ,η)受集中力P时，可以用微分面积$\mathrm{d}x\mathrm{d}y$上的均布荷载$\dfrac{P}{\mathrm{d}x\mathrm{d}y}$来代替分布荷载$q$。于是，式（11.25）中的$q$除了在$(\xi,\eta)$处等于$\dfrac{P}{\mathrm{d}x\mathrm{d}y}$以外，在其余各处都等于零。因此，式（11.25）成为

$$\begin{aligned}
A_{mn} &= \frac{A}{\pi^4 abD\left(\dfrac{m^2}{a^2}+\dfrac{n^2}{b^2}\right)^2}\times\frac{P}{\mathrm{d}x\mathrm{d}y}\sin\frac{m\pi\xi}{a}\sin\frac{n\pi\eta}{b}\mathrm{d}x\mathrm{d}y \\
&= \frac{4P}{\pi^4 ab\left(\dfrac{m^2}{a^2}+\dfrac{n^2}{b^2}\right)^2}\sin\frac{m\pi\xi}{a}\sin\frac{n\pi\eta}{b}
\end{aligned}$$

代入式（11.22），即得挠度的表达式

$$w = \frac{4P}{\pi^4 abD}\sum_{m=1}^{\infty}\sum_{n=1}^{\infty}\frac{\sin\dfrac{m\pi\xi}{a}\sin\dfrac{n\pi\eta}{b}}{\left(\dfrac{m^2}{a^2}+\dfrac{n^2}{b^2}\right)^2}\sin\frac{m\pi x}{a}\sin\frac{n\pi y}{b} \tag{11.27}$$

以上所述的纳维叶解法，只适用于四边简支的矩形板，而且解答中的重三角级数收敛得较慢。这些缺点使得纳维叶解法在实用上受到很大的限制。

11.5　矩形薄板的单三角级数解——莱维解法

设图11.7所示矩形薄板具有两简支边$x=0$及$x=a$，承受均布荷载$q(x,y)$作用，边界条件为

$$(w)_{x=0}=0,\left(\frac{\partial^2 w}{\partial x^2}\right)_{x=0}=0,$$
$$(w)_{x=a}=0,\left(\frac{\partial^2 w}{\partial x^2}\right)_{x=a}=0 \tag{11.28}$$

因此，所论问题归结为按上述边界条件求解薄板平衡微分方程

$$D \nabla^2 \nabla^2 w = q(x, y) \tag{11.29}$$

以下介绍一个基本的、广泛应用的分离变量法。即，莱维（M. Lévy）1899 提出的单三角级数解。

$$w = \sum_{m=1}^{\infty} Y_m(y) \sin \frac{m\pi x}{a} \tag{11.30}$$

其中 $Y_m(y)$ 只是 y 的函数。这就是说，将挠度函数 w 展成一个半幅的傅里叶正弦级数。很容易看出上式能满足边界条件式（11.28）。

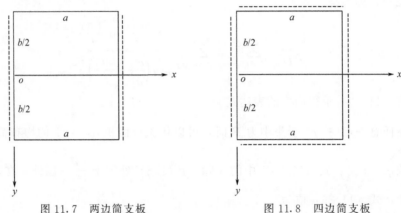

图 11.7　两边简支板　　　　　　图 11.8　四边简支板

因此，剩下的问题是选择函数 $Y_m(y)$，使 w 满足平衡微分方程式（11.29），并在边界 $y = \pm b/2$ 上满足边界条件。

将式（11.30）代入式（11.29），得

$$\sum_{m=1}^{\infty} \left[\frac{d^4 Y_m}{dy^4} - 2 \left(\frac{m\pi}{a} \right)^2 \frac{d^2 Y_m}{dy^2} + \left(\frac{m\pi}{a} \right)^4 Y_m \right] \sin \frac{m\pi x}{a} = \frac{q}{D} \tag{11.31}$$

再将式（11.31）右边的 q/D 展为 $\sin \dfrac{m\pi x}{a}$ 的级数，得

$$\frac{q}{D} = \frac{2}{a} \sum_{m=1}^{\infty} \left(\int_0^a \frac{q}{D} \sin \frac{m\pi x}{a} dx \right) \sin \frac{m\pi x}{a}$$

与式（11.31）对比，可见有

$$\frac{d^4 Y_m}{dy^4} - 2 \left(\frac{m\pi}{a} \right)^2 \frac{d^2 Y_m}{dy^2} + \left(\frac{m\pi}{a} \right)^4 Y_m = \frac{2}{aD} \int_0^a q \sin \frac{m\pi x}{a} dx \tag{11.32}$$

这一常微分方程的解答可以写成（齐次解＋特解）

$$Y_m = A_m \operatorname{ch} \frac{m\pi y}{a} + B_m \frac{m\pi y}{a} \operatorname{sh} \frac{m\pi y}{a} + C_m \operatorname{sh} \frac{m\pi y}{a} + D_m \frac{m\pi y}{a} \operatorname{ch} \frac{m\pi y}{a} + f_m(y)$$

其中 $f_m(y)$ 是任意一个特解，可按照式（11.32）右边积分以后的结果来选择；系数 A_m、B_m、C_m、D_m 是任意常数，取决于 $y = \pm b/2$ 两边的边界条件。将上式代入式（11.30），即得挠度 w 的表达式

$$w = \sum_{m=1}^{\infty} \left[A_m \operatorname{ch} \frac{m\pi y}{a} + B_m \frac{m\pi y}{a} \operatorname{sh} \frac{m\pi y}{a} + C_m \operatorname{sh} \frac{m\pi y}{a} + D_m \frac{m\pi y}{a} \operatorname{ch} \frac{m\pi y}{a} + f_m(y) \right] \sin \frac{m\pi x}{a}$$

$$\tag{11.33}$$

作为例题，设图 11.8 中的矩形薄板是四边简支的，受有均布荷载 $q = q_0$。这时，微分

方程式（11.32）的右边成为

$$\frac{2q_0}{aD}\int_0^a \sin\frac{m\pi x}{a}\mathrm{d}x = \frac{2q_0}{\pi Dm}(1-\cos m\pi) = \frac{4q_0}{\pi Dm} \qquad (m=1,3,5,\cdots)$$

于是微分方程式（11.32）的特解可以设为

$$f_m(y) = a_m\frac{4q_0}{\pi Dm}$$

将其代入式（11.32）解得

$$a_m = \left(\frac{a}{m\pi}\right)^4$$

则特解为

$$f_m(y) = \left(\frac{a}{m\pi}\right)^4\frac{4q_0}{\pi Dm} = \frac{4q_0 a^4}{\pi^5 Dm^5} \qquad (m=1,3,5,\cdots)$$

代入式（11.33），并注意到挠度 w 应当是 y 的偶函数，因而有 $C_m = D_m = 0$，即得

$$w = \sum_{m=1}^\infty \left(A_m\,\mathrm{ch}\,\frac{m\pi y}{a} + B_m\,\frac{m\pi y}{a}\,\mathrm{sh}\,\frac{m\pi y}{a}\right)\sin\frac{m\pi x}{a} + \frac{4q_0 a^4}{\pi^5 D}\sum_{m=1,3,5,\cdots}^\infty \frac{1}{m^5}\sin\frac{m\pi x}{a}$$

$$(11.34)$$

应用 $y=\pm b/2$ 处的边界条件

$$(w)_{y=\pm b/2} = 0,\ \left(\frac{\partial^2 w}{\partial y^2}\right)_{y=\pm b/2} = 0$$

将式（11.34）代入上式，得出决定 A_m 及 B_m 的联立方程

$$\left.\begin{array}{l}\mathrm{ch}\,\alpha_m A_m + \alpha_m\,\mathrm{sh}\,\alpha_m B_m + \dfrac{4q_0 a^4}{\pi^5 Dm^5} = 0,\\[3mm]\mathrm{ch}\,\alpha_m(A_m + \alpha_m B_m) + \alpha_m\,\mathrm{sh}\,\alpha_m B_m = 0\end{array}\right\} \qquad (m=1,3,5,\cdots)$$

及

$$\left.\begin{array}{l}\mathrm{ch}\,\alpha_m A_m + \alpha_m\,\mathrm{sh}\,\alpha_m B_m = 0,\\[3mm]\mathrm{ch}\,\alpha_m(A_m + \alpha_m B_m) + \alpha_m\,\mathrm{sh}\,\alpha_m B_m = 0\end{array}\right\} \qquad (m=2,4,6,\cdots)$$

其中 $\alpha_m = \dfrac{m\pi b}{2a}$，求解 A_m 及 B_m 得出

$$A_m = -\frac{2(2+\alpha_m\,\mathrm{th}\,\alpha_m)q_0 a^4}{\pi^5 Dm^5\,\mathrm{ch}\,\alpha_m},\ B_m = \frac{2q_0 a^4}{\pi^6 Dm^5\,\mathrm{ch}\,\alpha_m} \qquad (m=1,3,5,\cdots)$$

或者得出

$$A_m = 0,\ B_m = 0 \qquad (m=2,4,6,\cdots)$$

将求出的系数代入式（11.34），得挠度 w 的最后表达式

$$w = \frac{4q_0 a^4}{\pi^5 D}\sum_{m=1,3,5,\cdots}^\infty \left(\frac{1}{m^5}\right)\left(1 - \frac{2+\alpha_m\,\mathrm{th}\,\alpha_m}{2\,\mathrm{ch}\,\alpha_m}\,\mathrm{ch}\,\frac{2\alpha_m y}{b} + \frac{\alpha_m}{2\,\mathrm{ch}\,\alpha_m}\times\frac{2y}{b}\,\mathrm{sh}\,\frac{2\alpha_m y}{b}\right)\sin\frac{m\pi x}{a}$$

$$(11.35)$$

从而可以求出内力的表达式。

　　最大挠度发生在薄板的中心。将 $x=\dfrac{a}{2}$ 及 $y=0$ 代入式（11.34），即得

$$w_{\max} = \frac{4q_0 a^4}{\pi^5 D} \sum_{m=1,3,5,\cdots}^{\infty} \frac{(-1)^{\frac{m-1}{2}}}{m^5}\left(1 - \frac{2 + \alpha_m \operatorname{th}\alpha_m}{2\operatorname{ch}\alpha_m}\right) \tag{11.36}$$

这个表达式中的级数收敛很快。例如，对于正方形薄板，$a = b$，$\alpha_m = \dfrac{m\pi}{2}$，将得出

$$w_{\max} = \frac{4q_0 a^4}{\pi^5 D}(0.314 - 0.004 + \cdots) = \frac{0.00406 q_0 a^4}{D}$$

利用本节所述的莱维解法，还可以得出四边简支的矩形板在受各种横向荷载时的解答，还可以得出这种薄板在某一边界上受分布弯矩或发生挠度（沉陷）时的解答，以及角点发生沉陷时的解答。

【例 11.1】 设有图 11.9 所示的四边简支矩形板，两对边 $y = \pm\dfrac{b}{2}$ 有均布力偶矩 M_0 作用，试求板的挠曲面及对称轴 $y = 0$ 上的挠度。

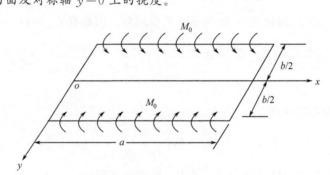

图 11.9 例 11.1 图

解：

（1）平衡方程为

$$\frac{\partial^4 w}{\partial x^4} + \frac{2\partial^4 w}{\partial x^2 \partial y^2} + \frac{\partial^4 w}{\partial y^4} = 0 \tag{1}$$

（2）边界条件为

$$(w)_{x=0} = (w)_{x=a} = 0,\ \left(\frac{\partial^2 w}{\partial x^2}\right)_{x=0} = \left(\frac{\partial^2 w}{\partial x^2}\right)_{x=a} = 0 \tag{2}$$

$$(w)_{y=\pm b/2} = 0,\ \left(-D\frac{\partial^2 w}{\partial y^2}\right)_{y=\pm b/2} = M_0$$

（3）假定位移函数为

$$w = \sum_{m=1}^{\infty} Y_m(y)\sin\frac{m\pi x}{a} \tag{3}$$

所设级数的每一项均应满足边界条件。$x = 0$ 及 $x = a$ 处的边界条件自然满足。

按照上节所述，Y_m 应取成下列形式

$$Y_m = A_m \operatorname{ch}\frac{m\pi y}{a} + B_m \frac{m\pi y}{a}\operatorname{sh}\frac{m\pi y}{a} + C_m \operatorname{sh}\frac{m\pi y}{a} + D_m \frac{m\pi y}{a}\operatorname{ch}\frac{m\pi y}{a}$$

此时满足式（1）。

（4）求系数，此时荷载为对称，故 Y_m 一定是 y 的偶函数，因此，上式中的 $C_m = D_m = $

0，由此考虑到边界条件式（2）中的第二式 $(w)_{y=\pm b/2}=0$，可得

$$A_m = -B_m \alpha_m \, \mathrm{th}\alpha_m$$

其中

$$\alpha_m = \frac{m\pi b}{2a}$$

于是

$$w = \sum_{m=1}^{\infty} B_m \left(\frac{m\pi y}{a} \, \mathrm{sh}\, \frac{m\pi y}{a} - a_m \, \mathrm{th}\alpha_m \, \mathrm{ch}\, \frac{m\pi y}{a} \right) \sin \frac{m\pi x}{a} \tag{4}$$

其中 B_m 可根据边界条件式（2）确定，在 $y = \pm \dfrac{b}{2}$ 处，有

$$-D\left(\frac{\partial^2 w}{\partial y^2}\right)_{y=\pm b/2} = M_0$$

即

$$-2D \sum_{m=1}^{\infty} \frac{m^2\pi^2}{a^2} B_m \, \mathrm{ch}\alpha_m \sin \frac{m\pi x}{a} = M_0$$

如边界上的分布力矩 M_0 也写成下列级数形式

$$M_0 = \sum_{m=1}^{\infty} \left(\frac{2}{a} \int_0^a M_0 \sin \frac{m\pi x}{a} \mathrm{d}x \right) \sin \frac{m\pi x}{a} = \frac{4M_0}{\pi} \sum_{m=1}^{\infty} \frac{1}{m} \sin \frac{m\pi x}{a} \quad (m=1,3,5,\cdots)$$

则系数 B_m 为

$$B_m = -\frac{2M_0 a^2}{D m^3 \pi^3 \, \mathrm{ch}\alpha_m}$$

（5）将 B_m 代入式（4），得

$$w = -\frac{2M_0 a^2}{\pi^3 D} \sum_{m=1,3,5,\cdots}^{\infty} \frac{1}{m^3 \, \mathrm{ch}\alpha_m} \left(\alpha_m \, \mathrm{th}\alpha_m \, \mathrm{ch}\, \frac{m\pi y}{a} - \alpha_m \, \mathrm{th}\alpha_m \, \mathrm{sh}\, \frac{m\pi y}{a} \right) \sin \frac{m\pi x}{a} \tag{5}$$

在对称轴 $y=0$ 上的挠度为

$$(w)_{y=0} = \frac{2M_0 a^2}{\pi^3 D} \sum_{m=1,3,5,\cdots}^{\infty} \frac{\alpha_m \, \mathrm{th}\alpha_m}{m^3 \, \mathrm{ch}\alpha_m} \sin \frac{m\pi x}{a} \tag{6}$$

【例 11.2】　试求图 11.10 四边简支的方板的最大挠度。

解：采用莱维解法。

（1）平衡微分方程

$$\nabla^2 \nabla^2 w = \frac{q_0}{D} x \tag{1}$$

（2）边界条件

$$(w)_{x=0} = (w)_{x=a} = 0$$

$$\left(\frac{\partial^2 w}{\partial x^2}\right)_{x=0} = \left(\frac{\partial^2 w}{\partial x^2}\right)_{x=a} = 0 \tag{2}$$

$$(w)_{y=0} = (w)_{y=a} = 0$$

$$\left(\frac{\partial^2 w}{\partial y^2}\right)_{y=0} = \left(\frac{\partial^2 w}{\partial y^2}\right)_{y=a} = 0$$

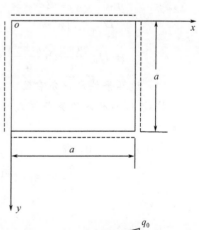

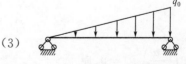

图 11.10　例 11.2 图

（3）设微分方程的通解为

$$w = w_1 + w_2$$

齐次解应满足

$$\nabla^4 w_1 = 0 \tag{4}$$

齐次解设为

$$w_1 = \sum_{m=1}^{\infty} Y_m(y) \sin \frac{m\pi x}{a}$$

代入式（1），由对应的齐次方程 $\nabla^2\nabla^2 w_1 = 0$，解得

$$w_1 = \frac{q_0 a^5}{D} \sum_{m=1}^{\infty} \left(A_m \operatorname{sh} \frac{m\pi y}{a} + B_m \operatorname{ch} \frac{m\pi y}{a} + C_m \frac{m\pi y}{a} \operatorname{sh} \frac{m\pi y}{a} + D_m \frac{m\pi y}{a} \operatorname{ch} \frac{m\pi y}{a} \right) \sin \frac{m\pi x}{a}$$

对于特解，w_2 应满足下式

$$\nabla^4 w_2 = \frac{q_0}{D} x \tag{5}$$

将 $\dfrac{q_0}{D} x$ 展成 $\sin \dfrac{m\pi x}{a}$ 的级数，并将其代入上式右端得

$$\nabla^4 w_2 = \frac{2q_0 a}{D\pi} \sum_{m=1}^{\infty} \frac{1}{m} (-1)^{m+1} \sin \frac{m\pi x}{a} \tag{6}$$

又设 $w_2 = \sum_{m=1}^{\infty} a_m \sin \dfrac{m\pi x}{a}$ 代入上式解得

$$a_m = \frac{2q_0 a^5}{\pi^5 D} \times \frac{1}{m^5} (-1)^{m+1}$$

故特解为

$$w_2 = \frac{2q_0 a^5}{\pi^5 D} \sum_{m=1}^{\infty} \frac{1}{m^5} (-1)^{m+1} \sin \frac{m\pi x}{a} \tag{7}$$

则通解 w 为

$$w = \frac{q_0 a^5}{D} \sum_{m=1}^{\infty} \left[\frac{2}{\pi^5 m^5} (-1)^{m+1} + A_m \operatorname{sh} \frac{m\pi y}{a} + B_m \operatorname{ch} \frac{m\pi y}{a} + C_m \frac{m\pi y}{a} \operatorname{sh} \frac{m\pi y}{a} \right.$$
$$\left. + D_m \frac{m\pi y}{a} \operatorname{ch} \frac{m\pi y}{a} \right] \sin \frac{m\pi x}{a} \tag{8}$$

（4）边界条件定积分常数

将式（8）代入边界条件式（2），显然满足。将式（8）代入边界条件式（3），则有以下几点。

① $(w)_{y=0} = 0$，即

$$\left[\frac{2}{\pi^5 m^5} (-1)^{m+1} + A_m \times 0 + B_m \times 1 + C_m \times 0 + D_m \times 0 \right] = 0$$

解得

$$B_m = -\frac{2}{m^5 \pi^5} (-1)^{m+1}$$

② $\left(\dfrac{\partial^2 w}{\partial y^2} \right)_{y=0} = 0$，即

$$\left[\frac{m^2\pi^2}{a^2}(B_m+2C_m)+D_m\times 0\right]=0$$

所以

$$C_m=-\frac{1}{2}B_m=\frac{1}{\pi^5 m^5}(-1)^{(m+1)}$$

③ $(w)_{y=a}=0$，即

$$\left[\frac{2}{\pi^5 m^5}(-1)^{m+1}+A_m\mathrm{sh}m\pi+B_m\mathrm{ch}m\pi+C_m m\pi\mathrm{sh}m\pi+D_m m\pi\mathrm{ch}m\pi\right]=0 \qquad (9)$$

④ $\left(\dfrac{\partial^2 w}{\partial y^2}\right)_{y=a}=0$，则有

$$[A_m\mathrm{sh}m\pi+B_m\mathrm{ch}m\pi+C_m(2\mathrm{ch}m\pi+m\pi\mathrm{sh}m\pi)+D_m(2\mathrm{sh}m\pi+m\pi\mathrm{ch}m\pi)]=0 \qquad (10)$$

由式（9）、式（10）解得

$$D_m=\frac{(-1)^{m+1}}{\pi^5 m^5}\times\frac{1}{\mathrm{sh}m\pi}(1-\mathrm{ch}m\pi)$$

$$A_m=-\frac{(-1)^{m+1}}{\pi^5 m^5}\left[m\pi+\frac{1-\mathrm{ch}m\pi}{\mathrm{sh}^2 m\pi}(2\mathrm{sh}m\pi+m\pi\mathrm{ch}m\pi)\right]$$

故板的挠度 w 为

$$w=\frac{q_0 a^5}{D}\sum_{m=1}^{\infty}\frac{(-1)^{m+1}}{\pi^5 m^5}\left\{2-\left[m\pi+\frac{1-\mathrm{ch}m\pi}{\mathrm{sh}^2 m\pi}(2\mathrm{sh}m\pi+m\pi\mathrm{ch}m\pi)\right]\mathrm{sh}\frac{m\pi y}{a}\right.$$

$$\left.-2\mathrm{ch}\frac{m\pi y}{a}+\frac{m\pi y}{a}\mathrm{sh}\frac{m\pi y}{a}+\frac{1-\mathrm{ch}m\pi}{\mathrm{sh}m\pi}\times\frac{m\pi y}{a}\mathrm{ch}\frac{m\pi y}{a}\right\}\sin\frac{m\pi x}{a}$$

当 $x=0.5193a$、$y=0.5a$ 时，挠度取最大值（级数取前5项）为

$$w_{\max}=0.002045\frac{q_0 a^5}{D}$$

习题

11.1　试证明函数

$$w=C\sin\frac{\pi x}{a}\sin\frac{\pi y}{b}$$

可以用来表示边长为 a 和 b 的矩形薄板的挠曲面方程，并求出板面上的荷载、板截面内弯矩表达式。

$$\left[\text{答案}：q=DC\pi^4\left(\frac{1}{a^2}+\frac{1}{b^2}\right)^2\sin\frac{\pi x}{a}\sin\frac{\pi y}{b},M_x=DC\pi^2\left(\frac{1}{a^2}+\frac{\mu}{b^2}\right)\sin\frac{\pi x}{a}\sin\frac{\pi y}{b},\right.$$

$$\left.M_y=DC\pi^2\left(\frac{1}{b^2}+\frac{\mu}{a^2}\right)\sin\frac{\pi x}{a}\sin\frac{\pi y}{b}\right]$$

11.2　图示矩形薄板，oA 边和 BC 边简支，oC 边和 AB 边自由。分布横向荷载 $q(x,y)=0$，在两条简支边上受均布弯矩 M，在两条自由边上受均布弯矩 μM。试用函数 $w=f(x)$ 求出挠度表达式，进而求板的弯矩和支座反力。

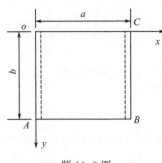

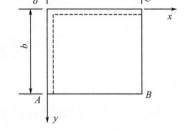

题 11.2 图　　　　　　　　　　题 11.3 图

$$\left[\text{答案：}w=-\frac{M}{2D}x^2+\frac{Ma}{2D}x,M_x=M,M_y=\mu M,M_{xy}=0,V_{xz}=V_{yz},F_R=0\right]$$

11.3　图示矩形薄板，oA 边和 oC 边为简支边，AB 边和 BC 边为自由边。在 B 点受到铅直集中力 F 作用，试证明 $w=mxy$ 能满足一切条件，其中 m 是待定系数。确定常数 m，求出挠度、弯矩和支反力。

$$\left[\text{答案：}m=\frac{F}{2D(1-\mu)},w=\frac{Fxy}{2D(1-\mu)},M_x=M_y=0,M_{xy}=-F/2,V_{xz}=V_{yz}=0,\right.$$
$$\left.R_A=R_C=-F,R_0=-F\right]$$

11.4　设有半椭圆形薄板如图所示，边界 AoB 为简支边，ACB 为固定边，受有荷载 $q=q_1\dfrac{x}{a}$。试证 $w=mx\left(\dfrac{x^2}{a^2}+\dfrac{y^2}{b^2}-1\right)^2$ 满足一切条件，其中 m 是待定系数。试求挠度和弯矩以及它们的最大值。

$$\left[\text{答案：}w_{\max}=\frac{2\sqrt{5}\,q_1a^4}{375\left(5+\dfrac{2a^2}{b^2}+\dfrac{a^4}{b^4}\right)D},M_{\max}=(M_x)_{\substack{x=a\\y=0}}=-\frac{q_1a^2}{3\left(5+\dfrac{2a^2}{b^2}+\dfrac{a^4}{b^4}\right)}\right]$$

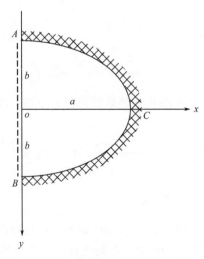

题 11.4 图

11.5 四边简支矩形薄板，如图所示。板面上承受均匀分布荷载 q 作用，试用重三角级数

$$w(x,y) = \sum_{m=1}^{\infty} \sum_{n=1}^{\infty} A_{mn} \sin\frac{m\pi x}{a} \sin\frac{n\pi y}{b}$$

求解板的弯曲问题（其中 A_{mn} 为待定常数），并计算正方形板（$a=b$）中心的挠度。

$$\left[\text{答案：最大挠度 } w = \frac{16q}{D\pi^6} \sum_{m=1,3,5,\cdots}^{\infty} \sum_{n=1,3,5,\cdots}^{\infty} \frac{(-1)^{\frac{m+n}{2}-1}}{mn\left(\dfrac{m^2}{a^2}+\dfrac{n^2}{b^2}\right)^2}, \ \text{方板}（a=b），\text{取级数}\right.$$

$$\left.\text{的第一项 } w_{\max} = \frac{4qa^4}{D\pi^6} = 0.00416\frac{qa^4}{D}\right]$$

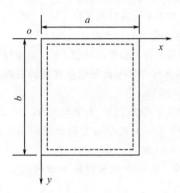

题 11.5 图

参考文献

［1］ 徐芝纶. 弹性力学（上册）. 5 版. 北京：高等教育出版社，2016.

［2］ 徐芝纶. 弹性力学简明教程. 4 版. 北京：高等教育出版社，2013.

［3］ 杜庆华，余寿文，姚振汉. 弹性理论［M］. 北京：科学出版社，1986.

［4］ 杨绪灿，金建三. 弹性力学［M］. 北京：高等教育出版社，1987.

［5］ 蒋国宾. 弹性与塑性力学基础教程［M］. 成都：成都科技大学出版社，1989.

［6］ 扬桂通. 弹性力学［M］. 北京：高等教育出版社，1998.

［7］ 陆明万，罗学富. 弹性理论基础［M］. 北京：清华大学出版社，施普林格出版社，2001.

［8］ 徐秉业. 弹性与塑性力学例题和习题［M］. 北京：机械工业出版社，1981.

［9］ 蒋玉川，张建海，李章政. 弹性力学与有限单元法［M］. 北京：科学出版社，2006.

［10］ 蒋玉川，李章政. 弹性力学与有限单元法简明教程［M］. 北京：化学工业出版社，2010.

［11］ 李章政. 弹性力学［M］. 北京：中国电力出版社，2011.

［12］ 蒋国宾. 根据主应力和函数解答弹性力学平面问题［J］. 力学与实践，1979，（2）：46-47.

［13］ 蒋玉川，蒋国宾. 各向异性体弹性力学平面问题位移型解答的一种形式［J］. 四川联合大学学报（工程科学版），1998，2（3）：20-23.

［14］ 蒋玉川. 确定应力函数的一种简单方法［J］. 力学与实践，2002，24（3）：62-64.

［15］ 蒋国宾，李章政，蒋玉川. 矩形板一对边受分布荷载用和函数法的级数解答［J］. 四川大学学报（工程科学版），2002，34（4）：64-67.

［16］ 吴成勇，李章政，蒋国宾，等. 用应变和函数解平面问题［J］. 四川大学学报（工程科学版），2003，35（5）：96-98.

［17］ 蒋玉川，王启智. 多跨连续深梁用和函数法的级数解答［J］. 四川大学学报（工程科学版）. 2005，37（2）：34-37.

［18］ 陈林之，李章政. 均布荷载作用下连续深梁的级数解答［J］. 机械，2005，32（9）：30-32.

［19］ 蒋玉川，胡兴福. 简支深梁用和函数法的级数解答［J］. 四川大学学报（工程科学版），2006，38（6）：1-5.

［20］ 徐双武，蒋玉川. 考虑支座宽度的影响多跨连续深梁用和函数法的级数解答［J］. 四川大学学报（工程科学版），2007，39（6）：61-65.

［21］ 蒋玉川，邓德君，徐双武. 利用计算机求解弹性力学问题的一种新方法［J］. 力学与实践，2009，31（2）：84-86.

［22］ 蒋玉川，朱钦泉. 弹性力学平面问题例说解的唯一性定理［J］. 力学与实践，2019，41（4）：458-462.